高等职业教育"十四五"新形态教材

计算机应用基础与实践
（Windows 7 平台与 Office 2016 应用）

主编　吕波　何敏

副主编　唐翠微　陈彬彬　张祎　高永平　李琳　苏圆婷

主审　王梅

U0179144

中国水利水电出版社
www.waterpub.com.cn
·北京·

内 容 提 要

本书内容安排遵循学生的认知规律，结合职业教育的特点，分为理论篇和实践篇两部分。全书共 7 章，第 1、2 章讲解计算机文化基础和网络基础，第 3～7 章系统讲解用 Windows 7 操作系统管理计算机、Word 文档编辑与排版、Excel 电子表格制作与处理、PowerPoint 演示文稿制作、网络应用。实践篇采用项目引领、任务驱动的模式编写，每章除了包含来源于实践的项目外，还包含丰富的案例、拓展训练等。

本书可作为高等职业院校"计算机应用基础"课程教材，也可作为计算机爱好者的自学用书。

图书在版编目（CIP）数据

计算机基础创新案例教程：Windows 7平台与Office
2016应用 / 吕波，何敏主编. -- 北京：中国水利水电
出版社，2022.2
高等职业教育"十四五"新形态教材
ISBN 978-7-5226-0331-5

Ⅰ．①计… Ⅱ．①吕… ②何… Ⅲ．①Windows操作系
统－高等职业教育－教材②办公自动化－应用软件－高等
职业教育－教材 Ⅳ．①TP316.7②TP317.1

中国版本图书馆CIP数据核字(2021)第262403号

策划编辑：寇文杰	责任编辑：鞠向超	封面设计：梁 燕

书　　名	高等职业教育"十四五"新形态教材 **计算机应用基础与实践（Windows 7 平台与 Office 2016 应用）** JISUANJI YINGYONG JICHU YU SHIJIAN（Windows 7 PINGTAI YU Office 2016 YINGYONG）
作　　者	主编　吕波　何敏 副主编　唐翠微　陈彬彬　张祎　高永平　李琳　苏圆婷 主审　王梅
出版发行	中国水利水电出版社 （北京市海淀区玉渊潭南路 1 号 D 座　100038） 网址：www.waterpub.com.cn E-mail: mchannel@263.net（万水） 　　　　sales@waterpub.com.cn 电话：（010）68367658（营销中心）、82562819（万水）
经　　售	全国各地新华书店和相关出版物销售网点
排　　版	北京万水电子信息有限公司
印　　刷	三河市德贤弘印务有限公司
规　　格	184mm×260mm　16 开本　19 印张　474 千字
版　　次	2022 年 2 月第 1 版　2022 年 2 月第 1 次印刷
印　　数	0001—7000 册
定　　价	49.00 元

前　　言

计算机应用基础是高职高专院校学生的公共基础课，旨在培养学生使用计算机解决实际问题的能力，随着各行业对人才信息化水平的要求不断提高，为了满足当前计算机基础教育对人才培养的需求，结合职业教育的特点，编者选择和设计了贴近实际应用的项目，配合丰富的同步练习，由浅入深地介绍了计算机文化基础和网络基础知识、Windows 7 操作系统管理计算机、Word 文档编辑与排版、Excel 电子表格制作与处理、PowerPoint 演示文稿制作、网络应用。

计算机应用技术是一门涉及面广、发展迅速的学科，本书从实用角度出发，本着理论与实践结合原则，将知识和技能的培养与等级考试有机结合，在内容的选择上，力求反映本学科最新成果和发展趋势，同时兼顾计算机等级考试的考纲要求；在表现形式上，针对高职教育教和学的特点，强调直观性和多样性，图文并茂，以激发学生的学习兴趣；在内容编排上，体现高职教育的特点，在兼顾学科知识性、系统性的前提下，理论部分的内容阐述尽可能精练，实践性内容引用大量案例，突出操作步骤。

本书由吕波、何敏任主编，唐翠微、陈彬彬、张祎、高永平、李琳、苏圆婷任副主编，具体编写分工如下：唐翠微编写第 1 章和第 2 章，陈彬彬编写第 3 章，何敏编写第 4 章，张祎编写第 5 章，高永平编写第 6 章，李琳编写第 7 章。参与部分编写工作的还有苏圆婷、陈香、黄建生、黄兰、屈晶、黄钢、庄帅、匡煜、周洁、赵成丽、罗翠琼。王梅负责本书的主审工作，吕波负责本书的审定和统稿工作。

由于时间仓促，书中难免有疏漏和不妥之处，恳请读者提出宝贵意见，以便再版时修订完善。

编　者
2021 年 10 月

目　　录

理论篇

第1章   计算机文化基础

1946 年，第一台电子计算机在美国宾夕法尼亚大学诞生，几十年里，电子计算机经历了几代演变，并迅速渗透到人们生产和生活的各个领域，在科学计算、工程设计、数据处理等领域以及人们的日常生活中发挥着巨大的作用，因此电子计算机也被公认为 20 世纪最重要的工业革命成果之一。

计算机（Computer）是一种能够存储程序，并按照程序自动、高速、精确地进行大量计算和信息处理的电子设备。在当今社会，掌握以计算机为核心的信息技术基础知识并具备应用能力是我们必备的基本素质。

本章我们将从计算机基础知识讲起，为后续课程更深入地学习、掌握计算机知识打下一个良好的基础。

本章学习目标

- 计算机的发展、类型、特点及应用领域。
- 计算机中数据的表示、存储与处理。
- 计算机软、硬件系统的组成及功能。
- 多媒体技术的基本知识。
- 计算机信息安全。
- 计算机病毒的概念、特征、分类与防治。

1.1   学习计算机发展史

1.1.1   计算机发展概况

1. 计算机的诞生

20 世纪初，电子技术得到了迅猛发展，为第一台电子计算机的诞生奠定了基础。1943 年，由于军事上弹道问题计算的需要，美国军械部与宾夕法尼亚大学合作研制电子计算机。1945 年年底，第一台电子计算机在宾夕法尼亚大学研制成功，取名为 ENIAC（Electronic Numerical Integrator And Computer，电子数字积分计算机），如图 1-1 所示。ENIAC 于 1946 年 2 月 15 日在莫尔电机学院举行了揭幕典礼，这个庞然大物占地 170 平方米，质量达 30 多吨，使用了 18800 个电子管、1500 个继电器、10000 只电容、70000 个电阻及其他电气元件，功率为 150kW，价值 100 万美元。它是当时速度最快的运算工具，每秒能完成 5000 次加法、300 多次乘法运算。虽然它无法与如今的计算机相比，但它把工程设计人员从繁重的手工计算中解放出来，开创了科技的新时代，具有划时代的意义。

图 1-1　ENIAC

ENIAC 证明电子管技术可以大大提高计算机计算速度，但 ENIAC 本身存在两大缺点：一是没有存储器；二是用布线接板控制，电路连线费时费力，有时需要几天时间，这在很大程度上影响了计算速度。ENIAC 项目组的美籍匈牙利科学家冯·诺依曼开始研制 EDVAC，即 IAS 计算机（是当时计算速度最快的计算机）。他归纳 EDVAC 的主要特点如下：

- 计算机的程序和程序运行所需的数据以二进制形式存放在计算机的存储器中。
- 程序和数据存放在存储器中，即现在程序存储的概念。计算机执行程序时，无须人工干预，能自动、连续地执行程序，并得到预期结果。

根据冯·诺依曼提出的计算机存储程序原理，确定了存储程序计算机由输入、存储、运算、控制和输出五大部分组成，并确定了计算机的基本工作方法。如今，虽然计算机制造技术发生了巨大变化，但冯·诺依曼体系结构仍然沿用至今，冯·诺依曼被誉为"计算机之父"。

2．计算机的发展历程

计算机（computer）是电子数字计算机的简称，是一种能够按照程序指令的要求，高速、准确、自动地进行数值运算和逻辑运算，以完成对各种数字化信息处理，并具有存储记忆功能的电子设备。

半个多世纪过去了，计算机技术获得了突飞猛进的发展。人们根据计算机使用的电子元件和性能的不同，将计算机的发展划分为以下四个阶段。

（1）第一代计算机（电子管计算机）（1946—1957 年）。第一代计算机采用电子管作为基本元件，主存储器采用汞延迟线，主要使用机器语言和汇编语言，运算速度为每秒几千次至几万次。由于其主存存储器容量小、速度慢、机器体积大、质量大、功耗大、成本高，因此主要用在军事和科学计算上。UNIVAC-I（UNIVersal Automatic Computer，通用自动计算机）是第一代计算机的代表，于 1951 年交付美国人口统计局使用，标志着计算机从实验室走向市场，从军事应用领域转入数据处理领域。

（2）第二代计算机（晶体管计算机）（1958—1964 年）。第二代计算机采用晶体管作为基本元件，主存储器采用磁芯存储器。这个阶段出现了监督程序和管理程序以及 ALGOL、

FORTRAN、COBOL 等面向过程的高级程序设计语言，运算速度提高到每秒几十万次至上百万次，其特点是主存储器容量加大、运算速度加快、减小了体积、重量、功耗及成本，提高了计算机的可靠性。这时，计算机的应用范围扩展到数据处理、工业控制、企业管理等领域。IBM－7000 系列机是第二代计算机的代表，同时此阶段开始使用鼠标作为输入设备。

（3）第三代计算机（集成电路计算机）（1965—1970 年）。第三代计算机采用中、小规模集成电路作为基本元件，使其功能进一步增强，体积功耗进一步降低。这个阶段外围设备和软件技术有了很大的发展，操作系统逐渐完善，使用了多种高级语言、多道程序设计技术，运算速度达到每秒几百万次甚至上亿次。这个阶段的计算机被广泛用于科学计算、文字处理、自动控制和信息管理等领域。IBM-360 系列是最早采用集成电路的通用计算机，也是最有影响的第三代计算机。

（4）第四代计算机（大规模、超大规模集成电路计算机）（1971 年至今）。第四代计算机采用大规模、超大规模集成电路作为基本元件，主存采用半导体存储器，容量大大增加，外存主要有磁盘、光盘，运算速度可达每秒几亿次。这个阶段出现了微处理器，而且软件技术也得到了飞速的发展，操作系统、高级语言、数据库和应用软件的研究和开发向深层次发展，计算机开始向标准化、模块化、系列化、多元化的方向前进。计算机技术与通信技术相结合，产生了计算机网络，计算机网络把世界紧密地联系在一起；多媒体技术的崛起使计算机集图像、图形、声音、文字处理于一体，以迅猛的态势渗透到工业、教育、生活等各个领域。IBM 4300 系列、3080 系列、3090 系列以及 9000 系列是这一时期的主流产品。

1.1.2　中国计算机发展概况

我国从 1956 年开始电子计算机的研究工作，华罗庚教授是我国计算技术的奠基人和最主要的开拓者之一。

我国于 1958 年研制成功第一台电子管计算机——103 机，1983 年研制成功 1 亿/秒运算速度的"银河"巨型计算机，1992 年 11 月研制成功 10 亿/秒运算速度的"银河 II"巨型计算机，1997 年研制了 130 亿/秒运算速度的"银河 III"巨型计算机，2000 年我国成功自行研制高性能计算机"神威 I"，其主要技术指标和性能达到国际先进水平，它每秒 3840 亿浮点的峰值运算速度，使"神威 I"计算机位列世界高性能计算机的第 48 位。2004 年我国自主研制成功的曙光 4000A 超级服务器由 2000 多个 CPU 组成，存储容量达到 42TB，峰值运算速度达每秒 11 万亿次。

2010 年 11 月 15 日，国际 TOP500 组织在网站上公布了最新全球超级计算机前 500 强排行榜，中国首台千万亿次超级计算机系统"天河一号"雄居第一。"天河一号"由国防科学技术大学研制，部署在国家超级计算机天津中心，其实测运算速度可以达到每秒 2570 万亿次。

2016 年 6 月，国家并行计算机工程技术研究中心研制的"神威•太湖之光"成为世界第一台突破 10 亿亿次/秒的超级计算机，创造了速度、功耗比、持续性三项指标世界第一。

1.1.3　计算机的特点

计算机的特点主要表现在以下几个方面：

1. 高速、精确的运算能力

运算速度是计算机的一个重要性能指标。当今计算机的运算速度已可超过每秒 10 亿亿次，计算机高速运算使大量复杂的科学计算问题得以解决。例如卫星轨道的计算、大型水坝的计算和 24 小时天气计算都需要几年甚至几十年，而使用计算机只需几分钟就可完成。计算机的高速运算能力使它在通信、金融、军事等领域能够达到实时、快速的服务，在非数值计算领域，计算机的高运算速度表现为极强的逻辑判断能力，使它在信息处理方面发挥了极大的作用。

目前世界上已经有超过每秒 10 亿亿次运算的计算机。2016 年 6 月公布的全球超级计算机 500 强排名显示，我国的"神威·太湖之光"以最快的运算速度排名世界第一，其实测运算速度最快可以达到每秒 12.54 亿亿次，是排名第二的"天河二号"超级计算机运算速度的 2.28 倍。

2. 准确的逻辑判断能力

计算机能够进行逻辑处理，能够"思考"，虽然目前的"思考"只局限在某些专门的方面，还不具备人类思考的能力，但在信息检索方面，计算机已经能够根据要求进行准确的匹配检索。

3. 存储能力强

计算机的存储性是计算机区别于其他计算工具的重要特征。计算机的存储器可以把原始数据、中间结果、运算指令等存储起来，以备随时调用。存储器不但能够存储大量的信息，而且能够快速准确地存入或取出这些信息。

计算机可存储大量数字、文字、图像、视频、声音等信息，"记忆力"强得惊人，如它可以轻易地"记住"一个大型图书馆的所有资料等。计算机的存储能力强不仅表现在容量大，而且存储长久。

4. 可靠性高

现代电子技术的成熟使计算机的硬件具有极高的可靠性，而软件技术的发展又使计算机程序在容错、排错方面具有极强的能力。因而在许多对可靠性、稳定性要求极高的领域，计算机可出色地发挥作用。

5. 自动化程度高

计算机内部的操作运算是根据人们预先编制的程序自动控制执行的。只要把包含一连串指令的处理程序输入计算机，计算机便会依次取出指令并逐条执行，完成各种规定的操作，直到得出结果为止。其过程中不需要人为干预，而且可以反复进行。

6. 网络与通信功能

目前广泛应用的因特网（Internet）连接了全世界 200 多个国家和地区的数亿台各种计算机，网上的所有计算机用户可以共享网上资料、交流信息和相互学习，互联网将世界变成了地球村，同时改变着人类交流的方式和获取信息的途径。

1.1.4　计算机的分类

根据不同的标准，计算机有多种分类方式。

1. 按处理的信号不同分类

按处理的信号不同，可以将计算机分为模拟计算机、数字计算机和混合计算机。

模拟计算机由模拟运算器件构成，处理的信号用连续量（如电压、电流等）表示，运算过程也是连续的。

数字计算机由逻辑电子器件构成，其变量为开关量（离散的数字量），采用数字式按位运算，运算模式是离散式的。

混合计算机是把模拟计算机与数字计算机联合在一起应用于系统仿真的计算机系统。混合计算机一般由三个部分组成：通用模拟计算机、通用数字计算机和连接系统。现代混合计算机已发展成为一种具有自动编排模拟程序能力的混合多处理机系统，包括一台超小型计算机、一两台外围阵列处理机、多台具有自动编程能力的模拟处理机；在各类处理机之间，通过一个混合智能接口完成数据和控制信号的转换与传送。这种系统具有很强的实时仿真能力，但价格高。

2. 按使用范围不同分类

按使用范围不同，可以将计算机分为通用计算机和专用计算机。

（1）通用计算机能够解决多种类型的问题，通用性强，如 PC（Personal Computer，个人计算机）。

（2）专用计算机配备了解决特定问题的软件和硬件，能够高速、可靠地解决特定问题，如在导弹的导航系统、飞机的自动控制、智能仪表上的应用。

3. 按性能分类

根据性能（如体积、字长、存储容量、运算速度、外部设置和软件配置），将计算机分为巨型计算机、大/中型计算机、小型计算机、微型计算机、工作站、服务器等。

（1）巨型计算机。巨型计算机是计算机中档次最高的机型，它运算速度最快、性能最强、技术最复杂，主要用于解决科技领域中某些带有挑战性的问题，如国防科技大学研制的"银河"、国家智能中心研制的"曙光"、IBM 公司"红杉"。

（2）大/中型计算机。大/中型计算机是指通用性好、外部设备负载能力强、处理速度快的一类机器。它有完善的指令系统、丰富的外部设备和功能齐全的软件系统，并允许多个用户同时使用，主要用于科学计算、数据处理或用作网络服务器。

（3）小型计算机。小型计算机具有规模较小、结构简单、成本较低、操作简单、易于维护、与外部设备连接容易等特点，是 20 世纪 60 年代中期发展起来的一类计算机。小型计算机的用途很广泛，可用于科学计算、数据处理，也可用于生产过程自动控制和数据采集、分析处理。

（4）微型计算机。微型机又称 PC 机，具有体积小、价格低、可靠性强和操作简单的特点。它的产生（20 世纪 70 年代后期）引起了计算机的一场革命，极大地推动了计算机的应用和普及，已进入社会的各个领域乃至家庭。

（5）工作站。工作站就是高档计算机，它的独到之处是有大容量主存、大屏幕显示器，特别适用于计算机辅助工程，如图形工作站一般包括主机、数字化仪、扫描仪、图形器、鼠标、绘图仪和图形处理软件等。

（6）服务器。服务器是网络环境下为多用户提供服务的共享设备，一般分为文件服务器、打印服务器、计算服务器和通信服务器等。该设备连接在网络上，网络用户在通信软件的支持下远程登录，共享各种服务。

目前，微型计算机与工作站、小型计算机、大/中型机的界限已经越来越模糊，无论按哪种方法分类，各类计算机之间的主要区别都是运算速度、存储容量及机器体积。

1.1.5　计算机的应用

计算机处理的数据可分为数值数据和非数值数据，后者的含义很广泛，可以是文字、声音、图像等；计算机处理数据的方式也可以分为数值计算和非数值计算，后者包含信息处理、过程控制，人工智能等，其应用范围远远超过数值计算。计算机应用已成为一门专门的学科，下面只对计算机应用的几个主要方面进行简单介绍。

1. 科学计算

科学计算也称数值计算，一直是计算机的重要应用领域之一，如数学、物理、天文、原子能、生物学等基础学科，以及导弹设计、飞机设计、石油勘探等大量复杂的计算都需用到计算机。在网络应用越来越深入的今天，"云计算"也将发挥越来越重要的作用，利用计算机的高速计算、大存储容量和连续运算能力，可以实现人工无法解决的各种科学计算问题。

2. 数据处理

数据处理也称非数值处理或事务处理，是对数据信息进行存储、加工、分类、统计、查询及报表等操作。据统计，80%以上的计算机主要用于数据处理，工作量大且工作面宽，决定了计算机应用的主导方向。

目前，数据处理已广泛应用于办公自动化、企事业计算机辅助管理与决策、情报检索、图书管理、电影电视动画设计、会计电算化等行业。

3. 过程控制

过程控制也称实时控制，是指利用计算机及时采集、检测数据，按最佳值迅速地对控制对象进行自动控制和调节，如对数控机床和流水线的控制。在日常生产中，一些控制问题是人们亲自操作的，如核反应堆。有了计算机就可以精确地控制，用计算机代替人完成繁重或危险的工作。

4. 计算机辅助工程

计算机辅助工程是以计算机为工具，配备专用软件辅助人们完成特定任务的工作，以提高工作效率和工作质量为目标。目前，常见的计算机辅助功能有计算机辅助设计、计算机辅助制造、计算机集成制造系统和计算机辅助教学等。

- 计算机辅助设计（Computer-Aided Design，CAD）是利用计算机的计算、逻辑判断、数据处理以及绘图等功能与人的经验和判断能力结合，共同完成各种产品或者工程项目的设计工作，实现设计过程的自动化或半自动化。CAD 已广泛应用于飞行器、建筑工程、水利水电工程、服装、大规模集成电路等的设计中。

- 计算机辅助制造（Computer-Aided Manufacturing，CAM）利用计算机进行生产设备的控制和管理，实现无图样加工。利用 CAM 可以提高产品质量、降低成本和劳动强度。

- 计算机集成制造系统（Computer Integrated Manufacturing Systems，CIMS），是将计算机技术集成到制造工厂的整个制造过程中，使企业内的信息流、物流、能量流和人员活动形成一个统一协调的整体。CIMS 的对象是制造业，手段是计算机信息技术，实现的关键是集成，集成的核心是数据库管理。在 CIMS 中，利用计算机将接受订单、产品设计、生产制造、入库与销售以及经营管理的过程连接起来，形成一个自动的流水线，从而建立企业现代化的生产管理模式。

- 计算机辅助教学（Computer-Aided Instruction，CAI）是指将教学内容、数学方法及学生的学习情况等存储在计算机中，帮助学生轻松地学习所需的知识。CAI 为学生提供了一个良好的个人化学习环境，综合应用多媒体、超文本、人工智能和知识库等计算机技术，克服传统教学方式上单一、片面的缺点。它能有效地缩短学习时间、提高教学质量和教学效率，实现最优化的教学目标。在 CAI 中使用的主要技术有多媒体技术、校园网技术、Internet 与 Web 技术、数据库与管理系统技术等。

5. 网络应用

计算机技术与现代通信技术的结合构成了计算机网络。计算机网络的建立不仅解决了一个单位、一个地区、一个国家中计算机与计算机之间的通信，各种软、硬件资源的共享，而且大大促进了各个地区间的文字、图像、视频和声音等各类数据的传输与处理。

6. 人工智能

人工智能（Artificial Intelligence，AI）是用计算机模拟人类的智能活动，如模拟人脑学习、推理、判断、理解、问题求解等过程，辅助人类进行决策，如专家系统。人工智能是计算机科学研究领域最前沿的学科，目前已具体应用于机器人、医疗诊断、计算机辅助教学等方面。

7. 多媒体应用

随着电子技术特别是通信和计算机技术的发展，人们已经有能力把文本（Text）、音频（Graphics）、视频（Video）、动画（Animation）、图形（Graphics）和图像（Image）等媒体综合起来，构成一个全新的概念——多媒体。多媒体技术是指人和计算机交互地进行上述多种媒介信息的捕捉、传输、转换、编辑、存储、管理，并通过计算机综合处理为表格、文字、图形、动画、音频等视听信息有机结合的表现形式。

多媒体技术拓宽了计算机的应用领域，使计算机广泛应用于商业、服务业、教育、广告宣传、文化娱乐、家庭等领域。同时，多媒体技术与人工智能技术的有机结合促进了虚拟现实（Virtual Reality）、虚拟制造（Virtual Manufacturing）技术的发展，使人们可以在计算机环境中感受真实的场景，通过计算机仿真制造零件和产品，感受产品各方面的功能与性能。

8. 嵌入式系统

并不是所有的计算机都是通用的。有许多特殊的计算机用于不同的设备中，例如大量的消费电子产品和工业制造系统，都是把处理器芯片嵌入其中，完成特定的处理任务。这些系统称为嵌入式系统，如数码相机、数码摄像机及高档电动玩具等都使用了不同功能的处理器。

总之，计算机已渗透到社会的各个领域，对人类的影响将越来越大。

1.1.6　计算机未来发展趋势

随着计算机技术的发展、网络的发展以及软件业的发展，展望未来，计算机的发展已经进入一个崭新的时代。

1. 功能巨型化

巨型化并不是指计算机的体积与质量增大，而是指计算机向高速度、大存储量和更强功能的方向发展，其运算能力一般在每秒万万亿次以上、内存容量在几万 T 字节以上。巨型计算机应用范围已日趋广泛，在军事工业、航空航天、人工智能等几十个学科领域中发挥着巨大作用，特别是尖端科学技术和军事国防系统的研究开发，如模拟核试验、破解人类基因密码等，标志着一个国家的科学技术水平和综合实力。

2. 体积微型化

微型化是指计算机向使用方便、体积小、成本低和功能齐全的方向发展。微型计算机从过去的台式机迅速向便携机、掌上机、膝上机发展，其价格更低、操作更方便、软件更丰富，备受人们的青睐。微型机的生产和应用体现了社会的科技现代化程度。

3. 资源网络化

网络化是利用通信技术和计算机技术，把分布在不同地点的计算机互连起来，按照网络协议相互通信，以实现共享软件、硬件和数据资源的目的。目前，计算机网络在交通、金融、企业管理、教育、邮电、商业等行业中得到广泛应用，实现资源共享是未来信息社会的必然发展趋势。

4．应用智能化

智能化是指计算机具有模拟人类较高层次智能活动的能力，如模拟人类的感觉、行为、思维过程。使计算机具有视觉、听觉、说话、行为、思维、推理、学习、语言翻译等能力，是计算机未来发展的一个重要方面。机器人技术、计算机对弈、专家系统等就是计算机智能化的具体应用领域，计算机的智能化正促进着第五代计算机的孕育和诞生。

1.1.7　计算机新热点

1995 年，比尔·盖茨在《未来之路》中用预言的方式描述了人们未来的生活方式。当时网络才兴起，信息技术对人们生活方式的影响还微乎其微。如今，大部分预言在新思想、新技术、新应用的驱动下已经实现或者正在被实现。云计算、移动互联网、大数据等产业呈现蓬勃发展的态势。全球信息技术产业正在经历深刻的变革。

1．云计算

2006 年 8 月 9 日，Google 首席执行官埃里克·施密特（Eric Schmidt）在搜索引擎大会（SES San Jose 2006）上首次提出"云计算"（Cloud Computing）概念。

云计算是分布式计算机、网格计算、并行计算、网络存储及虚拟化计算机和网络技术发展融合的产物，或者说是它们的商业实现。美国国家技术与标准局给出的定义是，云计算是对基于网络的、可配置的共享计算资源池能够方便地、按需访问的一种模式。这些共享计算资源包括网络、服务器、存储、应用和服务等，这些资源以最小化的管理和交互快速提供和释放。好比从古老的单台发电机模式转换为电厂集中供电模式，它意味着计算能力也可以作为一种商品进行流通，就像煤气、水电一样，取用方便，费用低。最大的不同在于，它是通过互联网传输的。

云计算包括硬件、软件和服务。用户不再需要购买复杂的硬件和软件，只需要给"云计算"服务商支付相应的费用，通过网络就可以方便地获取需要的计算、存储等资源。"云"其实是网络（互联网）的一种比喻说法。云计算的核心思想是对大量用网络连接的计算资源进行统一管理和调度，构成一个计算资源池，向用户提供按需服务。提供资源的网络称为"云"。云计算将传统的以桌面为核心的任务处理转变为以网络为核心的任务处理，利用互联网实现一切处理任务，使网络成为传递服务、计算和信息的综合媒介，真正实现按需计算、网络协作。

云计算的特点是超大规模、虚拟化、可靠性强、具有通用性、可扩展性强、按需服务、价廉。

利用云计算时，数据在云端，不怕丢失，不必备份，可以恢复任意点；软件在云端，不必下载就可以自动升级；在任何时间、任意地点、任何设备登录都可以进行计算服务，具有无限空间、无限速度。

目前，云计算已经发展出云安全和云存储两大领域。其中，微软、谷歌公司涉足的是云存储领域，国内的瑞星公司已经推出了云安全的产品。

2. 移动互联网

十几年前，人们也许想象不到现在的生活：在家发一条微博或者微信就可以做成一单生意；下载一个移动应用就可以集合一个兴趣群体；利用打车软件就可以按需按时叫车；利用智能手机就可以随时随地通过在线教育学习需要的知识。这就是移动互联网对我们生活的影响。

移动互联网（Mobile Internet，MI）是指将智能移动终端和互联网两者结合成一体的、互联网的技术、平台、商业模式和应用与移动通信技术结合并实践的活动总称。随着宽带无线接入技术和移动终端技术的飞速发展，人们迫切希望能够随时随地甚至在移动的过程中高速地接入互联网，便捷地获取信息和服务。

据统计，截至 2021 年 6 月，我国网民规模达 10.11 亿，普及率达 71.6%。我国手机网民规模达 10.07 亿。可见，我们移动互联网发展进入全民时代，正以"应用轻便""通信便捷"的特点逐渐渗透到人们的学习、工作和生活中去。

3. 物联网

信息时代，科技的发展日新月异，互联网深刻地改变着人们的生活方式与习惯，从一般的计算机到互联网，从互联网再到物物相连的物联网，网络从人与人之间的沟通拓展到人与物、物与物之间的沟通。

1991 年，美国 MIT Auto-ID 中心提出了物联网（Internet of Things）的概念："通过射频识别（Radio Frequency Identification，RFID）、红外感应器、全球定位系统、激光扫描器、气体感应器等信息传感设备，按约定的协议，把任何物品与互联网连接起来，进行信息交换和通信，以实现智能化识别、定位、跟踪、监控和管理的一种网络。"

物联网的概念包含以下两种含义：

（1）物联网的核心和基础仍然是互联网，是在互联网的基础上延伸和扩展的网络。

（2）其用户端延伸和扩展到了任何物品与物品之间，进行信息交换和通信。因此，物联网就是利用网络连接所有能够被独立寻址的普通物理对象，来实现对物品的智能化识别、定位、跟踪、监控和管理。它具有普通对象设备化、自治终端互联化、普通服务智能化等重要特征。应用物联网的目的在于建立一个更加智能的社会。现在的物联网应用领域拓展到了国防安全、智能交通管理、智能医疗管理、环境保护、平安家居和个人健康等。物联网被称为继计算机和互联网之后世界信息产业的第三次浪潮，代表着当前和今后一段时间信息网络的发展方向。

4. 大数据

现在的社会科技发达、信息通畅，人们交流密切、生活方便，大数据就是这个高科技时代的产物。

最早提出"大数据"时代到来的是全球知名咨询公司——麦肯锡全球研究所。该公司指出，大数据是一种规模大到在获取、存储、管理、分析方面大大超出了传统数据库软件工具能力范围的数据集合，具有海量的数据规模、快速的数据流转、多样的数据类型和低密度的价值特征。

"大数据"研究机构 Gartner 认为"大数据"是需要新处理模式才能具有更强的决策力、洞察发现力、流程优化能力的海量、高增长率和多样化的信息资产。

目前，人们对大数据还没有一个准确的定义。大数据是一个正在形成的、发展中的阶段性概念。一般从以下 5 个特征来理解它：海量（Volume）、多样性（Variety）、快速化（Velocity）、真实性（Veracity）和价值（Value），简称 5V 特征。

（1）海量（Volume）：数据量大。数据量决定着所考虑的数据价值和潜在的信息。大数据的起始计量单位是 P（1000 个 T）、E（100 万个 T）或 Z（10 亿个 T）。

（2）多样性（Variety）：数据类型繁多。数据类型主要包括网络日志、音频、视频、图片、地理位置信息等。多类型的数据对数据的处理能力提出了更高的要求。

（3）快速化（Velocity）：主要包括两层意思，一是数据的存在具有时效性，需要快速处理，否则会造成数据丢失或者失去意义；二是处理速度的快速化，一些应用需要实时处理结果，以辅助决策等。这是大数据区分于传统数据挖掘最显著的特征。

（4）真实性（Veracity）：数据的真实性。随着社交数据、企业内容、交易与应用数据等新数据源的兴起，传统数据源的局限被打破，企业越发需要有效的新兴之力对数据进行有效的分析处理，处理的结果要保证一定的准确性。

（5）价值（Value）：大量的数据，有价值的数据很少，但是也包含很多深度的价值。

随着云时代的来临，大数据吸引到越来越多的关注，它的重要性并不在于掌握庞大的数据信息，而在于对这些含有意义的数据进行专业化处理。如今，数据量越来越大，但这些数据的价值密度较低。对这些含有意义的数据进行专业化处理，提高对数据的加工能力，迅速地完成数据的价值"提纯"，是大数据时代亟待解决的难题。

目前，大数据已经在各个领域展开了应用。例如，大数据帮助电子商务公司向客户推荐心仪的商品和服务；大数据帮助社交网站提供更准确的好友推荐；大数据帮助娱乐行业预测歌手、歌曲、电影等的受欢迎程度，并为企业分析评估娱乐节目的受众，以帮助企业提升广告投放精准度。

搜集大数据有很多种方法。例如，根据人们浏览的网页、搜索的关键字，推测出人们感兴趣的东西，也可根据 QQ、微信等社交软件聊天记录搜集有用的信息，或通过网页上面的调查问卷了解人们对某种事物的看法和态度。这些搜集起来的数据会被存储起来，在需要时运用软件进行分析处理。国家有国家的数据、公司有公司的数据，数据量越大代表实力越强，未来发展的可能性也就越好。

未来的大数据将无处不在，由大数据产生的变革浪潮将很快淹没地球上的每个角落。大数据将用来解决社会问题、商业问题、科学技术问题，以及人们的衣食住行等问题。

1.2　计算机系统组成

计算机系统包括硬件系统和软件系统，如图 1-2 所示。硬件系统是看得见、摸得着的实体部分；软件系统是为了更好地利用计算机而编写的程序及文档，是看不见的部分。它们之间的关系犹如一个人的躯体和思想，躯体是硬件，思想是软件。

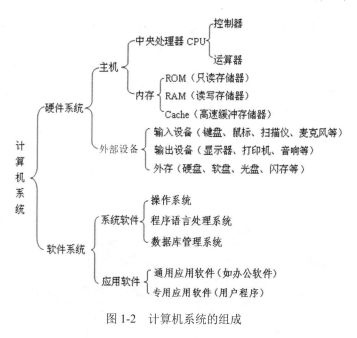

图 1-2　计算机系统的组成

相关知识点

1.2.1　硬件系统组成

硬件系统组成

由图 1-2 我们可以看出，硬件系统包括计算机的主机和外部设备，具体由五大功能部件组成，即控制器、运算器、存储器、输入设备和输出设备。五大功能部件又包括各组成部件，如主板、CPU、硬盘、内存、显卡、声卡、显示器、鼠标、键盘、光驱等。下面介绍这些部件的基本常识。

1. 运算器

运算器又称算术逻辑单元（Arithmetic Logic Unit，ALU），是用来进行二进制算术运算和逻辑运算的部件，是计算机加工信息的场所。计算机进行的各种运算都是转换为加法和移位两种基本操作来运行的，因此，运算器的核心功能单元是加法器。除此之外，还有用来临时存放数据的寄存器（Register）等。

2. 控制器

控制器（Control Unit，CU）是整个计算机系统的控制中心，指挥计算机各部分协调地工作，保证计算机按照预先规定的目标和步骤有条不紊地进行操作及处理。

控制器负责从存储器中逐条取出指令，分析每条指令规定的操作以及所需数据的存放位置等，然后根据分析的结果向计算机其他部分发出控制信号，统一指挥整个计算机执行指令规定的操作。完成一条指令后取下一条指令并执行该指令。因此控制器的基本任务就是不停地取指令和执行指令。

控制器由一些时序逻辑元件组成，主要有指令寄存器、指令计数器、译码器、时序信号发生器和操作控制部件等。

运算器和控制器是按逻辑功能划分的，实际上在计算机中它们是结合在一起的一个集成电路块，称为中央处理器（Central Processing Unit，CPU），我们习惯称为微处理器（Microprocessor）。几乎所有 CPU 的工作原理都可分为四个阶段：提取（Fetch）、解码（Decode）、执行（Execute）和写回（Writeback）。CPU 从存储器或高速缓冲存储器中取出指令，放入指令寄存器并对指令译码，再执行指令。所谓计算机的可编程性主要是指对 CPU 的编程。

中央处理器是计算机的心脏，CPU 的品质直接决定了计算机系统的档次。能够处理的数据位数是 CPU 的一个最重要的品质标志。通常，同时能处理 32 位字长的 CPU 称为 32 位微处理器，同理，64 位的 CPU 是指能在单位时间内处理 64 位的二进制数据，字长越长，其性能越强。

目前，世界上生产微处理器芯片的主要公司有 Intel 和 AMD，图 1-3 所示为 Intel 公司生产的 Core（酷睿）i7 系列 CPU。

图 1-3　Core i7 系列 CPU

3. 存储器

存储器是计算机的记忆部件，是计算机存储信息的仓库。执行程序时，控制器将指令从存储器中逐条取出并执行。

按照存储器与中央处理器的关系，可以把存储器分为内存储器（简称主存）和外存储器（简称辅存）两大类。

（1）内存储器。内存储器主要用来存放当前计算机运行时所需要的程序和数据，外形如图 1-4 所示。目前多采用半导体存储器，其特点是容量小、速度快，但价格高。内存容量是衡量计算机性能的主要指标之一，它根据功能的不同又分为只读存储器（ROM）和随机存取存储器（RAM）。

图 1-4　内存储器

1）只读存储器，是一种只能读出、不能写入和修改信息的存储器，其存储的信息是在制作该存储器时就被写入的。在计算机工作过程中，ROM 中的信息只能被读出，而不能写入新的内容。计算机断电后，ROM 中的信息不会丢失，常用于计算机中的开机启动。

2）随机存储器，是一种存储单元的内容可按需随意取出或存入，且存取速度与存储单元位置无关的存储器。由于这种存储器在断电时将丢失存储内容，因此主要用于存储短时间使用的程序。RAM 又分为静态随机存储器（SRAM）和动态随机存储器（DRAM）。

计算机在运行时，系统程序、应用程序以及用户数据都临时存放在 RAM 中。

高速缓冲存储器（Cache）主要解决 CPU 和主存速度不匹配的问题，是为提高存储器速度而设计的。Cache 是介于 CPU 与主存储器之间的小容量存储器，但存取速度比主存储器快。Cache 一般用 SRAM 实现。它可集合一段时间内一定地址范围被频繁访问的信息，成批地从主存储器中读取到一个能高速存取的小容量存储器中存放起来，供程序在这段时间内随时采用，而减少或不再访问主存储器，加快程序的运行速度。

（2）外存储器。内存储器由于技术及价格上的原因，容量有限，不可能容纳所有的系统软件及各种用户程序，因此计算机系统都要配置外存储器，它具有容量大、速度慢、价格低的特点，并且大部分可移动，便于不同计算机之间进行信息交流。常见的外存储器包括硬盘（Hard Disk）、闪存（Flash）、光盘（CD）、U 盘等。

1）硬盘。硬盘存储器是由电机和硬盘组成的，一般置于主机箱内，如图 1-5 所示。硬盘是涂有磁性材料的磁盘组件，用于存放数据。硬盘的机械转轴上串有若干盘片，每个盘片的上下两面各有一个读/写磁头。与软盘磁头不同，硬盘的磁头不与磁盘表面接触，它们"飞"在离盘片面百万分之一英寸的气垫上。硬盘是一个非常精密的机械装置，磁道间只有百万分之几英寸的间隙，磁头传动装置必须把磁头快速准确地移到指定的磁道上。

（a）硬盘外形

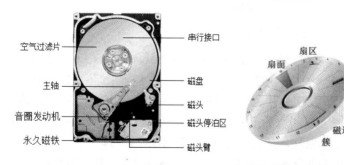 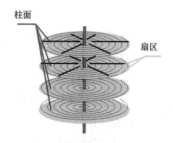

（b）硬盘的内部结构

图 1-5 硬盘存储器

一个硬盘由多个盘片组成，所有盘片串在一根轴上，两个盘片之间仅留出安置磁头的距离。柱面是指使盘的所有盘片具有相同编号的磁道。硬盘的容量取决于硬盘的磁头数、柱面数及每个磁道的扇区数，由于硬盘均有多个盘片，因此用柱面来代替磁道。每个扇区的容量为512B，硬盘容量为 512×磁头数×柱面数×每道扇区数。

目前硬盘有两种，一种为固定式，另一种为移动式。所谓固定式就是固定在主机箱内，当容量不足时，可再扩充另一个硬盘。移动硬盘如图 1-6 所示，可以轻松地传输、携带、分享和存储资料，可以在笔记本和台式机之间，办公室、学校、网吧和家庭之间传输数据，是私人资料保存的最佳工具。硬盘的容量有 320GB、500GB、750GB、1TB、2TB、3TB、4TB 等。

图 1-6　移动硬盘

2）闪存。现代都配备有 USB（Universal Serial Bus，通用串行总线）接口，该接口具有读写速度快（USB 2.0 的传输率为 480Mb/s）、支持热插拔的特点。目前普遍使用的移动硬盘和 U盘就是通过 USB 接口与计算机交换数据。

闪存又称 U 盘，如图 1-7 所示，是一种新型非易失性半导体存储器，在存储速度与容量上介于软盘与硬盘之间的一种外部存储器。当前的计算机都配有 USB 接口，在 Windows 操作系统下，无须驱动程序，通过 USB 接口即插即用，使用非常方便。近几年来，更多小巧、轻便、价格低、存储量大的移动存储产品不断涌现并得到普及。

图 1-7　U 盘

USB 接口的传输率如下：USB1.1 为 12Mb/s，USB 2.0 为 480Mb/s，USB 3.0 为 5.0Gb/s。

3）光盘。光盘是激光技术在计算机领域中的一种应用，如图 1-8 所示。它具有容量大、使用寿命长、成本低的优点。CD 的最大存储容量约为 700MB，以一种凹坑的形式记录信息。光盘驱动器内装有激光光源，光盘表面以凹坑的形式记录信息，可以反射出强弱不同的光线，从而使记录的信息被读取。根据其工作原理，光盘又可分为 CD-ROM（只读光盘）、CD-R（一次写入，多次读取）和 CD-RW（可多次读写）。光驱传输率以 150KB/s 的整数倍来计算，如目前流行的 50 倍速光驱的传输率为 50×150KB/S=7500KB/S。

图 1-8 光盘及光盘驱动器

CD-ROM 的后继产品为 DVD-ROM。DVD 采用波长更短的红色激光、更有效的调制方式和更强的纠错方法，具有更大的密度，并支持双面双层结构。在与 CD 尺寸相同的盘片上，DVD 可提供相当于普通 CD 8～25 倍的存储容量及 9 倍以上的读取速度。

蓝光光盘（Blue-ray Disc，BD）是 DVD 之后的一代光盘，用以存储高品质的影音以及高容量的数据存储。蓝光的命名是由于其采用波长为 405mm 的蓝色激光光束来进行读写操作。通常，波长越短的激光能够在单位面积上记录或读取的信息越多。因此，蓝光极大地提高了光盘的存储容量。

4. 主板和总线

（1）主板。主机由中央处理器和内存储器组成，用来执行程序、处理数据，主机芯片都安装在一块电路板上，这块电路板称为主机板，即主板。为了与外围设备连接，在主板上还安装有若干接口插槽，可以在这些插槽上插入与不同外围设备连接的接口卡。主板上有控制芯片组、CPU 插座、BIOS 芯片、内存插槽，还集成了软驱接口、硬盘接口、并行接口、串行接口、USB 接口、AGP 总线扩展槽、PCI 局部总线扩展槽、ISA 总线扩展槽、键盘和鼠标接口以及一些连接其他部件的接口等。主板是微型计算机系统的主体和控制中心，几乎集合了全部系统的功能，控制着各部分之间的指令流和数据流。不同型号的微型计算机的主板结构不同。主板结构如图 1-9 所示。

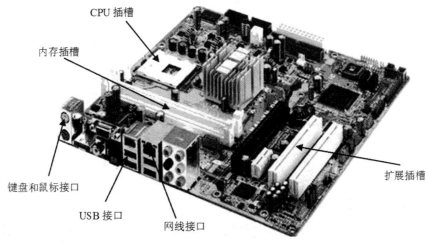

图 1-9 主板

● CPU 插槽：是 CPU 与主板的接口。

- BIOS 芯片：BIOS（基本输入/输出系统）的作用是检测所有部件运行情况，并提供有关硬盘读写、显示器显示方式、光标设置等子程序。
- 高速缓冲存储器：用来存储CPU常用的数据和代码，由静态RAM组成，容量为32KB～256KB。目的在于提高CPU对存储器的访问速度。
- 扩展插槽：又称总线插槽，用来安插外部板卡，如显卡、声卡等。
- 芯片组：是主板的主要组成部分，在一定程度上决定主板的性能和级别。
- 各种接口：不同的外围设备与主机相连都必须根据不同的电气、机械标准，采用不同的接口来实现。主机与外围设备之间的信息通过两种接口传输：一种是串行接口，如鼠标；另一种是并行接口，如打印机。串行接口按机器字的二进制位逐位传输信息，传送速度较慢，但准确率高；并行接口可以同时传送若干二进制位的信息。现在的微型计算机上都配备了串行接口与并行接口。

（2）总线（BUS）。计算机中传输信息的公共通路称为总线。一次能够在总线上同时传输信息的二进制位数称为总线宽度。CPU 是由若干基本部件组成的，这些部件之间的总线称为内部总线；连接系统各部件间的总线称为外部总线，也称系统总线。

按照总线上传输信息的不同，总线可以分为数据总线（DB），地址总线（AB）和控制总线（CB）三种。

- 数据总线：用来传送数据信息，主要连接 CPU 与各部件，是它们之间交换信息的通路。数据总线是双向的，具体传送方向由 CPU 控制。
- 地址总线：用来传送地址信息。CPU 通过地址总线中传送的地址信息访问存储器。通常地址总线是单向的。地址总线的宽度决定可以访问的存储器容量，如 20 条地址总线可以控制 1MB 的存储空间。
- 控制总线：用来传送控制信号，以协调各部件之间的操作。控制总线是双向的。控制信号包括 CPU 对内存储器和接口电路的读写控制信号、中断响应信号，也包括其他部件传送给 CPU 的信号，如中断申请信号、准备就绪信号等。

总线技术是计算机技术的重要组成部分，通过总线连接计算机各部件使微型计算机系统结构简洁、灵活，规范性和可扩充性好。计算机的总线结构示意如图 1-10 所示。

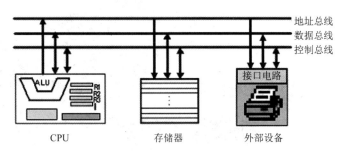

图 1-10   计算机的总线结构示意

5. 输入设备

输入设备（Input Devices）用来向计算机输入数据和信息，其主要作用是把人们可读的信息（命令、程序、数据、文本、图形、图像、音频和视频等）转换成计算机能识别的二进制代码输入计算机，供计算机处理，是人与计算机系统之间进行信息交换的主要装置之一。

目前常用的输入设备有键盘、鼠标、扫描仪、手写板、图像输入设备（数码相机等）、语音输入装置（麦克风等）等，还有脚踏鼠标、触摸屏、条形码阅读器，如图 1-11 所示。

键盘   鼠标   扫描仪

手写板   数码相机   麦克风

图 1-11   常见输入设备

6. 输出设备

输出设备（Output Devices）把各种计算结果数据或信息以数字、字符、图像、声音等形式表示出来。输出设备的主要功能是将计算机处理后的各种内部格式的信息转换为人们能识别的形式（如文字、图形、图像和声音等）表达出来。

输出设备是人与计算机交互的部件，如图 1-12 所示，除常用的显示器、打印机外，还有绘图仪、音响等。

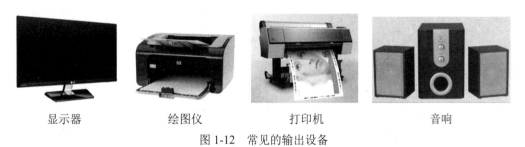

显示器   绘图仪   打印机   音响

图 1-12   常见的输出设备

1.2.2   软件系统组成

软件系统组成

软件系统是为运行、管理和维护计算机而编制的各种程序、数据和文档的总称。

计算机系统由硬件系统和软件系统两部分组成。硬件系统也称裸机，只能识别由 0 和 1 组成的机器代码，没有软件系统的计算机无法工作。实际上，人们平时面对的是经过若干层软件 "包装" 的计算机，计算机的功能不仅取决于硬件系统，而且取决于安装的软件系统。硬件系统和软件系统是相互依赖、不可分割的。图 1-13 所示为计算机系统层次结构，硬件处于最内层，用户在最外层，软件在硬件与用户之间，用户通过软件使用硬件。

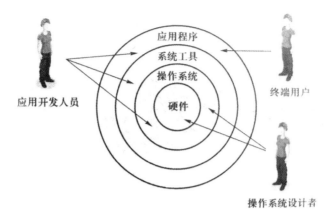

图 1-13   计算机系统层次结构

软件系统通常分为系统软件和应用软件两大类，如图 1-14 所示。

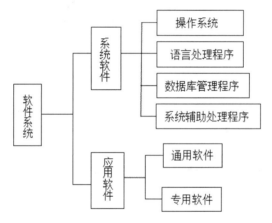

图 1-14   软件系统的组成

1. 系统软件

系统软件是指控制和协调计算机及外部设备，支持应用软件开发和运行的软件。它的主要功能是调度、监控和维护计算机系统；负责管理计算机系统中各种独立硬件，使其协调工作。

系统软件包括操作系统、语言处理系统、数据库管理系统和系统辅助处理程序。

（1）操作系统。操作系统（Operating System，OS）是管理和控制计算机硬件与软件资源的计算机程序，是直接运行在"裸机"上最基本的系统软件，是最底层的软件，任何其他软件都必须在操作系统的支持下运行。操作系统是"裸机"与应用程序及用户之间的桥梁，为用户提供一个清晰、简洁、友好、易用的工作界面。用户通过使用操作系统提供的命令和交互功能实现对计算机的操作。操作系统的位置如图 1-15 所示。

一台计算机必须安装了操作系统才能正常工作，由它提供软件的开发环境和运行环境。DOS、Windows、UNIX、Linux、MacOS 等都是计算机上常用的操作系统软件，现在最常用的是 Windows 系统。

图 1-15　操作系统的位置

随着计算机技术的迅速发展和计算机的广泛应用，用户不断对操作系统的功能、应用环境、使用方式提出新的要求，逐步形成了不同类型的操作系统。我们根据操作系统的功能和使用环境不同大致分为以下几类。

1）单用户操作系统。计算机系统在单用户单任务操作系统（如 DOS）的控制下，只能串行地执行用户程序，个人独占计算机的全部资源，CPU 运行效率低。

现在大多数个人计算机操作系统是单用户多任务操作系统，如 Window XP 或 Window Vista，允许多个程序或多个作业同时存在和运行。

2）批处理操作系统。批处理操作系统是 20 世纪 70 年代运行于大、中型计算机上的操作系统，以作业为处理对象，连续处理在计算机系统运行的作业流。这类操作系统的特点如下：完全由系统自动控制作业的运行，系统吞吐量大，资源的利用率高，如 IBM 的 DOS/VSE。

3）分时操作系统。分时操作系统使多个用户同时在各自终端上联机地使用同一台计算机，CPU 按优先级分配各终端的时间片，轮流为各终端服务，对用户而言，有"独占"一台计算机的感觉。分时操作系统侧重于及时性和交互性，使用户的请求尽量在较短的时间内得到响应，如 UNIX、VMS。

4）实时操作系统。实时操作系统是对随机发生的外部事件在限定时间范围内作出响应并对其进行处理的系统。外部事件一般是指来自于计算机系统相联系的设备的服务要求和数据采集。实时操作系统广泛应用于工业生产过程的控制和事务数据处理中，如 RDOS。

5）网络操作系统。为计算机网络配置的操作系统称为网络操作系统，它负责网络管理、网络通信、资源共享和系统安全等工作。常用的网络操作系统有 NetWare、Windows、UNIX、Linux。微软的网络操作系统有 Windows 2003 Server/Advance Server、Windows Server 2012 等。

6）分布式操作系统。分布式操作系统是用于分布式计算机系统的操作系统。分布式计算机系统是由多个并行工作的处理机组成的系统，提供高度的并行性和有效的同步算法及通信机制，自动实行全系统范围的任务分配并自动调节各处理机的工作负载，如 MDS、CDCS。

（2）语言处理系统。计算机语言是人与计算机进行信息交流的媒介，作为人与计算机交流的一种工具，这种交流称为计算机程序设计。计算机语言通常分为机器语言、汇编语言和高级语言，因为面向机器的语言都属于低级语言，所以机器语言和汇编语言均属于低级语言。

1）机器语言。机器语言是一种用二进制代码"0"和"1"形式表示的，能被计算机唯一直接识别和执行的语言。用机器语言编写的程序称为计算机机器语言程序，它是一种低级语言，不便于记忆、阅读和书写，通常我们不用机器语言直接编写程序。

2）汇编语言。汇编语言是一种用助记符表示的面向机器的程序设计语言。汇编语言的每条指令对应一条机器语言代码，不同类型的计算机系统一般有不同的汇编语言。用汇编语言编制的程序称为汇编语言程序，机器不能直接识别和执行，必须由"汇编程序"（或汇编系统）翻译成机器语言程序才能运行，这种"汇编程序"就是汇编语言的翻译程序。

汇编语言适用于编写直接控制机器操作的低层程序，它与机器密切相关，不容易使用。

3）高级语言。高级语言是一种比较接近自然语言和数学表达式的计算机程序设计语言。一般将高级语言编写的程序称为"源程序"，计算机不能识别和执行，要把用高级语言编写的源程序翻译成机器指令，通常有编译和解释两种方式。

编译方式是将源程序整个编译成目标程序，再通过链接程序将目标程序链接成可执行程序。解释方式是将源程序逐句翻译，翻译一句执行一句，边翻译边执行，不产生目标程序，由计算机执行解释程序自动完成，如 Basic 语言。

目前常用的高级语言有 Visual Basic、Visual FoxPro、C++、Java、PHP、ASP 等，使用这些语言开发程序更直观、更方便、更简洁。

（3）数据库管理系统。数据库管理系统（DataBase Management System，DBMS）的作用是管理数据库。数据库管理系统是有效地进行数据存储、共享和处理的工具。目前，计算机系统常用的单机数据库管理系统有 DBASE、FoxBase、Visual FoxPro 等，而 Sybase、Oracle、DB2、SQL Server 适用于网络环境的大型数据库管理系统。

数据库管理系统主要用于档案管理、财务管理、图书资料管理、仓库管理、人事管理等数据处理。

（4）系统辅助处理程序。系统辅助处理程序主要是指为计算机提供一些辅助性服务功能的工具软件集合，它们为用户开发程序和使用计算机提供方便，我们经常使用的诊断、调试、硬盘管理等就属于这一类软件。

2．应用软件

为满足各种不同用户需求而编写的程序称为应用软件，它可以拓宽计算机系统的应用领域，放大硬件的功能。应用软件一般不能独立地在计算机上运行而必须有系统软件的支持，支持应用软件运行的最基础的系统软件就是操作系统。通常又可把应用软件分为通用软件和专用软件两类。

（1）通用软件。通用软件针对的用户需求具有共同性和普遍性，适用范围较广。常见的有文字处理软件（Office、WPS 等），聊天软件（腾讯 QQ、微信等），多媒体处理软件（Photoshop、绘声绘影等），Internet 工具软件（Web 浏览器、文件传送工具 FTP）等。

（2）专用软件。专用软件是针对特殊需求专门编写的程序，它的使用范围窄而针对性强，如医院管理系统、机场管理系统、银行系统、户籍管理系统等。

1.2.3   计算机的工作原理

到目前为止，计算机的工作原理均采用著名美籍匈牙利数学家——冯·诺依曼提出的存储程序方式，即把程序存储在计算机内，由计算机自动存取指令并执行它。他的基本思想可以概括为以下三部分内容：

计算机的工作原理

（1）计算机由运算器、控制器、存储器、输入设备、输出设备五大基本部件组成。

（2）程序和数据在计算机中用二进制数表示。

（3）计算机的工作过程是由存储程序控制的。

计算机能够自动地完成运算或处理过程的基础是存储程序和程序控制，存储程序与程序控制原理是冯·诺依曼思想的核心。

冯·诺依曼型计算机的基本工作方式如图 1-16 所示。

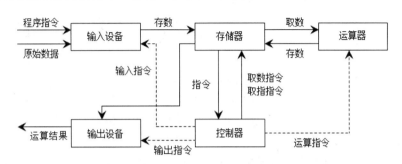

图 1-16　冯·诺依曼型计算机的基本工作方式

图 1-16 中，实线为数据和程序，虚线为控制命令。首先，在控制器的作用下，计算所需的原始数据和计算步骤的程序指令通过输入设备送入计算机的存储器中。然后，控制器向存储器发送取指指令，存储器中的程序指令被送入控制器。控制器对取出的指令进行译码，接着向存储器发送取数指令，存储器中的相关运算数据被送到运算器中。控制器向运算器发送运算指令，运算器执行运算，得到结果，并把运算结果存入存储器中。控制器向存储器发出取数指令，数据被送往输出设备。最后，控制器向输出设备发送输出指令，输出设备输出计算机结果。完成一系列操作以后，控制器从存储器中取出下一条指令进行分析，执行该指令，周而复始地重复"取指令、分析指令、执行指令"的过程，直到程序中的全部指令执行完毕为止。

如今，计算机正在以难以置信的速度向前发展，但其基本原理和基本结构仍然没有脱离冯·诺依曼体系结构。

1.2.4　计算机的主要技术指标

对计算机进行系统配置时，首先要了解计算机系统的主要技术指标。衡量计算机性能的主要指标如下。

（1）字长。字长是指计算机一次存取、加工、运算和传送的数据长度，是计算机一次能直接处理的二进制数据的位数，它是衡量计算机性能的一个重要指标，能直接反映计算机的计算能力和计算精度，字长越长，计算机的数据处理速度越快。

（2）主频。主频是指计算机 CPU 的时钟频率，它在很大程度上决定计算机的运算速度（每秒所能执行的指令条数，简称 MIPS），主频越大，计算机的运算速度越快，主频的单位是兆赫兹（MHz）或吉赫兹（GHz）。

（3）内存容量。内存容量是指内存储器中能够存储信息的总字节数，目前计算机的内存一般以 G 为单位来计算。内存容量反映了计算机存储程序和数据能力，容量越大，计算机能运行的程序也就越大，尤其是当前多媒体和三维技术等涉及图像和声音信息的处理，对计算机内存要求很高，甚至没有足够大的内存就无法运行一些程序。

（4）其他技术指标。除此之外，还有其他影响计算机整体效果的技术指标，如内存的存取周期影响计算机的运行速度、硬盘的转速和容量影响存储量和运行速度、显卡与显示器的技术指标影响显示质量和图形处理能力等。

1.2.5　计算机的使用环境与安全操作

为了使计算机稳定可靠地工作，用户在平时就应该养成良好的操作习惯，自觉维护和保养计算机。

1．计算机的使用环境

计算机的使用环境是指计算机对其工作的物理环境方面的要求。一般微型计算机对工作环境没有特殊的要求，通常在办公室条件下就能使用。但是，为了使计算机能正常工作，提供一个良好的工作环境也是重要的。

（1）环境温度：计算机在室温 15～35℃之间一般都能正常工作。若低于 15℃，则软盘驱动器对软盘的读写容易出错；若高于 35℃，则会由于机器的散热不好而影响机器内各部件的正常工作。

（2）环境湿度：计算机机房的相对湿度为 20%～80%，过高会使计算机内的元器件受潮变质，甚至会发生短路而损坏机器；低于 20%，会由于过分干燥而产生静电干扰。

（3）卫生要求：应保持计算机房清洁。如果灰尘过多，灰尘附着在磁盘或磁头上会造成磁盘读写错误，缩短计算机的使用寿命，因此也要定期清理主机箱的灰尘等。

（4）电源要求：计算机对电源有两个基本要求：一是电压稳；二是在机器工作时电源不能间断。电压不稳不仅会造成磁盘驱动器运行不稳定从而引起读写数据错误，而且对显示器和打印机的工作有影响。为了获得稳定的电压，可使用交流稳压电源。为防止突然断电对计算机工作的影响，最好配备不间断供电电源（UPS），以便使计算机能在断电后继续使用一段时间，使操作人员能够及时处理并保存好数据。

（5）防止磁场干扰：在计算机的附近应避免磁场干扰。

2．安全操作与维护

（1）开机与关机。开机要先打开显示器、打印机等外部设备的电源，再打开主机电源。关机与开机相反，要先关闭主机电源，再关闭显示器、打印机等外部设备的电源。这是为了避免开关机时外部设备的瞬间冲击电流对主机产生影响。

在使用过程中，不要频繁地开机或关机。当计算机出现死机现象时，首先采用热启动（按 Ctrl+Alt+Delete 组合键）调出任务管理器，结束未响应任务；如果热启动失败，就要按主机上的"复位"键（Reset）重新启动；如果前两种方法都失败时，才采用关机的方法（按住主机电源开关键 3～5s），即冷启动，采用这种方法关机时，要等待十几秒再开机，可避免由频繁开关机造成的电流冲击。

（2）软件系统的维护。正确使用软件是计算机有效工作的保证，软件系统的维护应从以下五个方面着手：

- 操作系统及其他系统软件是用户使用计算机的基本环境，应利用软件工具维护系统区，从而保证系统区正常工作。
- 要经常备份硬盘上的主要文件和数据，以免出现意外时造成不必要的损失。

- 对一些系统文件或可执行的程序、数据进行必要的写保护。
- 不执行来路不明的程序，当需要使用外来程序时，需经过严格检查和测试，在确信无病毒后，才允许在系统中运行。
- 及时清除存储设备上无用的数据和垃圾文件，充分、有效地利用存储空间。

1.3　计算机进制转换方法

1.3.1　数据与信息

数据是客观事物的属性的表示，可以是数值数据和各种非数值数据。对计算机来说，数据是能够被计算机处理的、经过数字化的信息。

信息是人们从客观事物得到的，使人们能够认知客观事物的各种消息、情报、数字、信号、图形、图像、语音等所包含的内容。

数据与信息的关联：信息是向人们或机器提供的关于现实世界有关事物的知识；数据是载荷信息的物理符号，是信息的载体，是信息的具体表现形式。

数据只有当其经过适当的加工处理而产生出有助于实现特定目标的信息时，对人们才有实际意义。例如：一个病人的体温是 40℃，则病历上记录的 40℃就是数据，但这个 40℃数据本身是没有意义的，当数据以某种形式经过处理、描述或与其他数据比较时，便被赋予了意义。例如"该病人的体温是 40℃"，这才是信息，这个信息是有意义的——40℃表示病人发烧了。

在信息社会，信息成为比物质和能源更重要的资源，以开发和利用信息资源为目的信息经济活动迅速扩大，成为国民经济活动的主要内容。信息技术在生产、科研教育、医疗保健、企业和政府管理以及家庭中的广泛应用对经济和社会发展产生了巨大、深刻的影响，从根本上已经改变了人们的生活方式、行为方式和价值观念。

计算机是实现信息社会的必备工具之一，它在信息处理中的作用正随着信息化社会的到来而显示出来，已日益成为人们生产和生活中离不开的工具和"伙伴"。

1.3.2　计算机中的数据

ENIAC 是一台十进制的计算机，它采用十个真空管来表示一位十进制数。冯·诺依曼在研制 IAS 时，感觉十进制的表示及实现方式十分麻烦，提出了二进制的表示方法，从此改变了整个计算机的发展历史。

二进制只有"0"和"1"两个数码，采用二进制表示不但运算简单、易于物理实现、通用性强，更重要的优点是所占用的空间和所消耗的能量小得多，机器可靠性高。

计算机内部均用二进制表示各种信息，但计算机与外部交往仍采用人们熟悉和便于阅读的形式，如十进制数据、文字显示、图形等，其转换是通过计算机的硬件和软件实现的，转换过程如图 1-17 所示。

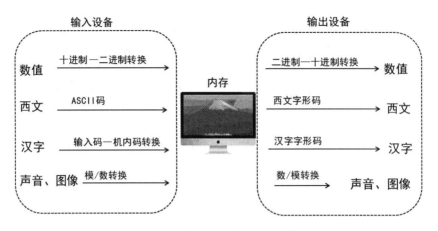

图 1-17　数据在计算机中的转换

1.3.3　计算机的信息单位

数据的常用单位有位、字节和字。

（1）位（bit）是计算机中存储数据的最小单位，又称"比特"，是指二进制数中的一个位数，其值为 0 或 1。

（2）字节（Byte）是计算机中存储数据的基本单位，计算机存储容量是以字节数衡量的。一个字节等于 8 位，即 1Byte=8bit。一个汉字占 2 个字节，相当于 16 位二进制。

1B=8 bit

$1KB=2^{10}B=1024B$

$1MB=2^{10}KB=1024KB$

$1GB=2^{10}MB=1024MB$

$1TB=2^{10}GB=1024GB$

（3）字（word）。字是指在计算机中作为一个整体被存取、传送、处理的一组二进制数。一个字的位数（即字长）是计算机系统结构中的一个重要特性。字是单位，而字长是指标，字不是指汉字。字长由 CPU 的类型决定，不同的计算机系统，字长是不同的。计算机的字长通常是字节的整倍数，常见的有 8 位、16 位、32 位、64 位等，字长越长，计算机一次处理的信息位越多，精度越高，数据处理速度就越快。字长是计算机性能的一个重要指标，目前主流微机发展到今天微型机 64 位，大型机 128 位。

1.3.4　计算机数值信息编码

1．数制

数制是用一组固定数字和一套统一规则表示数目的方法，一般可分为进位计数制和非进位计数制。

（1）进位计数制。进位计数制是指按指定进位方式计数的数制，表示数值的数码与它在数中所处的位置（权）有关，简称进位制。在计算机中，使用较多的是二进制、十进制、八进制和十六进制。在程序设计中，为了区分不同进制数，通常在数字后用一个英文字母作后缀以示区别。

- 十进制数：数字后加 D 或不加，如 13D 或 13 或 13_{10}。
- 二进制：数字后加 B，如 10010B 或 10010_2。
- 八进制：数字后加 O，如 123O 或 123_8。
- 十六进制：数字后加 H，如 2A5EH 或 $2A5E_{16}$。

（2）非进位计数制。非进位计数制是指表示数值的数码与它在数中所处的位置无关。这种数制现在很少使用。

2. 不同进位计数制及其转换

（1）二进制。二进制的特点如下。

- 有两个数码：0 和 1。
- 逢二进一，借一当二。
- 进位基数是 2。

由于二进制不符合人们的使用习惯，因此在平时操作中并不经常使用。但计算机内部的数是用二进制表示的，主要原因如下。

- 简单可行，容易实现。二进制数只有 0 和 1 两个数码，对应计算机逻辑电路的两种稳定状态，如导通与截止、高电位与低电位等，因此可以很容易地用电气元件来实现且稳定可靠。
- 运算法则简单。二进制的运算法则很简单，例如求和法则，对应数位相加结果只有 0+0=0、0+1=1、1+0=1、1+1=0 四个，而十进制则烦琐得多。
- 适合逻辑运算。二进制的两个数码正好代表逻辑代数中的"真"（True）和"假"（False），因而非常适合逻辑运算。

二进制的主要缺点是数值位数长、不便阅读和书写，因此，在技术文档中通常用十六进制来替代二进制。

（2）十进制（Decimal notation）。十进制的特点如下。

- 有十个数码：0、1、2、3、4、5、6、7、8、9。
- 逢十进一，借一当十。
- 进位基数是 10。

（3）八进制（Octal notation）。八进制的特点如下。

- 有八个数码：0、1、2、3、4、5、6、7。
- 逢八进一，借一当八。
- 进位基数是 8。

（4）十六进制（Hexadecimal notation）。十六进制的特点如下。

- 有十六个数码：0、1、2、3、4、5、6、7、8、9、A、B、C、D、E、F。十六个数码中的 A，B，C，D，E，F 六个数码，分别代表十进制数中的 10，11，12，13，14，15，这是国际通用表示法。
- 逢十六进一，借一当十六。
- 进位基数是 16。

（5）非十进制数转换为十进制数。对于一个任意进制的数，它的任一个数码在数中的位置叫作"权"，表示这个数码代表的数值，即这个数码在数中所占的比重。我们可以按如下规律将一个任意进制的数"按权展开"成十进制表示的多项式之

非十进制数转换为
十进制数

和，再将这个多项式相加，就把它转换成了对应的十进制数：

一个 R 进制数 X，具有 n 位整数，m 位小数，则该 R 进制可表示为

$$X = A_{n-1} \times R^{n-1} + A_{n-2} \times R^{n-2} + \cdots + A_1 \times R^1 + A_0 \times R^0 + A_{-1} \times R^{-1} + \cdots + A_{-m} \times R^{-m}$$

在这个表达式中，权是以 R 为底的幂。

例：将 10000.10B 按权展开并转换成十进制数。

解：$10000.10B = 1 \times 2^4 + 0 \times 2^3 + 0 \times 2^2 + 0 \times 2^1 + 0 \times 2^0 + 1 \times 2^{-1} + 0 \times 2^{-2} = 16.5$

例：将 3A6E.5H 按权展开并转换成十进制数。

解：$3A6.5H = 3 \times 16^2 + 10 \times 16^1 + 6 \times 16^0 + 5 \times 16^{-1} = 934.3125$

十进制、二进制、八进制和十六进制数的转换关系见表 1-1。

表 1-1　各种进制数码对照表

十进制	二进制	八进制	十六进制	十进制	二进制	八进制	十六进制
0	0	0	0	9	1001	11	9
1	1	1	1	10	1010	12	A
2	10	2	2	11	1011	13	B
3	11	3	3	12	1100	14	C
4	100	4	4	13	1101	15	D
5	101	5	5	14	1110	16	E
6	110	6	6	15	1111	17	F
7	111	7	7	16	10000	20	10
8	1000	10	8	17	10001	21	11

（6）十进制转换成非十进制数。十进制转换成 R 进制时，整数部分的转换与小数部分的转换是不同的。

1）整数部分：除 R 取余法（R 为基数）。将十进制数反复除以 R，直到商是 0 为止，并将每次相除之后所得的余数按次序记下来，第一次相除所得余数是 K_0，最后一次相除所得的余数是 K_{n-1}，则 $K_{n-1} K_{n-2} \cdots K_1 K_0$ 即转换所得的 R 进制数。

例：将十进制数 123 转换成二进制数。

解：

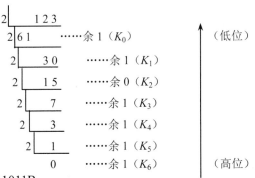

十进制转换成
非十进制数

$123 = 1111011B$

2）小数部分：乘 R 取整法。将十进制数的纯小数（不包括乘后所得的整数部分）反复乘以 R，直到乘积的小数部分为 0 或小数点后的位数达到精度要求为止。第一次乘以 R 所得的结果是 K_{-1}，最后一次乘以 R 所得的结果是 K_{-m}，则所得二进制数为 $0.K_{-1}K_{-2}\cdots K_{-m}$。

例：将十进制数 0.2541 转换成二进制。

解：

$$0.2541 \times 2 = 0.5082 \cdots\cdots 0 = (K_{-1}) \quad （高位）$$
$$0.5082 \times 2 = 1.0164 \cdots\cdots 1 = (K_{-2})$$
$$0.0164 \times 2 = 0.0328 \cdots\cdots 0 = (K_{-3})$$
$$0.0328 \times 2 = 0.0656 \cdots\cdots 0 = (K_{-4}) \quad （低位）$$

$0.2541 = 0.0100\text{B}$

计算时，如果小数永远不能为零，就与十进制数的四舍五入相同，二进制的零舍一入、八进制的三舍四入、十六进制的七舍八入原则，按照要求保留多少位小数。

对于这种既有整数又有小数的十进制数，可以将其整数部分和小数部分分别转换，再组合起来，就是所求的进制数了。

例：$123 = 1111011\text{B}$

　　　$0.125 = 0.001\text{B}$

　　　$123.125 = 1111011.001\text{B}$

二进制、八进制和十六进制数的相互转换

（7）二进制、八进制和十六进制数的相互转换。

1）二进制转换八进制的方法是取三合一法，即从二进制的小数点为分界点，向左（向右）每三位取成一位，接着将这三位二进制按权相加，得到的数就是一位八进制数，再按顺序进行排列，小数点的位置不变，得到的数字就是我们所求的八进制数。如果向左（向右）取三位后，取到最高（最低）位时候，如果无法凑足三位，可以在小数点最左边（最右边），即整数的最高位（最低位）添 0，凑足三位。

例：将二进制的 10110.0011 转换成八进制。

　　010　　110　.　　001　　100

　　2　　　6　.　　1　　4

即$(10110.011)_2 = (26.14)_8$。

2）八进制转换二进制的方法是取一分三法，即将一位八进制数分解成三位二进制数，用三位二进制按权相加去凑这位八进制数，小数点位置不变。

例：将八进制的 37.416 转换成二进制数。

　　3　　7　.　4　　1　　6

　　011　　111　.　　100　001　110

即$(37.416)_8 = (11111.10000111)_2$。

3）二进制转换十六进制的方法是取四合一法，即从二进制的小数点为分界点，向左（向右）每四位取成一位，接着将这四位二进制按权相加，得到的数就是一位十六进制数，然后，按顺序进行排列，小数点的位置不变，得到的数字就是我们所求的十六进制数。如果向左（向右）取四位后，取到最高（最低）位时，如果无法凑足四位，则可以在小数点最左边（最右边），即整数的最高位（最低位）添 0，凑足四位。

例：将二进制数 1100001.111 转换成十六进制。

　0110　0001　.　1110

　　6　　　1　.　　E

即$(1100001.111)_2 = (61.E)_{16}$。

4）十六进制转换二进制的方法是取一分四法，即将一位十六进制数分解成四位二进制数，用四位二进制按权相加去凑这位十六进制数，小数点位置不变。

例：将十六进制数 5DF.9 转换成二进制。

　　5　　D　　F　.　9

　0101　1101　1111　.　1001

即$(5DF.9)_{16} = (10111011111.1001)_2$。

5）八进制与十六进制的转换：一般不能相互直接转换，需将八进制（或十六进制）转换为二进制，再将二进制转换为十六进制（或八进制），小数点位置不变。那么相应的转换请参照上面二进制与八进制的转换和二进制与十六进制的转换。

1.3.5　计算机非数值信息编码

计算机除了能处理数值信息外，还能处理大量的非数值信息。非数值信息是指文字、图形、声音等形式的数据，这类数据没有大小的区别，用不同的符号表示不同的含义，又称符号数据。非数值信息中的图形、声音等形式的数据有专门的表示方法，这里我们讨论文字类非数值信息的表示方法。

根据信息学原理，用一组有限的符号可以表达任意的文字类非数值信息；如用 0～9 十个符号的组合可以表示任意数字，用 26 个英文字符加上几个标点符号可以写出千姿百态的英文文章等。人们与计算机进行交互时使用的就是这组符号集合，然而计算机只能存储二进制，需要对这组符号集合逐个进行编码，人机交互时敲入的各种字符由机器自动转换，以二进制编码形式存入计算机。

1. 西文字符编码

字符编码。字符编码就是规定用什么样的二进制码来表示字母、数字以及专门符号。计算机系统中主要有两种字符编码：ASCII 码和 EBCEDIC（扩展的二进制/十进制交换码）。ASCII 是最常用的字符编码，而 EBCEDIC 主要用于 IBM 的大型机中。

ASCII 码（American Standard Code for Information Interchange）是美国信息交换标准代码的简称，主要用来对键盘上的信息进行编码。ASCII 码占一个字节，有 7 位和 8 位两种，7 位 ASCII 码称为标准 ASCII 码，8 位 ASCII 码称为扩充 ASCII 码。计算机的内部用一个字节（8 个二进制位）存放一个 7 位

ASCII 码

ASCII 码，最高位置为 0。7 位 ASCII 码表给出了 128 个不同的组合，表示 128 个不同的字符。表 1-2 为 7 位 ASCII 码字符编码表。

表 1-2 中对大小写英文字母、阿拉伯数字、标点符号及控制符等特殊符号规定了编码，表中每个字符都对应一个数值，称为该字符的 ASCII 码值。其排列次序为 $b_6 b_5 b_4 b_3 b_2 b_1 b_0$，$b_6$ 为最高位，b_0 为最低位，如字母 "A" 的 ASCII 码为 1000001（41H）。

从 ASCII 码表中可看出有 34 个非图形字符（又称控制字符），如 SP（Space，空格）的编码是 0100000，DEL（Delete，删除）的编码是 1111111。

表 1-2　7 位 ASCII 码字符编码表

$b_3 b_2 b_1 b_0$	$b_6 b_5 b_4$							
	000	001	010	011	100	101	110	111
0000	NUL	DLE	SP	0	@	P	、	p
0001	SOH	DC1	!	1	A	Q	a	q
0010	STX	DC2	"	2	B	R	b	r
0011	ETX	DC3	#	3	C	S	c	s
0100	EOT	DC4	$	4	D	T	d	t
0101	ENQ	NAK	%	5	E	U	e	u
0110	ACK	SYN	&	6	F	V	f	v
0111	BEL	ETB	,	7	G	W	g	w
1000	BS	CAN	(	8	H	X	h	x
1001	HT	EM	)	9	I	Y	i	y
1010	LF	SUB	*	:	J	Z	j	z
1011	VT	ESC	+	;	K	[	k	{
1100	FF	S	,	<	L	\	l	|
1101	CR	GS	-	=	M	]	m	}
1110	SO	RS	.	>	N	^	n	~
1111	SI	US	/	?	O	-	o	DEL

其余 94 个可打印字符也称图形字符。这些字符中，从小到大的排列是 0~9，A~Z，a~z，且小写字母比大写字母的码值大 32，即位 b_5 为 0 或 1，有利于大、小写字母之间的编码进行转换。

例：（1）"A"字符的编码为 1000001，对应的十进制数是 65，则"B"的十进数为 65+1=66，对应的编码值为 1000010。

（2）"A"字符的编码为 1000001，对应的十进制数是 65，则"a"对应的十进制数是 65+32=97，对应的编码值为 1100001。

综上所述，ASCII 编码具有以下规律：控制字符（DEL 除外）< 数字 < 大写字母 < 小写字母。

2．汉字编码

ASCII 码只解决了西文信息的编码，为了用计算机处理汉字，我们同样需要对汉字进行编码，汉字的编码分为交换码、外码、内码、汉字字形码、汉字地址码等。

（1）交换码（国标码）。交换码即国标码，是计算机及其他设备之间交换信息的统一标准。

1）GB 2312—1980《信息交换用汉字编码字符集 基本集》：该字符集收录了 6763 个常用汉字，其中一级汉字 3755 个，二级汉字 3008 个。另外，还收录了各种符号（如数字、拉丁字母、希腊字母、汉字拼音字母等）682 个，合计 7445 个。

2）GB 13000—2010《信息技术通用多八位编码字符集（UCS）第一部分：体系结构与基

本多文种平面》：共收录 20902 个汉字。

3）GB18030—2005《信息技术中文编码字符集》是未来我国计算机系统必须遵循的基础性标准之一，收录了 70244 个汉字。中国政府要求在中国大陆出售的软件必须支持 GB18030—2005 编码。

国标码采用两个字节表示一个汉字。每个字节只使用低 7 位，使得汉字与英文完全兼容。但当英文字符与汉字字符混合存储时，容易发生冲突，所以把国标码的两个字节高位置 1，作为汉字的识别码使用。

为了中英文兼容，GB2312—1980 规定所有汉字和字符的每个字节的编码范围与 ASCII 码表中的 94 个字符编码一致，故其编码范围为 2121H～7E7EH。

将国标码的两个字节的最高位置 1（加 128 即 80H），得到计算机常用的汉字机内码双字节，最高位是 1；西文字符机内码单字节，最高位是 0。

与 ASCII 码类似，国标码也有一张码表，这张码表构成一个二维平面，是一个 94×94 的阵列，行号成为区号，列号成为位号，唯一标识一个汉字，表中任一汉字或符号的区号和位号的组合叫作这个汉字或符号的"区位码"。汉字的区位码和国标码的值不同，但有一一对应的关系，其转换方法为将区位码的区号和位号分别加上 32（20H），即得到国标交换码。

例如：汉字"中"的区位码是 5448，将区号 54 转换成十六进制数 36H，将位号 48 转换成十六进制数 30H，再将区号和位号分别加上 20H，所以"中"字的国标码值是 5650H。

汉字的区位码、国标码、机内码有如下关系：

国标码=区位码+2020H

机内码=国标码+8080H

机内码=区位码+A0A0H

（2）外码（输入码）。外码是汉字的输入编码，用键盘向计算机输入汉字时，键盘上没有汉字，必须用键盘上的一组字符来对应表示一个汉字，这就是汉字的外码。每个汉字都对应一个确定的外码，不同的输入法有不同的外码。例如：用拼音输入汉字"勇"时，它对应的外码是 yong；用五笔字型输入时，它对应的外码是 cel。

（3）内码。内码是汉字的内部编码。计算机为了识别汉字，必须把汉字的外码转换为汉字的内码，以便处理和存储汉字信息。在计算机系统中，通常用两个字节存储一个汉字的内码，为了与 ASCII 码区别，汉字的内码也将两个字节的最高位置 1，如果用十六进制表示，就是把汉字的国标码的每个字节加上一个 80H（即二进制的 10000000）。

例如：前面我们知道"中"字的国标码是 5650H，那么"中"字的内码就是

"中"字的内码=5650H+8080H=D6D0H

（4）汉字字形码。汉字字形码是供显示器或打印机输出汉字用的代码，又称汉字库。汉字字形码与内码之间有一一对应的关系，输出时，先根据内码在字库中查找相应的字形码，再将字形码显示或打印出来。

汉字字形码的编码方式有两种：点阵字形和轮廓字形。点阵字形的编码方法比较简单，它用一个 $n \times n$ 的方阵描述一个汉字，如"人"字的汉字点阵如图 1-18 所示。

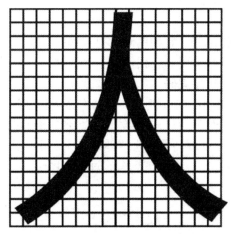

图 1-18　"人"字的汉字点阵

图 1-18 中黑色的部分用二进制 1 表示，白色的部分用二进制 0 表示，这样就将一个方块汉字转换成了二进制串；显然，方阵的行数、列数越多，汉字的显示质量就越好，但占用的存储空间也就越大。例如一个 16×16 点阵的汉字需要的存储空间为 16×16/8=32 字节，一个 32×32 点阵的汉字需要的存储空间为 32×32/8=128 字节。常用的点阵汉字字形有以下四种。

- 简易型：16×16 点阵。
- 普通型：24×24 点阵。
- 精密型：32×32 点阵。
- 超精密型：128×128 点阵。

汉字的点阵字形的缺点是放大后会出现锯齿现象，不适合输出大型或超大型汉字。而轮廓字形弥补了这个缺点，它采用数学方法描述汉字的轮廓曲线，其优点是精度高、可以任意放大而不会失真；缺点是输出时必须经过复杂的数学运算处理。

（5）汉字地址码。汉字地址码是字库中存储的每个汉字的逻辑地址。汉字在字库中的排列是连续有序的，一般与国标码的排列顺序相同，以便实现内码与字形码的快速转换。

（6）汉字的处理过程。计算机内部只能识别二进制数，任何信息（包括字符、汉字、声音、图像等）在计算机中都是以二进制形式存放的。那么，我们的汉字究竟是如何输入计算机中的？在计算机中又如何存储？经过何种转换后，才在屏幕上显示或在打印机上打印出来呢？

从汉字编码的角度看，计算机对汉字信息的处理过程实际上是各种汉字编码间的转换过程，如图 1-19 所示，通过键盘对每个汉字输入规定的代码，即汉字的输入码（例如拼音输入码），无论是哪种汉字输入方法，计算机都将每个汉字输入码转换为相应的国标码，再转换为机内码，就可以在计算机内存储和处理了。输出汉字时，首先将汉字的机内码通过简单的对应关系转换为相应的汉字地址码；然后通过汉字地址码对汉字库进行访问，从字库中提取汉字的字形码；最后根据字形数据显示和打印出汉字。

图 1-19　汉字信息处理系统的模型

3．多媒体编码

多媒体编码是主要指图像编码、音频编码、视频编码等。

图像编码、音频编码、视频编码比较相似，主要通过三个主要步骤（采样、量化、编码）将连续变化的模拟信号转换为数字编码。

下面以声音转换为例，讲述编码过程。外部的声音叫作音源，由传统的媒体或人说话发出（这时的声音信号是模拟信号），经过多媒体设备（音效卡）的处理，把模拟信号转换成数字信号，送入计算机主机处理，处理后的信息或储存起来（写入硬盘）或再转换成模拟信号（也需经过音效卡），由喇叭播放出来。音频信息编码过程如图 1-20 所示。

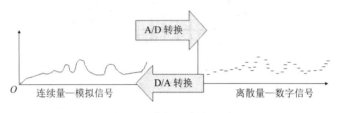

图 1-20　音频信息编码过程

1.3.6　多媒体技术简介

多媒体技术（Multimedia Technology）的发展不仅推动了计算机的普及和发展，而且开拓了计算机新的应用领域。多媒体技术与多媒体计算机在互联网、教育、军事、交通、地理、商业和服务行业、娱乐休闲、影视制作和出版等领域大显身手，充分展示了它的无穷魅力。

1．多媒体技术的概念

多媒体技术是一门跨学科的综合技术，它以数字化为基础，能够对多种媒体信息进行采集、加工处理、存储和传递，并能使各种媒体信息之间建立起有机的逻辑关系，集成为一个具有良好交互性的系统的技术。

多媒体技术是当今信息技术领域发展最快、最活跃的技术，是新一代电子技术发展和竞争的焦点。多媒体技术融计算机、声音、文本、图像、动画、视频和通信等多种功能于一体，借助日益普及的高速信息网，可实现计算机的全球联网和信息资源共享，因此广泛应用在咨询服务、图书、教育、通信、军事、金融、医疗等行业。随着一些新兴技术在微机上的实现，如模拟复杂动作和仿真的虚拟现实技术等，多媒体技术将把人类引入更加直观、更加自然、更加丰富多彩的信息领域，并潜移默化地改变着我们的生活。

2．多媒体技术的特征

多媒体技术具有以下关键特征。

（1）多样性。多媒体信息是多样化的，同时媒体输入、传播、再现和展示手段日益多样化。多媒体技术使人们的思维不再局限于单调和狭小的范围。这些信息媒体包括文字、声音、图像、动画等，它扩大了计算机所能处理的信息空间，使计算机不再局限于处理数值、文本等，使人们能得心应手地处理更多种信息。

（2）智能性。多媒体技术提供了易于操作、十分友好的界面，使计算机更直观、更方便、更亲切、更人性化。

（3）集成性。集成性是指采用数字信号可以综合处理文字、声音、图形、动画、图像、视频等多种信息，并将这些不同类型的信息有机地结合在一起。

（4）交互性。交互性是指信息以超媒体结构进行组织，可以方便地实现人机交互。换言之，人可以按照自己的思维习惯，按照自己的意愿主动地选择和接受信息，拟定观看内容的路径。

（5）易扩展性。易扩展性是指可方便地与各种外部设备挂接，实现数据交换、监视控制等多种功能。

3．多媒体计算机

多媒体计算机是一种能对多媒体信息进行获取、编辑、存取、处理和输出的计算机系统。由此可见，多媒体计算机应该满足硬件和软件两个方面的要求。

20 世纪 80 年代末 90 年代初，几家主要计算机厂商联合组成的 MPC（Multimedia Personal Computer，多媒体个人计算机）委员会制定了 MPC 的三个标准，按当时的标准，多媒体计算机除应配置高性能的微机外，还需配置的多媒体硬件有 CD-ROM 驱动器、声卡、视频卡和音箱（或耳机）。显然，对于当前的计算机来讲，这些已经都是常规配置了，可以说，目前的微型计算机都属于多媒体计算机。

对于多媒体应用开发来说，实用的多媒体计算机系统除较高的微机配置外，还要配备一些必需的插件，如视频捕获卡、语音卡等。此外，也要有采集和播放视频和音频信息的专用外部设备，如数码相机、数字摄像机、扫描仪和触摸屏等。

当然，除了基本的硬件配置外，多媒体系统还应配置相应的软件：首先是支持多媒体的操作系统（如 Windows 2000/XP/Vista/Windows 7/Windows 10 等）；其次是多媒体应用和开发工具及压缩和解压缩软件等。声音和图像数字化之后会产生大量的数据，1min 的声音信息就要存储 10MB 以上的数据，因此必须对数字化后的数据进行压缩处理，播放时再根据数字信息重构原来的声音或图像，也就是解压缩。

1.4　制作计算机病毒知识手册

20 世纪 60 年代末至今，计算机安全一直是人们所关心的一个社会问题。特别是最近几年，随着时代信息化步伐的加快，计算机通信广泛应用，人们对计算机软、硬件的功能和组成以及各种开发、维护工具的了解，对信息重要性的认识，都已达到了相当高的水平。与此同时，各种计算机犯罪和计算机系统被病毒感染事件频频发生。因此，计算机安全已经成为各国政府和军队、机关、企事业单位关注的热点。

计算机信息安全技术是一门由密码应用技术、信息安全技术、数据灾难与数据恢复技术、操作系统维护技术、局域网组网与维护技术、数据库应用技术等组成的计算机综合应用学科。它包含以下内容。

（1）密码应用技术：主要用于保障计算机信息的机密性、完整性和抗御外部入侵等。

（2）信息安全技术：主要用于防止系统漏洞、防止外部黑客入侵、防御病毒破坏和对可疑访问进行有效控制等。

（3）数据灾难与数据恢复技术：一旦计算机发生意外、灾难等，可使用备份还原及数据恢复技术将丢失的数据找回。

（4）操作系统维护技术：操作系统是一切操作的平台，在进行相应的计算机信息安全处理前必须对操作平台有系统、全面的了解。

1.4.1　计算机信息安全

计算机信息安全问题涉及国家安全、社会公共安全、公民个人安全等，与人们的工作、生产和日常生活存在密切的关系。

从信息安全涉及层面的角度进行描述，计算机信息安全定义如下：保障计算机及其相关的和配套的设备、设施（网络）的安全，运行环境的安全，保障信息安全，保障计算机功能的正常发挥，以维护计算机信息系统的安全。

从信息安全涉及的安全属性的角度进行描述，计算机信息安全定义如下：信息的机密性、完整性、可用性、可控性，即要保障电子信息的有效性。

（1）可用性（Availability）：得到授权的实体在需要时可访问资源和服务。可用性是指无论何时，只要用户需要，信息系统必须是可用的，也就是信息系统不能拒绝服务。网络最基本的功能是向用户提供所需的信息和通信服务，而用户的通信要求是随机的、多方面的（话音、数据、文字和图像等），有时还要求时效性。网络必须随时满足用户通信的要求。攻击者通常采用占用资源的手段阻碍授权者的工作。可以使用访问控制机制，阻止非授权用户进入网络，从而保证网络系统的可用性。增强可用性还包括有效地避免因各种灾害（战争、地震等）造成的系统失效。

（2）可靠性（Reliability）：可靠性是指系统在规定条件下和规定时间内完成规定功能的概率。可靠性是网络安全最基本的要求之一，如果网络不可靠、事故不断，也就谈不上网络安全。目前，对网络可靠性的研究基本偏重于硬件可靠性方面。研制高可靠性元器件设备、采取合理的冗余备份措施仍是最基本的可靠性对策，然而，有许多故障和事故与软件可靠性、人员可靠性和环境可靠性有关。

（3）完整性（Integrity）：信息不被偶然或蓄意地删除、修改、伪造、乱序、重放、插入等破坏的特性。只有得到允许的人才能修改实体或进程，并且能够判别出实体或进程是否已被篡改，即信息的内容不能为未授权的第三方修改。信息在存储或传输时不被修改、破坏，不出现信息包的丢失、乱序等。

（4）保密性（Confidentiality）：保密性是指确保信息不暴露给未授权的实体或进程，即信息的内容不会被未授权的第三方所知。这里所指的信息不但包括国家秘密，而且包括各种社会团体、企业组织的工作秘密及商业秘密，个人的秘密和个人私密（如浏览习惯、购物习惯）。防止信息失窃和泄露的保障技术称为保密技术。

（5）不可抵赖性（Non-Repudiation）：也称不可否认性。不可抵赖性是面向通信双方（人、实体或进程）信息真实同一的安全要求，它包括收、发双方均不可抵赖。一是源发证明，它提供给信息接收者以证明，使发送者谎称未发送过这些信息或者否认它的内容的企图不能得逞；二是交付证明，它提供给信息发送者证明，使接收者谎称未接收过这些信息或者否认它的内容的企图不能得逞。

1.4.2　计算机安全与黑客

1. 计算机安全

国际标准化委员会的计算机安全定义是"为数据处理系统和采取的技术的和管理的安全

保护，保护计算机硬件、软件、数据不因偶然的或恶意的原因而遭到破坏、更改、显露。"中国公安部计算机管理监察司的定义："计算机安全是指计算机资产安全，即计算机信息系统资源和信息资源不受自然和人为有害因素的威胁和危害。"

造成计算机安全事故的原因主要是病毒侵蚀、人为窃取、计算机电磁辐射、计算机存储器硬件损坏等。

（1）病毒侵蚀：到目前为止，已发现的计算机病毒数量可以说是无法统计的。其中的恶性病毒可使整个计算机软件系统崩溃，数据全毁，如 1998 年中国台湾病毒作者陈盈豪写的 CIH 病毒被一些人看作"迄今为止危害最大的病毒"，使全球 6000 万台计算机瘫痪。计算机病毒是附在计算机软件中的隐蔽的小程序，它与计算机其他工作程序相同，但它会破坏正常的程序和数据文件。要防止病毒侵袭，主要是加强管理，杜绝启动外来软件并定期对系统进行检测，也可以在计算机中插入防病毒卡或使用清病毒软件清除已发现的病毒。

（2）人为窃取：是指盗用者以合法身份，进入计算机系统，私自提取计算机中的数据或进行修改转移、复制等。防止的方法一是增设软件系统安全机制，使盗窃者不能以合法身份进入系统，如增加合法用户的标志识别、增加口令、给用户规定不同的权限，使其不能自由访问不该访问的数据区等。二是对数据进行加密处理，即使盗窃者进入系统，没有密钥，也无法读懂数据。密钥可以是软代码，也可以是硬代码，需随时更换。加密的数据对数据传输和计算机辐射都有安全保障。三是在计算机内设置操作日志，对重要数据的读、写、修改进行自动记录，该日志是一个黑匣子，只能极少数有特权的人才能打开，可用来侦破盗窃者。

（3）计算机电磁辐射：由于计算机硬件本身就是向空间辐射的强大的脉冲源，与一个小电台差不多，频率为几十千兆到上百兆。盗窃者可以接收计算机辐射出来的电磁波，进行复原，获取计算机中的数据。为此，计算机制造厂家增加了防辐射的措施，从芯片、电磁器件到线路板、电源、转盘、硬盘、显示器及连接线，都全面屏蔽起来，以防电磁波辐射。更进一步，可将机房或整个办公大楼都屏蔽起来，如没有条件建屏蔽机房，可以使用干扰器发出干扰信号，使接收者无法正常接收有用信号。

（4）计算机存储器硬件损坏：计算机存储数据无法读取也是常见的事。防止这类事故发生有以下方法：一是将有用数据定期复制出来保存，一旦机器有故障，可在修复后把有用数据复制回去；二是在计算机中做热备份，使用双硬盘，同时将数据存在两个硬盘上；在安全性要求高的特殊场合还可以使用双主机，万一一台主机出问题，另外一台主机照样运行。现在的技术对双机双硬盘都有带电插拔保障，即在计算机正常运行时，可以插拔任何有问题的部件进行更换和修理，保证计算机连续运行。

2. 黑客

"黑客"一词是由英语 Hacker 音译过来的，是指从事专门研究、发现计算机和网络漏洞的工作，热心于计算机技术、水平高超的计算机专家，尤其是程序设计人员。他们伴随着计算机和网络的发展而成长。黑客所做的不是恶意破坏，他们是一群纵横于网络的技术人员，热衷于科技探索、计算机科学研究。在黑客圈中，"黑客"一词无疑带有正面意义，例如 system hacker 是指熟悉操作的设计与维护的技术人员；password hacker 是指精于找出使用者的密码的技术人员；computer hacker 是指通晓计算机，可让计算机乖乖听话的高手。

但是到了今天，"黑客"一词已经被大众及媒体用于指代专门利用计算机进行破坏或入侵他人计算机的人，对这些人正确的叫法应该是 Cracker，翻译为"骇客"，骇客做得更多的是破解商业软件、恶意入侵他人的网站并造成损失。这类人往往具有较高超的计算机技术，他们通过侦测计算机系统在软、硬件或管理上的漏洞、缺陷，或通过计算机病毒的传播途径将一些木马、后门程序植入他人的计算机，从而达到非法入侵他人计算机的目的。一旦入侵成功，骇客就取得了系统的控制权，可以从远程任意地获取或修改他人计算机上的信息数据。

1.4.3　计算机病毒

1．认识计算机病毒

计算机病毒（Computer Virus）在《中华人民共和国计算机信息系统安全保护条例》中被明确定义，病毒是指"编制者在计算机程序中插入的破坏计算机功能或者破坏数据，影响计算机使用并且能够自我复制的一组计算机指令或者程序代码"。与医学上的"病毒"不同，计算机病毒不是天然存在的，是某些人利用计算机软件和硬件所固有的脆弱性编制的一组指令集或程序代码。它能通过某种途径潜伏在计算机的存储介质（或程序）里，当达到某种条件时被激活，通过修改其他程序将自己精确复制或者以可能演化的形式放入其他程序中，感染其他程序，对计算机资源进行破坏。所谓病毒就是人为造成的，对其他用户的危害性很大。

计算机病毒是计算机科学发展过程中出现的"污染"，是一种新的高科技类型犯罪工具。它可以造成重大的政治、经济危害，因此，舆论谴责计算机病毒是"射向文明的黑色子弹"。计算机病毒有以下特点：

（1）破坏性。计算机中毒后，可能会导致正常的程序无法运行，计算机内的文件被删除或受到不同程度、种类的损坏，通常表现为增、删、改、移。

（2）潜伏性。计算机病毒在传染计算机系统后，病毒的发作是由激发条件确定的，比如特定的时间、特定的操作等。在满足激发条件前，病毒可能在系统中没有表现症状，不影响系统的正常运行。在一定条件之下，外界刺激可以使计算机病毒程序活跃起来。激发的本质是一种条件控制。根据病毒编制者的设定，病毒体激活并发起攻击。病毒被激发的条件可以与多种情况联系起来，如满足特定的时间或日期、期待特定用户识别符出现、特定文件的出现或使用、一个文件使用的次数超过设定数等。

（3）传染性。计算机病毒可以从一个程序传染到另一个程序，从一台计算机传染到另一台计算机，从一个计算机网络传染到另一个计算机网络，在各系统上传染、蔓延，同时使被传染的计算机程序、计算机、计算机网络成为计算机病毒的生存环境及新的传染源。

（4）隐蔽性。计算机病毒是可以直接或间接运行的具有高超技巧的程序，可以隐藏在Word 文件、图片或视频文件中，不易被人察觉和发现。

（5）针对性。病毒也是一个程序，在编制该程序时就会设定好要侵害对象的特征，因而，一种计算机病毒（版本）通常不能传染所有计算机系统或计算机程序。比如：有的病毒是专门传染苹果（Apple）公司的一种笔记本电脑（Macintosh）的，有的病毒是传染 IBM 个人电脑的，有的病毒传染磁盘引导区，有的病毒专门侵害可执行文件，等等。

（6）可变性。计算机病毒在发展、演化过程中通过病毒发明者或参与者的不断修改，可以产生不同版本的病毒，即病毒变种，有些病毒能产生几十种变种。

由于计算机病毒具有以上特点，因此比较难以发现和检测，但只要我们细心观察，还是可以发现计算机病毒的一些蛛丝马迹的。

● 可执行文件长度增大，或磁盘文件无故增加。

- 系统资源明显变小，系统经常报告内存空间不足。
- 系统经常死机或启动困难、运行速度变慢。
- 屏幕上出现异常现象或不明信息。

从已发现的计算机病毒来看，小的病毒程序只有几十条指令，不到上百个字节，而大的病毒程序可由上万条指令组成。新的病毒不断出现，病毒编制者的技术也越来越高明，其隐蔽性和欺骗性也越来越强，我们也应该在实践中细心观察、不断总结和提高。

2．计算机病毒的类型

根据病毒程序的特点，可对计算机病毒进行不同的分类，如按病毒的感染方式可分为以下五种：

- 引导区型病毒。引导区型病毒主要感染硬盘中的主引导记录（MBR）。每次计算机启动时它就会被读入内存，开始运行。
- 文件型病毒。文件型病毒通常感染扩展名为.com、.exe、.sys、.drv 等的可执行文件，当被感染的文件被执行时，病毒开始活动。
- 混合型病毒。混合型病毒具有引导区型病毒和文件型病毒的特点。
- 宏病毒。宏病毒是指用 BASIC 语言或 MS Word 提供的宏程序语言编写的病毒程序，它只感染 MS Word 的文档文件。宏病毒影响对文档的各种操作。
- Internet 病毒（网络病毒）。这类病毒通过 Internet 特别是通过收发电子邮件时传播，"蠕虫"病毒是典型代表。Internet 病毒主要影响计算机的网络运行状态。

按病毒的危害程度可分为以下两种。

- 良性计算机病毒。良性病毒只具有传染的特点，或只会干扰系统的运行，而不破坏程序或数据信息。例如：IBM 圣诞树病毒，可令计算机系统在圣诞节时在屏幕上显示问候话语并出现圣诞树画面。这种病毒除占用一定的系统资源，对系统不产生其他方面的破坏性。
- 恶性计算机病毒。恶性病毒具有强大的破坏能力，能使计算机系统瘫痪，数据信息被破坏或被删除，甚至能破坏硬件部分，如 CIH 病毒、蠕虫病毒等。

3．计算机病毒的防范

自从注意到计算机病毒的危害以来，人们提出许多针对计算机病毒的预防办法，但效果甚微。实际上计算机病毒以及防病毒技术都是以软件编程技术为基础的，计算机病毒主动进攻而防病毒技术被动防御，一个主动一个被动，也注定了在现有计算机系统结构的基础上，想彻底地防御计算机病毒是不现实的。

（1）计算机病毒的检测方法。

1）手工检测。手工检测是指通过使用一些工具软件提供的功能检查易遭病毒攻击和修改的内存及磁盘的有关部分，与正常情况下的状态进行对比分析，来判断是否被病毒感染。这种方法比较复杂，需要检测者熟悉机器指令和操作系统。

2）自动检测。自动检测是指通过一些查毒、杀毒软件来判读一个系统或一个磁盘是否有病毒。自动检测比较简单，一般用户都可以进行，但对查毒、杀毒软件要求较高。这种方法可方便地检测大量病毒，但是自动检测工具只能识别已知病毒，而且自动检测工具的发展总是滞后于病毒的发展，所以检测工具总是不能识别相当数量的未知病毒。

（2）计算机病毒的预防。计算机一旦受到病毒的侵害，即使拥有良好性能的查杀软件，也可能给使用者造成不可挽回的损失。因此，需要本着"防杀结合，预防为主"的安全策略，在日常使用过程中尽量减小受计算机病毒侵害的可能，使损失降低到最小的程度，为达到该目的，应做到以下四点。

1）从合法、正规的渠道获得网络资源及浏览信息。病毒制造者往往利用普通用户的猎奇心理，令其打开内嵌病毒代码的网页、安装不明来源软件、打开文件载体等，从而使病毒感染本机。

2）谨防电子邮件附件传播病毒。电子邮件是目前最流行的线下信息传播方式，在打开邮件并运行附件时注意是否熟悉该邮件的发件人，病毒往往通过附件 ActiveX 控件的运行将病毒感染到目标计算机。

3）采用一定技术手段，如瑞星杀毒、360 杀毒等，在使用外来存储设备、存储卡、文件、软件时先进行病毒扫描与查杀，并且注意查杀软件是否已经升级到最新版本。

4）作为最有效的信息灾害预防手段，一定不能忘记对关键文件、数据作备份。最好将这类信息备份在不同盘符，甚至可以备份在不同存储设备上，如将硬盘上的关键数据、文件备份到移动硬盘等存储设备上。

（3）计算机病毒的清除。目前计算机病毒的破坏力越来越强，所以当操作时发现计算机有异常情况，首先应想到的就是病毒在作怪，而最佳解决方法就是用拥有最新病毒库的杀毒软件对计算机进行一次全面的自动检测与清除。

目前常用的国产病毒查杀软件有瑞星杀毒、金山毒霸、江民杀毒、360 杀毒等，在国内市场占有率较大的国外杀毒软件主要有诺顿（Norton Antivirus）、麦咖啡（McAfee）、卡巴斯基等。

并不是计算机上安装越多杀毒软件，系统就越安全，相反系统可能会因为资源消耗、杀毒软件互相查杀、冲突等出现很多问题。选择一套适合自己的杀毒软件，及时升级病毒库，才是使用这类软件的正确方法。

第 2 章　计算机网络基础

计算机网络技术是 20 世纪最伟大的发明之一，是发展最快、普及范围最广的学科之一，它是计算机技术与通信技术相互渗透、共同发展的产物，成为人们获取信息的重要手段。而 Internet 的出现和不断的发展、更新，在促进经济发展、信息传递、人际沟通、国家安全等方面发挥着越来越重要的作用，深深地影响和改变了人们的工作、生活方式，也影响和改变着整个世界。

本章学习目标

- 了解计算机网络的形成与发展过程。
- 了解计算机网络按覆盖范围的基本分类。
- 了解常见的计算机网络拓扑结构。
- 理解计算机网络协议的基本概念。
- 了解因特网的概念和基本组成。
- TCP/IP 协议、IP 地址和常见接入方式。

2.1　计算机网络基本概念

2.1.1　计算机网络

计算机网络是通信技术与计算机技术高度发展、紧密结合的产物。目前较准确的定义为"以能够相互共享资源的方式互联起来的自治计算机系统的集合"，即由分布在不同地理位置上的具有独立功能的多个计算机系统，通过通信设备和通信线路连接起来，实现数据传输和资源共享的系统。

计算机网络具有共享硬件、软件和数据资源的功能，具有对共享数据资源集中处理及管理和维护的能力，主要包括以下五个方面。

1. 数据通信

数据通信是计算机网络最基本的功能，用来快速传送计算机与终端、计算机与计算机之间的各种信息，包括文字信件、新闻消息、咨询信息、图片资料、报纸版面等，可将分散在各个地区的独立计算机用计算机网络联系起来，进行统一的调配、控制和管理。

2. 资源共享

"资源"指的是网络中所有的软件、硬件和数据资源。"共享"指的是网络中的用户都能够部分或全部地享受这些资源。资源共享就是使网络中的用户能够分享网络中各计算机系统的全部或部分资源，从而减少信息冗余，节约成本，提高设备利用率。例如，某些地区或单位的数据库（如飞机机票、饭店客房等）可供全网使用；一些外部设备（如打印机）可面向用户，使不具有这些设备的地方也能使用这些硬件设备。如果不能实现资源共享，各地区都需要有完整的一套软、硬件及数据资源，将大大地增加全系统的投资费用。

3．分布式处理

有了计算机网络，对于大型综合性问题，可将问题各部分交给不同的计算机分头处理，充分利用网络资源，提高计算机的处理能力，即增强实用性。对于解决复杂问题来讲，多台计算机联合使用并构成高性能的计算机体系，这种协同工作、并行处理要比单独购置高性能的大型计算机便宜得多。

4．分担负荷

当网络中某台计算机负担过重或计算机正在处理某项工作时，网络可将新任务转交给空闲的计算机，以均衡各计算机的负载，提高处理问题的实时性，从而均衡负荷，提高效率。

5．提高可靠性

可靠性是指网络中的计算机可以互为后备，一旦某台计算机出现故障，它的任务可由网络中其他计算机取而代之完成，保证工作正常完成，从而提高计算机的可靠性。

2.1.2　数据通信

数据通信是计算机技术与通信技术结合产生的一种新的通信方式。数据通信是指在两个计算机或终端之间以二进制的形式进行信息交换，传输数据。高质量地传输不同计算机中的信息是数据通信技术要解决的问题。

下面介绍与数据通信相关的几个概念。

1．数据

数据通常是指所有能输入计算机并被计算机程序处理的符号的介质的总称。在计算机网络系统中，数据通常被广义地理解为在网络中存储、处理和传输的二进制数字编码。

2．信号

通信的目的是传输数据，信号就是数据的具体表现形式。在通信系统中，我们常常使用电信号、电磁信号、光信号等。

信号可分为模拟信号和数字信号两大类。

- 模拟信号是一种连续变化的信号，如话音信号和目前的广播电视信号。
- 数字信号是一种离散的脉冲信号，如计算机通信所用的二进制代码 1 和 0 组成的信号就是数字信号，现在计算机处理的信号都是数字信号。

3．信道

信道是指通信系统中用来传递信息的通道，是信息传输的媒介。它的作用是把载有信息的信号从输入端传递到输出端。信道按传输介质，可分为有线信道或无线信道；按传输信号类型，可分为模拟信道和数字信道；按使用权限，可分为专用信道和公用信道等。

4．带宽与数据传输速率

在模拟信道中，以带宽表示信道传输信息的能力，带宽通常以每秒传送周期来表示，常用单位有 Hz、kHz、MHz 或 GHz。

在数字信道中，用数据传输速率（比特率）表示信道的传输能力，即每秒传输的二进制位数（bps，比特/秒），常用单位有 bps、kbps、Mbps、Gbps、Tbps。

5. 误码率

误码率是指数据传输过程中的出错率，是衡量数据传输的可靠性指标，误码率=传输中的误码/所传输的总码数*100%。数据在通信信道传输过程中一定会因某种原因出现错误，传输错误是正常和不可避免的，但是一定要控制在某个允许的范围内。在计算机网络中，一般要求误码率低于 10^{-6}。

2.1.3 网络拓扑结构

网络拓扑结构是指用传输介质将各种设备互联的物理布局，通俗点说就是用何种方式将网络中的计算机等设备相互连接。计算机网络常用拓扑结构有星型拓扑结构、环型拓扑结构、树型拓扑结构、总线型拓扑结构、网状拓扑结构。

1. 星型拓扑结构

星型拓扑结构的网络是指各工作站以星型方式连接成网，网络中有一个中心节点，其他节点设备都以中心节点为中心，通过通信介质与中心节点相连。当网络中的任意两个节点通信时，发送节点都必须先将数据发向中心节点，然后由中心节点发向接收节点，这种结构以中央节点为中心，因此又称集中式网络。星型拓扑结构如图 2-1 所示。

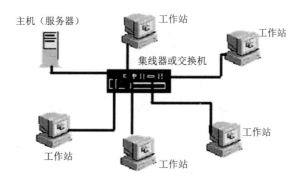

图 2-1 星型拓扑结构

星型拓扑结构的优点如下：控制简单；网络的故障容易发现，某用户端设备因为故障而停机时也不会影响其他用户间的通信；在网络通信容量不大的情况下通信速度较高。其缺点如下：网络的可靠性差，中心节点的负担过重，中心系统必须具有极高的可靠性，因为中心系统一旦损坏，整个系统就趋于瘫痪。

2. 环型拓扑结构

环型拓扑结构（图 2-2）中，各节点通过一条首尾相连的通信线路连接起来，形成一个闭合的环形结构，网络中的信息沿着固定的方向单向流动。

环型拓扑结构的优点是结构简单，成本低。其缺点是一个节点的故障会引起网络瘫痪，可靠性差，检测故障困难。

3. 树型拓扑结构

树型拓扑结构（图 2-3）是一种分级式的集中控制式网络结构，它由一点出发后分成多个点，每个点下面又分为多个点，从而构成一种树状结构。

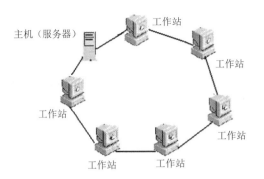

图 2-2　环型拓扑结构

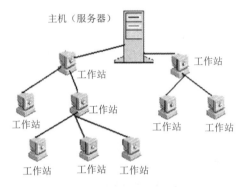

图 2-3　树型拓扑结构

树型拓扑结构的优点是在任意两个节点间不产生回路，每条线路都支持双向传输，节点易扩充。其缺点是结构复杂，网络维护困难。

4. 总线型拓扑结构

总线型拓扑结构（图 2-4）是使用同一种传输介质连接所有终端用户的一种方法。将网络中的各节点与一根总线相连，网络中的所有节点都通过总线进行信息交换，任何一个节点发出的信号都沿着传输线路传送，而且能被所有节点接收。

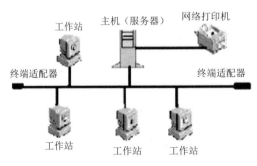

图 2-4　总线型拓扑结构

总线型拓扑结构的优点是总线结构简单、灵活，扩充性好；可靠性高，节点间响应速度高。其缺点是由于通信线路的问题，总线的长度不能太长；故障诊断困难；共用一条总线，数据通信量较大。

5. 网状拓扑结构

广域网中基本都采用网状拓扑结构，如图 2-5 所示，它没有上面四种拓扑结构那么明显的特征，节点的连接是任意的、无规律的。它的优点是系统可靠性高，但结构复杂，所以必须采用路由协议、流量控制等方法。

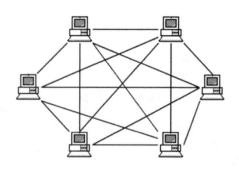

图 2-5　网状拓扑结构

2.1.4　计算机网络的分类

计算机网络的分类标准较多，目前最常用的是按网络覆盖的地理范围进行分类，可分为局域网、广域网和城域网。

1. 局域网

局域网（Local Area Network，LAN）是指传输距离在十几公里以内，只在较小区域使用的网络，例如一个校园、一个企业等。局域网具有传输速率高、误码率低、成本低、组网方便、易管理和维护、使用方便等优点。

2. 广域网

广域网（Wide Area Network，WAN）覆盖的地理范围可以达到几千公里，例如一个洲、国家、地区，通常以高速电缆、光缆、微波、卫星、红外通信等方式进行连接，从而形成一个国际性的远程网络。大家所熟知的 Internet 就属于广域网。

3. 城域网

城域网（Metropolitan Area Network，MAN）是地理范围介于局域网与广域网之间的一种高速网络，组网范围一般为几公里到几十公里，适用于一些较大的公司或机构。

另外，还可以按以下方法对计算机网络进行分类：根据传输介质（如同轴电缆、双绞线、光纤、卫星、微波等）的不同，可以分为有线网络和无线网络；根据带宽速率的不同，可以分为低速网、中速网和高速网。

2.1.5　计算机网络的系统构成

现代计算机网络可以认为是由互联的数据处理设备和数据通信控制设备组成的。从系统功能上看，计算机网络主要由资源子网和通信子网两部分组成，如图 2-6 所示。

（1）资源子网：代表网络的数据处理资源和数据存储资源，负责网络中数据的搜集、存储和处理，为网络用户提供资源及网络服务，主要由主计算机、终端、外部设备、网络协议及网络软件等组成。

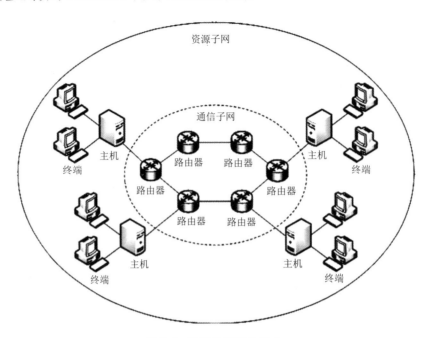

图 2-6　计算机网络的组成

（2）通信子网：是把各站点相互连接起来的数据通信系统，主要由通信线路（传输介质）、网络连接设备、网络协议和通信控制软件等组成。它承担着全网的数据传输和交换等通信处理工作。

2.1.6　计算机网络的硬件组成

与计算机系统类似，计算机网络系统由硬件设备和网络软件两部分组成。下面主要介绍常见计算机网络硬件。

1．组网设备

（1）网络接口卡（NIC），又称网卡或网络适配器，插在计算机的扩展槽上。用来连接计算机和传输介质，负责将用户要传递的数据转换为网络上其他设备能够识别的格式，通过传输介质传输。

（2）传输介质（Media），是通信网络中发送端和接收端之间的物理通道。通过接口，双方可以通过传输介质传输模拟信号或数字信号。目前常用的传输介质有双绞线、同轴电缆、光导纤维和无线传输介质。

- 双绞线。双绞线是最常用的一种传输介质，由两根具有绝缘保护层的铜导线组成。它既可以用于传输模拟信号，又可以用于传输数字信号。与其他传输介质相比，双绞线在传输距离、信道宽度和数据传输速度等方面都有一定的限制，但由于它价格较低，因此仍广泛使用。

- 同轴电缆。同轴电缆由内、外两个导体组成，内导体是芯线，外导体是一系列由内导体为轴的金属丝组成的圆柱纺织面，内、外导体之间填充着支持物以保持同轴。同轴电缆一般安装在两个设备之间，在每个用户上安装了一个连接器，为用户提供接口。同轴电缆可支持极宽频宽和具备较好的噪声抑制特性。

- 光导纤维。光导纤维简称光纤，是目前发展最迅速、应用非常广泛的一种传输介质。它是一种能够传输光束的通信介质，一般由透明的石英玻璃拉成的细丝组成，由纤芯和包层构成双层的圆柱体，纤细而柔软。光纤具有频带宽、传输速率高、传输距离远的优点，而且抗干扰性好、数据保密性高、误码率低，因此越来越受到人们的青睐。
- 无线传输介质。无线传输介质不需要电缆或光纤，而是通过大气传输，如微波、红外线、激光等传输。无线传输广泛用于电话领域，现在已开始出现网络无线传输，能在一定的范围内实现快速、高性能的计算机联网。

（3）交换机（Switch）。交换机是一种用于电信号转发的网络设备。它可以为接入交换机的任意两个网络节点提供独享的电信号通路。交换概念的提出是对共享工作模式的改进，而交换式局域网的核心设备是局域网交换机。共享式局域网在每个时间片上只允许一个节点占用公用通信信道。交换机支持端口连接的节点之间的多个并发连接，从而增大网络带宽，改善局域网的性能和服务质量。

（4）调制解调器（Modem）。调制解调器是计算机通过电话线接入 Internet 的必备设备，用来实现数字信号与模拟信号的转换。在信号发送端，将数字信号调制为模拟信号；在接收端，将模拟信号解调成数字信号。

（5）无线 AP（Access Point）。无线 AP 也称无线接入点或无线桥接器，是传统的有线局域网与无线局域网的桥梁。从广义上讲，无线 AP 不仅包含单纯性无线接入点（无线 AP），而且是无线路由器（含无线网关、无线网桥）等各类设备的统称。单纯性无线 AP 就是一个无线的交换机，仅是提供一个无线信号发射的功能。单纯性无线 AP 的工作原理是将网络信号通过双绞线传送过来，经过 AP 产品编译，将电信号转换成为无线电信号发送出来，形成无线网的覆盖。无线 AP 是移动计算机用户进入有线网络的接入点，主要用于宽带家庭、大楼内部及园区内部，根据不同的功率，其可以实现不同程度、不同范围的网络覆盖，一般无线 AP 的最大覆盖距离为 300m。

2. 网络互连设备

网络互连就是利用网络设备将不同的网络连接起来，以实现不同网络中计算机的互相通信和资源共享。常用网络互连设备如下。

（1）网桥。网桥用于连接相同类型的局域网，可以实现扩大局域网覆盖范围和保证各局域网安全的目的。

（2）路由器。路由器能将使用不同协议的网络进行连接，是实现局域网与广域网互连的主要设备。路由器的基本功能如下。

- 网络互连：路由器支持各种局域网接口和广域网接口，主要用于互连局域网和广域网，实现不同网络互相通信。
- 数据处理：提供分组过滤、分组转发、优先级、复用、加密、压缩和防火墙等功能。

- 网络管理：路由器提供包括路由器配置管理、性能管理、容错管理和流量控制等功能。

2.1.7　网络软件与通信协议

计算机网络的设计除了需要硬件外，还需要软件的支持，主要有网络操作系统、各类网络应用软件等。

通信协议是通信双方都必须遵守的通信规则。目前的网络软件都是高度结构化的，为了降低网络设计的复杂性，大部分网络划分了层次，每层都是在其下一层的基础上，向上一层提供特定的服务。不同的硬件设备如何统一划分层次，并保证通信双方对数据的传输理解一致，就要通过通信协议来实现。

TCP/IP 协议是当今最流行的商业化协议，被公认为当前行业标准，它包含了一组用于实现网络互连的通信协议。Internet 网络体系结构以 TCP/IP 为核心。1974 年，出现了 TCP/IP 参考模型，它将计算机网络分成四个层次，如图 2-7 所示。

| 应用层 |
| 传输层 |
| 互联层 |
| 主机至网络层 |

图 2-7　TCP/IP 参考模型

- 主机至网络层（Host-to-Network Layer）：规定了数据包从一个设备的网络层传输到另一个设备的网络层的方法。
- 互联层（Internet Layer）：确定数据包从源端到目的端如何选择路由。互联层的主要协议有 IPv4（网际协议版本 4）、ICMP（网际控制报文协议）、IPv6（网际协议版本 6）。
- 传输层（Transport Layer）：为两台主机之间的进程提供端到端的通信。这种传输服务分为可靠的和不可靠的，其中 TCP（传输控制协议）是典型的可靠传输，UDP（用户数据报协议）是不可靠传输。
- 应用层（Application Layer）：负责处理特定的应用程序数据，为应用软件提供网络接口。

2.2　Internet 基础知识

Internet 是一个全球开放性的信息互连网络，它为人们获取信息提供了最快、最简单有效的通道。它的前身是由美国国防高级研究计划局（ARPA）于 1969 年研制，用于支持军事研究的计算机实验网络——ARPANET，发展到今天，已在各行业（如政务、军事、教育、科研、文化、经济、商业和娱乐等）得到了广泛应用，已经逐步成为人们了解世界、学习研究、购物休闲、商业活动、结识朋友的重要途径，影响和改变了人们的生产、工作和生活方式。

2.2.1　Internet 概述

1．Internet 的含义

因特网是通过路由器将世界不同地区、规模大小不同的网络互相连接在一起的全球性的计算机互联网络，也称国际互联网，在中国称为因特网，它是目前世界上最大的网络，包含丰富多彩的信息并提供方便快捷的服务，缩短了人们之间的距离。通过 Internet，可以与接入 Internet 的任何一台计算机进行交流，如发邮件、聊天、通话、网上购物等。

2．Internet 的发展概况

Internet 起源于 20 世纪 60 年代中期由美国国防部高级研究计划局（ARPA）资助的 ARPANET，其目的是用于军事。此后提出的 TCP/IP 协议为 Internet 的发展奠定了基础。1986 年美国国家科学基金会的 NSFNET 加入了 Internet 主干网，由此推动了 Internet 的发展。到 20 世纪 70 年代末，由于 Internet 的开放性和具有信息资源的共享和交换能力，很多国家纷纷接入 Internet，技术的发展和大量的资金投入使得 Internet 发展更加迅猛，Internet 的应用突破了科技与教育领域，扩大到文化、政治、经济、商业等各领域。

据不完全统计，世界上已有 180 多个国家和地区加入 Internet 中。我国在 1994 年 4 月正式接入 Internet，是第 71 个加入 Internet 的国家。当时为了发展国际科研合作，中国科学院高能物理研究所和北京化工大学开通了到美国的 Internet 专线，并有千余科技界人士使用了 Internet。此后，中国科学院网络中心的中国科学技术网（CSTNET）、教育部的中国教育科研网（CERNET）和邮电部的中国公用信息网（CHINANET）也都分别开通了到美国的 Internet 专线，并与原电子工业部的中国金桥信息网（CHINAGBN）并称为四大骨干网。其中，邮电部建设的 CHINANET 能提供全部 Internet 服务，并面向全社会提供 Internet 的接入服务。中国互联网络信息中心（CNNIC）《中国互联网络发展状况统计报告》数据显示，截至 2021 年 6 月，我国网民规模达 10.11 亿，互联网普及率达 71.6%，其中，网上外卖、在线医疗和在线办公的用户规模增长最为显著。交通、环保、金融、医疗、家电等行业与互联网融合加深，十亿用户接入互联网，形成了全球最为庞大、生机勃勃的数字社会，促进数字经济规模不断扩大，互联网服务呈现智慧化和精细化特点，也成为构建国内国际双循环新发展格局的重要力量。图 2-8 所示是 2018—2021 年中国网民规模和互联网普及率情况。

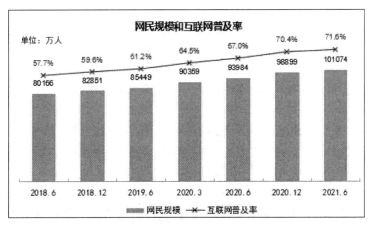

图 2-8　2018—2021 年中国网民规模和互联网普及率情况

2.2.2　TCP/IP 协议

在网络上的各台计算机之间通信需要遵守统一的规则，网络的信息传输是通过协议实现的，这些规则就是网络协议。不同类型的计算机与计算机网络之间必须使用相同的网络协议才能进行通信。Internet 采用 TCP/IP 协议控制各网络之间的数据传输。

TCP/IP 分别是指传输控制协议（Transmission Control Protocol，TCP）和网络互连协议（Internet Protocol，IP），但通常所说的 TCP/IP 协议实际上代表的是一组用于计算机通信的协议，包括上百个不同功能的协议，如远程登录、文件传输和电子邮件等，而 TCP 协议和 IP 协议是众多协议中最重要的两个核心协议。

1.　TCP 协议

TCP 协议即传输控制协议，位于传输层。TCP 协议向应用层提供面向连接的服务，确保网上发送的数据报可以完整地接收，一旦某个数据报丢失或损坏，TCP 发送端就通过协议机制重新发送这个数据报，以确保发送端到接收端的可靠性。

2.　IP 协议

IP 协议是 TCP/IP 协议体系中的网络层协议，是为计算机网络相互连接进行通信设计的协议，它的主要作用是将不同类型的物理网络互连在一起。在 Internet 中，它是能使连接到网上的所有计算机网络实现相互通信的一套规则，规定了计算机在 Internet 上进行通信时应当遵守的规则。任何厂家生产的计算机系统，只有遵守 IP 协议才可以与 Internet 互连互通。

2.2.3　IP 地址和域名

1.　IP 地址

通过 TCP/IP 协议通信的计算机之间，为了确保计算机能在网络中相互识别，网络中的每台计算机都必须有一个唯一的标识，称为 IP 地址。IP 地址是 TCP/IP 协议中使用的互连层地址标识。

（1）IP 地址的结构。IP 地址由网络号和主机号两部分组成，如图 2-9 所示。

网络号	主机号

图 2-9　IP 地址的结构

IP 地址的表示有两个版本：IPv4 和 IPv6 协议。IPv4 由 32 位二进制数（4 字节）组成，分为 4 段，每段由 8 位二进制数（一个字节）组成，为便于书写，将每段 8 位二进制数用十进制数表示，中间用小数点分开，每段数字介于 0～255 之间。例如 202.108.249.206、11.5.7.45 就是合法的 IP 地址。

（2）IP 地址的分类。IP 地址由各级 Internet 管理组织进行分配，根据 IP 地址的第一段将 IP 地址分成五类：0～127 为 A 类地址，分配给少数规模很大的网络；128～191 为 B 类地址，分配给中等规模的网络；192～223 为 C 类地址，分配给小规模的网络；D 类和 E 类留作特殊用途。

近年来，随着网络的普及，Internet 上的节点数量快速增长，IP 地址逐渐短缺，难以实现为每台主机都分配唯一的 IP 地址的初衷。为了解决 IPv4 协议面临的各种问题，新的协议——

IPv6 应运而生。IPv6 具有长达 128 位的地址长度，其地址空间是 IPv4 的 2^{98} 倍，能提供超过 3.4×10^{38} 个地址。可以说，有了 IPv6，今后几乎可以不用再担心 Internet 地址短缺的问题了。

（3）静态 IP 地址与动态 IP 地址。静态 IP 地址是指用户登录时每次使用相同的 IP 地址；动态 IP 地址是指用户每次登录时服务器自动分配一个 IP 地址。

一般个人用户使用的是动态 IP 地址，集团用户使用静态 IP 地址。

2. 域名（Domain Name，DN）

IP 地址难以记忆，TCP/IP 协议引入了另一种字符型的主机命名机制——域名。域名用一组字符来代替 IP 地址，通过域名管理系统（Domain Name System，DNS）翻译成对应的数字型 IP 地址。

主机的域名采用层次结构，各层之间有圆点"."隔开。

格式为：主机名.组织机构名.二级域名.一级域名。

一级域名是域名中最后一项，除美国外它代表主机所在的国家或地区，例如 cn（中国）、jp（日本）、uk（英国）。由于 Internet 诞生于美国，因此美国的一级域名为组织机构域名。

二级域名一般表示组织机构所属类别，如 edu（教育）、com（商业）、gov（政府机构）、org（非盈利组织）、gov（政府机构）、net（网络机构）。

组织机构域名是域名的第三部分，一般表示主机所属域或单位。

例如，tsinghua.edu.cn 中的 tsinghua 表示清华大学，edu 表示教育机构，cn 表示中国。

一个单位、机构或个人若想在互联网上有一个确定的名称或位置，需要进行域名登记。域名登记工作是由经过授权的注册中心进行的。国家二级域名的注册工作由中国互联网络信息中心（CNNIC）负责。

2.2.4 Internet 的相关概念

1. WWW

WWW（World Wide Web）也称"环球网"或"万维网"、3W、Web，是由欧洲粒子物理实验室（CERN）研制的基于 Internet 的信息服务系统。WWW 以超文本技术为基础，用面向文件的阅览方式替代通常的菜单列表方式，提供具有一定格式的文本、图形、声音、动画等。WWW 通过将位于 Internet 上不同地点的相关数据信息有机地编织在一起，提供一种友好的信息查询接口，用户仅需提出查询要求，而到什么地方查询及如何查询由 WWW 自动完成。因此，WWW 带来的是世界范围的超级文本服务，只要操纵鼠标，就可以通过 Internet 从全世界任何地方调来你所希望得到的文本、图像（包括活动影像）和声音等信息。

2. 超文本和超链接

超文本（Hypertext）文件中除包含文字信息外，还可以包括图形、声音、图像和视频等多媒体信息。与普通文本相比，超文本文件中还多了一些对文件内容的注释，这些注释表明了当前文字显示的位置、颜色等信息。更重要的是，超文本中还包括指向其他文件的链接，称为超链接（Hyper Link），它们把分布在本地或远程服务器中的各种形式的超文本文件链接在一起，用户在阅读时，可以从一个网页直接跳转到另一个网页，方便用户浏览。为了使各种 WWW 服务器都能正确地认识和执行，超文本文件要遵从一个严格的标准——超文本标识语言（HTML）。我们也可以利用这种语言来编写超文本文件，在 Internet 上制作自己的 WWW 主页。

3. 统一资源定位器

统一资源定位器（Uniform Resource Locator，URL）是专为标识 Internet 网上资源位置而设计的一种编址方式，我们平时所说的网页地址指的就是 URL，它一般由三部分组成：

传输协议：//主机 IP 地址或域名地址/资源所在路径和文件名，如 http://china-window.com/shanghai/news/wnw.html 是一个 Web 的 URL，其中 http 是指采用的是超文本传输协议，china-window.com 是 Web 服务器域名地址，shanghai/news 是网页所在路径，wnw.html 是打开的网页文件。

4. 浏览器

浏览器（Browser）是用于浏览 WWW 的工具，安装在用户端的机器上，能够把用超文本标识语言描述的信息转换成人们便于理解和识别的网页形式。目前常用浏览器有 Microsoft 的 Internet Explorer（IE）、360 公司的 360 浏览器以及 Firefox 等。

2.2.5　Internet 的功能与资源

Internet 已成为除报纸、广播、电视之外的第四种信息传播通道。Internet 向用户提供的各种功能称为"Internet 的信息服务"，其最基本的服务方式是电子邮件（E-mail）、文件传输（File Transfer Protocol，FTP）、远程登录（Remote Login）、信息浏览（WWW）等。

1. 万维网（WWW）

WWW（World Wide Web）的功能是交互式信息流览，我们称为"万维网"。WWW 是一个基于超文本（Hypertext）方式的多媒体信息查询工具。它使用超文本和链接技术，使用户能任意地从一个文件直接跳转到另一个文件，自由地浏览或查询所需的信息。

2. 电子邮件（E-mail）

电子邮件是一种通过网络实现 Internet 用户之间快速、简便、价廉的现代化通信手段，也是目前 Internet 上使用最频繁的一种服务。使用电子邮件的用户首先要在一个 Internet 电子邮件服务器上建立一个用户电子邮箱，每个电子邮箱有一个全球唯一的邮箱地址。由于电子邮件采用存储转发的方式，因此用户可以不受时间、地点的限制来收发邮件。

3. 文件传输（FTP）

FTP（File Transfer Protocol，文件传输协议）是 Internet 的基本服务服务之一。Internet 上存有大量软件与文件，利用 FTP 可以方便地在网络上传输各种类型的文件，让我们不出家门，就可以获得各种免费软件或其他文件。

FTP 服务分为普通 FTP 服务和匿名（Anonymous）FTP 服务，普通 FTP 服务向注册用户提供文件传输服务，匿名 FTP 服务可以向任何 Internet 用户提供许可的文件服务。

4. 远程登录（Telnet）

远程登录是为某个 Internet 主机中的用户提供与其他 Internet 主机建立远程连接的功能。用户用登录账号和密码与主机建立连接后，就能使用远程主机的各种资源和应用程序了。

5. 电子商务（Electronic Business）

自从 1991 年允许开展 Internet 商业应用以来，已有成千上万的公司上网。利用 Internet 资源可以寻求到新的商业机会，主要表现在电子合作、信息分布和存取以及电子商贸。例如可以通过 Internet 上的实时在线股票分析来炒股票、展示与经销各种商品、进行全球注册、订购各种商品、网络付款等。

6. 电子论坛（Electronic Forum）

通过 E-mail 相互联系只是一对一的通信，当希望将自己的消息告诉尽可能多的人，或遇到问题希望向尽可能多的人请教时，可采用 Internet 提供的多对多的通信方式——电子论坛。一旦加入某个电子论坛，就可以收到其他成员发给电子论坛的邮件，同时自己可以给论坛成员发送消息。可以加入感兴趣的专题讨论组，阅读他人的文章或发表自己的观点，与大家一起讨论。同时可以通过邮寄目录，方便地接收某个指定主题的有关信息。也可以进入提供聊天室的服务器，与世界各地的人通过键盘、声音、图画等方式进行实时交谈。

7. 电子公告板（BBS）

电子公告（Bulletin Board System，BBS）是发布通知和消息的公告栏，一般提供气象、法律、娱乐、校园信息、电子邮件等服务。目前，Internet 上既有免费公共 BBS 站点，又有商业 BBS 站点。商业 BBS 站点的服务比较齐全，可以提供会议电视、生活咨询、电子游戏等服务。BBS 站点既有面对本地用户的独立服务，又有面对所有用户的公共服务。在公共 BBS 站点上用户可以拥有账号，该站点为用户接收邮件，也可以使用它提供的网络信息查询与获取工具。此外，BBS 站点上还存有许多公共程序和文件，用户可以获取这些文件，也可以将自己的文件放到 BBS 站点上供他人使用。

8. 电子新闻（Usenet News）

电子新闻是 Internet 为人们提供通信的另一种方式，其上的每个讨论群体称为消息群。Usenet 是一个与 Internet 相连的全球性网络，通过存储消息并在 Usenet 之间转发消息协调工作。Usenet 本身没有中心管理机构，新的消息不断加入，业务大的群分裂成较小的、专业性强的群，某些群又会自动解散。所有这一切都基于某些共同的规则。

此外，Internet 还提供网络电话、聊天室（IRC）、信息检索、远程教育等多种服务。

2.2.6　Internet 接入方式

要使用 Internet 上的资源，要将自己的计算机连接到 Internet 上，个人用户和企业用户都必须选择一个合适的 ISP（Internet Service Provider，Internet 服务提供商），申请上网账号。ISP 提供的服务有 Internet 接入服务、分配 IP 地址和网关及 DNS 等。我国目前有大量 ISP 提供 Internet 的接入服务，如电信、移动、联通、网通、广电等。

Internet 接放方式通常有专线连接、局域网连接、电话拨号连接和无线连接四种。其中使用 ADSL 方式拨号连接对众多个人用户和小单位来说最经济、简单。无线连接是当前最流行的接入方式，给网络用户带来了极大便利。

1. ADSL 虚拟拨号接入

ADSL（Asymmetrical Digital Subscriber Line，非对称数字用户环路）是一种能够通过普通电话线提供宽带数据业务的技术，它具有下行速率高、频带宽、性能好、安装方便等优点，成为继 Modem、ISDN 之后的一种全新的高效接入方式。ADSL 的最大特点是完全可以利用普通电话线作为传输介质，配上专用的调制解调器即可实现数据高速传输。ADSL 支持上行速率 640kb/s～1Mb/s，下行速率 1Mb/s～8Mb/s，是用户接入 Internet 的一种经济、快速的方式。

2. 小区宽带

小区宽带用以太网技术，采用光缆+双绞线的方式对社区进行综合布线。其实现过程是以光纤+LAN（局域网）的方式，ISP 通过光纤将信号接入小区交换机，再通过交换机接入家庭，可提供 10M 以上的共享带宽，并可根据用户的需求升级到 100M 以上。

3. WLAN 与 Wi-Fi

WLAN（Wireless Local Area Network，无线局域网）是指应用无线通信技术将计算机设备互连的技术，客户可通过笔记本电脑、PDA 等终端通过无线 AP 接入互联网和企业网。WAN 是一种有线接入的延伸技术，它使用无线射频（RF）技术越空收发数据，减少使用电线连接。在公共开放的场所或者企业内部，无线网络一般会作为已存在有线网络的一个补充方式，装有无线网卡的计算机通过无线手段可以方便地接入互联网。

Wi-Fi 是 WLAN 的实现方式，Wi-Fi 是一般无线路由设备普遍支持的、最常用的协议。

实践篇

第 3 章 用 Windows 7 操作系统管理计算机

Windows 7 操作
系统简介

项目简介

操作系统（Operation System，OS）是计算机软件系统中最核心的系统软件，具有管理和调度计算机硬件、软件资源，使其协调工作的功能。操作系统在用户与计算机之间架起一座桥梁，一方面为用户提供友好的操作界面，另一方面管理各类复杂的硬件设备，使计算机能够有序、协调地完成用户提交的作业任务。操作系统提供高效易行的工作环境，其他软件都在操作系统的管理和支持下运行。

微型计算机常用的操作系统有 Windows、UNIX、Linux、苹果电脑专用的 Mac OS X 等。随着移动通信技术的飞速发展和移动多媒体时代的到来，手机作为人们必备的移动通信工具，已从简单的通话工具向智能化发展，演变成一个移动的个人信息收集和处理平台。随着智能手机的普及，谷歌公司的 Android OS（安卓系统）、苹果公司的 iOS、华为公司的 HarmonyOS（鸿蒙系统）等手机操作系统也越来越多地被人们所认识。智能手机操作系统对移动互联网产业链有着举足轻重的影响，国内外专家学者纷纷将研究视角转移至智能手机操作系统。

在当今个人计算机采用的操作系统中，微软公司的 Windows 操作系统有着极其重要的地位。Windows 常见版本有 Windows XP、Windows 7、Windows 10 等。Windows 操作系统是计算机操作的人机交互平台，经过多年的发展，其版本不断升级，功能不断增强。中文版 Windows 7 是基于图形用户界面的多任务操作系统，其凭借着美观的界面、简洁的操作、稳定的运行环境、丰富的数字媒体世界和更完善的网络功能等优点而成为应用最广泛的操作系统。本书以 Windows 7 版本为例介绍 Windows 操作系统的基本操作，包括个性化桌面的设置、文件与文件夹的管理、磁盘的管理、输入法的设置、控制面板的设置。

能力目标

中文版 Windows 7 围绕用户个性化、应用服务、娱乐视听等方面增加了很多特色功能，在安全性、可靠性和管理功能上更胜一筹。用户只要掌握了 Windows 7 的操作方法，就能够轻松自如地对计算机进行管理和维护。本项目以日常学习与工作中的应用需求为任务案例，要求学生掌握 Windows 7 桌面个性化设置、文件与文件夹的管理操作，了解磁盘的管理操作、优化系统性能，掌握输入法的设置操作，了解控制面板的设置。

案例名称	案例设计	知识点
Windows 7 桌面个性化设置	创设个性化桌面	Windows 7 的启动和退出，桌面背景，桌面图标，任务栏设置，窗口的操作
Windows 7 资源管理器	管理文件与文件夹	使用资源管理器管理文件与文件夹，包括对文件或文件夹进行新建、选定、重命名、复制、删除、设置属性和创建快捷方式等操作
Windows 7 系统设置	控制面板的简单设置	打开控制面板、显示设置、日期/时间设置和区域设置、键盘和鼠标设置、添加/删除程序、中文输入法的安装与使用、磁盘管理、Windows 附件的应用

案例一　Windows 7 桌面个性化设置

Windows 7 桌面
个性化设置

案例描述

Windows 操作系统为用户提供了一个高效、便捷的工作环境，使用户能够设计出极具个性化色彩的 Windows 桌面。让我们一起来添加喜欢的一组图片作为桌面动态背景，并实现对桌面的管理。

案例分析

要实现对桌面的管理，需要以下知识和技能：

（1）Windows 7 的启动和退出操作。

（2）使用与管理桌面。

（3）掌握桌面设置的方法：主题设置、背景设置、屏幕保护程序设置、更改桌面小工具、图标设置、任务栏设置。

（4）认识窗口和掌握窗口的操作。

（5）使用 Windows 常用快捷键。

知识点分析

1. Windows 7 的启动和退出

Windows 7 的启动和退出操作比较简单，但对用户正常使用计算机非常重要。

（1）启动 Windows 7 系统。要使用计算机进行工作，首先要启动计算机，然后才能进行文档的创建、查看和编辑等操作。启动操作系统实际上就是启动计算机，是把操作系统的核心程序从磁盘（硬盘、软盘），U 盘，光盘或其他存储设备中调入内存并执行的过程。

（2）退出 Windows 7 系统。关闭计算机系统前要保存好重要的数据、文件等，并且关闭已经启动的程序，再退出 Windows。如果直接关闭电源，可能会破坏正在运行的应用程序和一些没有保存的文件。当系统处于死机状态或者某些应用程序停止响应时，需要强制关闭计算机。强制关机的方法是按住电源（Power）按钮并保持几秒，直至计算机电源指示灯灭。

2. 使用与管理桌面

启动 Windows 7 后，计算机屏幕上显示的整个区域就是计算机的桌面。桌面是用户操作计算机的最基本的界面，是用户与计算机进行交流的窗口，可以存放用户经常使用的应用程序和文件夹图标，Windows 7 中的大量操作都是基于桌面实现的。Windows 7 的桌面由桌面背景、桌面图标、任务栏、"开始"按钮等组成。

3. 桌面设置

为使 Windows 7 桌面更加美观、赏心悦目，可以对桌面进行个性化设置。桌面设置主要包括主题设置、背景设置、屏幕保护程序设置、更改桌面小工具、图标设置、任务栏设置等。

4. 认识窗口和掌握窗口的操作

Windows 的中文含义是"窗口"，所有 Windows 的操作都是在系统提供的各种窗口中进行的，因此认识窗口和掌握窗口的操作是非常必要的。

案例实施步骤

任务 1 Windows 7 的启动和退出

1. Windows 7 的启动

对于安装了 Windows 7 的计算机，只要启动计算机即可进入 Windows 7，显示 Windows 7 桌面。此外，在 Windows 7 启动过程中，用户可根据需要以不同模式进入。启动 Windows 7 的操作步骤如下。

（1）打开外部设备电源，按下计算机主机面板上的电源开关，屏幕上将显示用户计算机的自检信息，如主板型号、内存容量、显卡缓存等。自检成功后，计算机开始启动 Windows 7 操作系统，如图 3-1 所示。

图 3-1 Windows 7 启动画面

（2）系统正常启动后，屏幕上会显示用户建立的账户，单击用户图标进入系统。

（3）如果用户设置了密码，则在用户账户图标右下角会自动出现一个空白文本框，要求输入用户密码，如图 3-2 所示。输入正确的密码后单击"登录"按钮，进入 Windows 7 操作系统界面，表示 Windows 启动成功。

图 3-2　Windows 7 输入用户密码界面

2．Windows 7 的退出

Windows 的退出通常按以下步骤进行。

（1）关闭所有正在运行的应用程序。

（2）选择"开始"→"关机"命令，如图 3-3 所示。在单击"关机"按钮后，系统会自动关闭电源。

图 3-3　关闭计算机界面

（3）Windows 7 中提供了关机、切换用户、注销、锁定、重新启动和睡眠来退出操作系统，用户可以根据需要选择。操作方法为单击"开始"按钮，在弹出的菜单中单击"关机"按钮右边的小三角按钮，选择相应命令执行。

- 切换用户：使当前用户退出系统，回到用户登录界面，重新选择用户身份登录。
- 注销：Windows 7 提供多个用户共同使用计算机操作系统的功能，每个用户可以拥有自己的工作环境，用户可以使用注销命令退出系统。
- 锁定：当用户暂时不使用计算机时，可以使用计算机锁定功能。用户再次使用计算机时，只需输入用户密码即可进入系统。
- 重新启动：如果系统运行时出现一些莫名其妙的错误，或者运行速度过于缓慢，则可以单击"重新启动"按钮。计算机将保存当前内存中的信息，直接重新启动。
- 睡眠：Windows 7 提供了睡眠待机模式，在该模式下，计算机电源都是打开的，当前系统的状态会保存下来。当需要使用计算机时进行唤醒，即可进入刚才的使用状态，在暂时不使用系统时起到省电的作用。

任务 2　使用与管理桌面

启动 Windows 7 后，计算机屏幕上显示的整个区域就是计算机的桌面，如图 3-4 所示。

图 3-4　Windows 7 操作系统的桌面

Windows 7 的桌面主要由桌面背景、桌面图标、"开始"菜单按钮、任务栏等组成。

1. 桌面背景

桌面背景是指桌面图案和桌面墙纸，用户可以创建属于自己的个性化桌面。

2. 桌面图标

桌面图标是指在桌面上排列的图像，包含图形和说明文字两部分。用户把鼠标放在图标上会出现对图标所表示内容的说明或文件存放的位置。桌面图标在计算机可视操作系统中扮演着极为重要的角色，它实际上就是打开各种程序和文件的快捷方式，用户可以在桌面上创建自己经常使用的程序或文件的图标，使用时直接在桌面上双击图标就能够快速启动相应的项目。例如，双击图 3-4 中的图标 Microsoft Word 2016，即打开 Word 文字处理程序进行文字编辑工作。

Windows 7 安装结束之后，安装程序在桌面上自动生成常用程序图标，如"计算机"图标、"回收站"图标、"网络"图标、Internet Explorer 图标等。添加或更改常用桌面图标的操作步骤如下：

（1）右击桌面上的空白区域，在弹出的快捷菜单中选择"个性化"命令，打开"个性化"窗口。

（2）选择"更改桌面图标"选项，弹出"桌面图标设置"对话框，如图 3-5 所示，选择需要显示的桌面图标。单击"更改图标"按钮，弹出"更改图标"对话框，如图 3-6 所示，选择需要的图标。

如果需要，用户也可以在桌面创建应用程序快捷方式图标，如为 Word、Excel、PowerPoint 等应用程序创建快捷方式图标，方便用户快速打开文件或文档。找到要创建快捷方式的项目并右击，在弹出的快捷菜单中选择"发送到"→"桌面快捷方式"命令，便在桌面上创建了该项目的快捷方式，如图 3-7 所示。

图 3-5 "桌面图标设置"对话框

图 3-6 "更改图标"对话框

图 3-7 创建快捷方式

3. "开始"菜单按钮

"开始"菜单是计算机程序、文件夹和设置的主门户，单击屏幕右下角的"开始"菜单按钮或者按键盘上的 Windows 徽标键，均可显示"开始"菜单（图 3-8），利用该菜单可轻松地访问计算机中的程序。在"开始"菜单中可执行的任务还有搜索文件、文件夹和程序，调整计算机设置，获取有关 Windows 操作系统的帮助信息，关闭计算机，注销 Windows 或切换到其他用户账户等。"开始"菜单位于桌面的左下角，可以以它为起点，通过逐级单击启动应用程序或打开文档等。

图 3-8　"开始"菜单

（1）"开始"菜单的组成部分。

1）左窗格：用于显示最常使用的程序列表，集中了用户可能用到的各种操作，使用时只需单击即可。单击"所有程序"命令，将显示比较全面的可执行程序列表，单击程序名即可启动该应用程序。

2）右窗格：提供了对常用文件夹、文件、设置和其他功能访问的固定链接，固定项目列表中的程序保留在列表中，可单击启动。可在固定项目列表中添加程序，如文档、图片、音乐、计算机、控制面板、设备和打印机、默认程序、运行等。

- 文档：快速访问文档库下的各种类型的文档。
- 图片：查看和组织数字图片。
- 音乐：快速访问音乐库下的各种音频文件。
- 计算机：查看连接到计算机的磁盘驱动器和其他硬件。
- 控制面板：更改计算机设置并自定义其功能。
- 设备和打印机：查看和管理设备、打印机及打印作业。
- 默认程序：选择用于 Web 浏览、收发电子邮件、播放音乐和其他活动的默认程序。
- 运行：打开一个程序、文件夹、文档或网站。

3）用户图标：代表当前登录系统的用户。单击该图标将打开"用户账户"窗口，以便进行更改用户账号、用户密码、用户图片等设置。

4）搜索框：主要用来搜索计算机上的资源，是快速查找资源的有力工具。在搜索框中输入搜索关键词，单击"搜索"按钮，即可在系统中查找相应的程序或文件。

5）关机按钮：可以注销 Windows、关闭或重新启动计算机等。

（2）自定义"开始"菜单。应用自定义可以控制要在"开始"菜单上显示的项目。在"任务栏"上右击，在弹出的快捷菜单中选择"属性"命令，打开"任务栏和「开始」菜单属性"对话框，单击"「开始」菜单"选项卡，打开"自定义「开始」菜单"对话框，如图 3-9 所示。

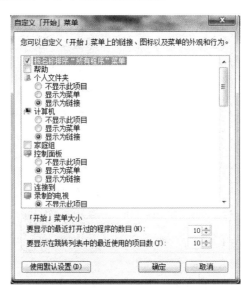

图 3-9　"自定义「开始」菜单"对话框

在"自定义「开始」菜单"对话框中可以进行如下操作：

1）将程序图标锁定到"开始"菜单。

2）从"开始"菜单删除程序图标。

3）调整频繁使用的程序的快捷方式数目。

4）自定义"开始"菜单默认设置。

5）将"最近使用的项目"添加至"开始"菜单。

4．任务栏

默认情况下，任务栏以"条形栏"的形式出现在桌面底部，如图 3-10 所示，它显示了系统正在运行的程序、打开的窗口、当前时间等，用户通过任务栏可以完成许多操作。任务栏包含"开始"菜单按钮、任务按钮区和通知区域。

图 3-10　任务栏

（1）"开始"菜单按钮。"开始"菜单按钮位于任务栏的最左端，单击打开"开始"菜单。"开始"菜单是计算机程序、文件夹和设置的主门户，可以启动程序、搜索文件等。

（2）任务按钮区。任务按钮区显示当前所有打开的窗口的最小化图标。当打开一个窗口时，任务栏上就会出现一个相应的任务按钮，可以通过单击这些按钮的各窗口切换。

（3）通知区域。通知区域位于任务栏的最右端，用于显示和设置重要信息，包括时钟、日期、输入法、音量等，信息的种类与计算机的硬件和安装的软件有关。任务栏中的小图标显示了后台运行程序的状态，比如大家熟悉的 QQ 软件启动后就把程序图标（一个企鹅标志）放入通知区域，当收到聊天消息时就会显示提示信息。我们可以通过这些图标查看和管理后台程序。

任务 3　桌面设置

为使桌面更加美观、赏心悦目，可以对桌面进行个性化设置。桌面设置主要包括桌面主题设置、桌面背景设置、屏幕保护程序的设置、更改桌面小工具、桌面图标设置、任务栏设置等。

1. 桌面主题设置

Windows 7 操作系统中的主题是指用户对自己的计算机桌面进行个性化设置的图片、颜色、声音的组合。Windows 7 系统提供了多个主题，通过更换主题，可以更改计算机屏幕的视觉效果和计算机的声音。设置桌面主题的方法如下。

（1）在桌面空白处右击，在弹出的快捷菜单中选择"个性化"命令。

（2）弹出"更改计算机上的视觉效果和声音"对话框，如图 3-11 所示，根据用户的需要在对话框中选择相应主题即可。

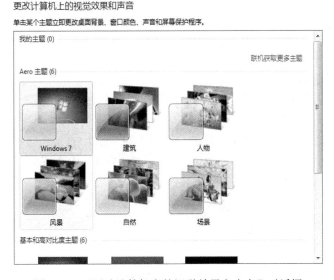

图 3-11　"更改计算机上的视觉效果和声音"对话框

2. 桌面背景设置

桌面背景（也称壁纸）可以是 Windows 7 提供的图片、个人收集的数字图片、幻灯片放映的动态图片等。设置桌面背景的方法如下。

（1）打开"更改计算机上的视觉效果和声音"对话框，选择"桌面背景"选项。

（2）弹出"选择桌面背景"对话框，如图 3-12 所示，在存有各类图片的文件夹中选择所需图片。

（3）利用"图片位置"按钮设置适合的选项，如"填充""平铺"等。

（4）单击"保存修改"按钮即可完成设置。

要选择用户自己的图片，可以在刚才的对话框中单击"浏览"按钮，选择所需图片完成设置。要设置幻灯片放映的动态图片，可以选择多张图片，设置图片位置为"填充"，更改图片时间间隔为"10 秒"，勾选"无序播放"复选框，单击"保存修改"按钮，完成设置。

图 3-12   "选择桌面背景"对话框

3. 屏幕保护程序的设置

在使用计算机的过程中，设置屏幕保护程序可以起到减少耗电、保护显示器和保护个人隐私等作用。在 Windows 7 中设置屏幕保护程序的方法如下。

（1）打开"更改计算机上的视觉效果和声音"对话框，选择"屏幕保护程序"选项。

（2）在弹出的"屏幕保护程序设置"对话框（图 3-13）中根据需要选择系统自带的屏幕保护程序，如变幻线、彩带等。

图 3-13   "屏幕保护程序设置"对话框

（3）设置等待时间后，单击"确定"即完成屏幕保护程序的设置。

Windows 7 还提供了用户利用个人图片来进行屏幕保护程序设置的功能，在"屏幕保护程序"下拉列表框中选择"照片"选项，单击"设置"按钮，浏览并选择所需图片，通过选择幻灯片放映速度设置屏幕保护程序图片放映的速度，单击"确定"按钮完成设置。

还可以更改电源设置。单击下方的"更改电源设置"链接，打开"更改计划的设置"窗口，如图 3-14 所示，设置"关闭显示器"或"使计算机进入睡眠状态"的时间。单击"保存修改"按钮，完成关闭显示器或计算机进入睡眠状态的时间设置。

图 3-14　"更改计划后的设置"对话框

4. 更改桌面小工具

Windows 7 提供了一个小型桌面工具集。这些小程序可以提供即时信息以及轻松使用常用工具的途径。在桌面显示小工具的操作如下。

（1）启动"小工具库"窗口。在桌面空白处右击，在弹出的快捷菜单中选择"小工具"命令。

（2）在"小工具库"窗口中双击自己需要的小工具图标或者使用鼠标将图标拖到桌面上，即可将该小工具添加到桌面，如图 3-15 所示。

图 3-15　添加桌面小工具

5．桌面图标设置

（1）排列图标。拖动桌面上的图标可以将其放到桌面的任意位置。如果要更加精确地摆放图标，可以右击桌面空白处，在弹出的快捷菜单（图 3-16）中完成查看、排序方式等设置。

图 3-16　桌面排列图标

（2）显示/隐藏图标。取消勾选"查看"→"显示桌面图标"选项，桌面上的图标全部隐藏起来，将看到一个干净清爽的桌面；反之，图标将重新回到桌面上。

6．任务栏设置

右击任务栏空白处，在弹出的快捷菜单中选择"属性"命令，打开"任务栏和「开始」菜单属性"对话框，如图 3-17 所示。

图 3-17　"任务栏和「开始」菜单属性"对话框

● 锁定任务栏：选中表示不可以拖动任务栏来调整其位置。

● 自动隐藏任务栏：选中表示当鼠标不在任务栏上时，任务栏将自动隐藏起来；当鼠标移至桌面底部时，任务栏又将自动显示。

● 屏幕上的任务栏位置：可在下拉列表框中选择"底部""左侧""右侧""顶部"选项设置任务栏位置。

● 通知区域：自定义通知区域中出现的图标和通知。

默认情况下，任务栏被锁定在桌面底端。改变任务栏位置或宽度等操作必须在任务栏未被锁定的状态下进行。要查看任务栏是否被锁定，可以在任务栏空白处右击，在弹出的快捷菜单中查看"锁定任务栏"前是否有"√"，有"√"表示锁定。去掉"√"解锁任务栏后，可根据需要更改任务栏区域尺寸，也可将任务栏拖动到上、下、左、右四个区域。

任务 4　认识窗口和掌握窗口的操作

Windows 7 资源
管理器的使用

1. 窗口组成

Windows 窗口是我们在不同的应用程序或文档中操作的基本环境，每当打开程序、文件和文件夹时，都会在桌面上生成一个 Windows 程序窗口，同时在任务栏上产生一个任务按钮。各类窗口略有差别，但大多数窗口都具有相同的组件。图 3-18 所示是一个典型窗口，由导航窗格、标题栏、"后退"和"前进"按钮、地址栏、搜索框、菜单栏、工具栏、库窗格、列标题等组成。下面以"资源管理器"窗口为例讲解 Windows 窗口的组成。

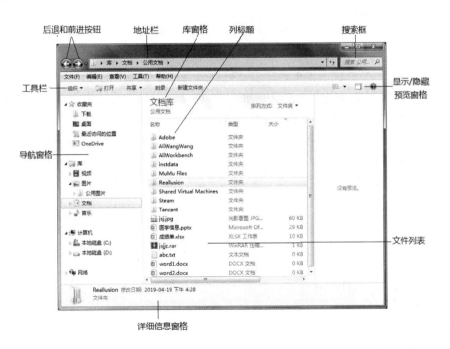

图 3-18　"资源管理器"窗口

（1）导航窗格。导航窗格位于窗口的左侧，是 Windows 系统提供的资源管理工具，使用导航窗格可以访问库、文件夹、保存的搜索结果，可以查看计算机中的所有资源。它由树状目录列表组成，单击三角图标可折叠、隐藏文件夹。使用"收藏夹"部分可以打开和搜索最常用的文件夹。使用"库"部分可以访问库，还可以使用"计算机"文件夹浏览文件夹和子文件夹，进行复制、移动等操作。

（2）标题栏。标题栏位于窗口顶部，以便区分不同窗口。标题栏由控制菜单图标和"最小化""最大化/还原""关闭"按钮等组成。

- 控制菜单图标：位于窗口左上角，可单击（或按 Alt+空格组合键）打开控制菜单，利用其中的命令改变窗口尺寸、移动和关闭窗口。单击窗口任意处（或按 Esc 键）可关闭控制菜单。
- "最小化""最大化/还原""关闭"按钮位于标题栏右侧，用于控制窗口缩放、关闭。

（3）"后退"和"前进"按钮。"后退"和"前进"按钮可以导航到曾经打开的其他文件夹或库，且无须关闭当前窗口。这些按钮可与"地址栏"配合使用。例如，使用地址栏更改文件夹后，可以单击"后退"按钮返回原来的文件夹。

（4）地址栏。地址栏位于每个文件夹窗口的顶部，用于显示当前窗口所处的目录位置，表现为以箭头分隔的一系列链接。在地址栏中，可以通过单击某个链接或输入文件路径导航到不同的文件夹或库。

（5）搜索框。在搜索框中输入关键词，筛选出基于文件名和文件自身的文本、标记以及其他文件属性，可以在当前文件夹及其所有子文件夹中查找文件或文件夹。搜索结果将显示在文件列表中。一开始输入内容，搜索就开始了。例如，当输入"A"时，所有名称以字母 A 开头的文件都将显示在文件列表中。

（6）菜单栏。菜单栏位于标题栏下方，提供文件或应用程序的菜单项。菜单是一组相关命令的集合，也是 Windows 应用程序接收用户命令的主要途径之一。在 Windows 环境下，每个应用程序窗口都有菜单，单击其菜单项可弹出下级菜单，从中选择操作命令。

（7）工具栏。工具栏位于菜单栏下方，提供与菜单命令相同的各种常用工具按钮。工具栏按钮为使用各种常用功能提供了便捷的方式，直接单击工具按钮可执行相应的命令。不同的窗口有不同的工具栏，工具栏工具按钮一般可以由用户选择添加。

（8）库窗格。选择库（如文档库）时，库窗格才会出现。使用库窗格可自定义库或按不同的属性排列文件。在 Windows 7 中，可以使用库收集不同文件夹中的内容。将不同位置的文件夹包含到同一个库中，再以一个集合的形式查看和排列这些文件夹中的文件，而无须从其存储位置移动这些文件。

（9）列标题。使用列标题可以更改文件列表中文件的整理方式。例如，可以单击列标题的左侧以更改显示文件和文件夹的顺序，也可以单击右侧以采用不同的方法筛选文件。注意，只有在"详细信息"视图中才有列标题。

（10）文件列表。文件列表显示当前文件夹或库中的子文件夹和文件。

（11）预览窗格。使用预览窗格可以查看大多数文件的内容。例如，选择文本文件或图片，无须在程序中打开即可查看。如果看不到预览窗格，可以单击工具栏中的"显示/隐藏预览窗格"按钮打开预览功能。

（12）"详细信息"窗格。使用"详细信息"窗格可以查看与选定文件关联的最常见属性。文件属性是关于文件的信息，如作者上一次更改文件的日期，以及可能已添加到文件的所有描述性标记。

（13）边框。边框用于标识窗口的边界，当鼠标指针移到边框上时将变成水平或垂直双箭头形状，此时拖动鼠标可改变窗口的宽度或高度。

（14）边角。边角是指窗口的四角，当鼠标指针移到边角时，将变成斜方向双箭头形状，此时拖动鼠标可同时改变窗口的宽度和高度。

（15）滚动条。当窗口尺寸太小时，工作区的右侧或底部会出现滚动条，分别称为垂直滚动条和水平滚动条，由左右（上下）滚动箭头与滚动块组成，当工作区超过屏幕尺寸时，通过滚动条或滚动鼠标中键快速移动窗口显示内容。

（16）分隔条。当鼠标指针移到分隔条上时，将变成水平双箭头形状，此时左右拖动鼠标可调整导航窗格的尺寸。

2．窗口操作

窗口操作是 Windows 的基本操作，包括调整窗口尺寸、移动窗口、切换窗口和关闭窗口等。

（1）窗口最小化、最大化、还原、关闭。

- 单击"最小化"按钮，可将窗口收缩为任务按钮放到任务栏上，此时在桌面上是看不见窗口的，但不要误认为窗口关闭。当单击任务栏上的按钮时，窗口又会恢复到原来的尺寸。
- 单击"最大化"按钮，可以将当前窗口最大化，使窗口占满整个屏幕，同时按钮转换成"还原"按钮。此时如果单击"还原"按钮，则窗口又会恢复到原来的尺寸。
- 单击"关闭"按钮，关闭窗口。还可以按 Alt+F4 组合键关闭窗口。在标题栏上右击，在弹出的快捷菜单中选择"关闭"命令，也可以关闭窗口。
- 将鼠标指针移到窗口边框或角上，当变成双箭头时，按住鼠标左键并拖至可改变窗口的尺寸。

（2）窗口移动。将鼠标指针移至窗口标题栏，按住鼠标左键拖曳，到达目标位置后松开鼠标，窗口就停留在新的位置。

（3）窗口排列。同时打开的窗口可按照一定顺序排列，有层叠窗口、堆叠显示窗口和并排显示窗口 3 种排序方式。排列窗口时，在任务栏的空白处右击，从弹出的快捷菜单中选择窗口排列方式即可。

（4）窗口切换。Windows 桌面上可同时打开多个窗口，但同一时刻只能对其中一个进行操作，该窗口称为活动窗口，位于桌面最前面。活动窗口是可随时转换的，主要有以下 3 种方法。

1）使用键盘激活：打开多个 Windows 窗口，按 Alt+Tab 组合键，在桌面中部出现所有已打开窗口的最小化图标列表。按住 Alt 键不放，继续按 Tab 键可切换窗口图标。松开 Alt 键，当前窗口切换到所选窗口，如图 3-19 所示。

图 3-19　多个窗口图标间切换

2）单击任务栏上窗口相应的按钮激活窗口。

3）单击需要激活窗口内的任意区域。

（5）窗口复制和桌面复制。当需要把某个窗口的内容复制到另一个文档或图像中时，可按 Alt+PrintScreen 组合键将整个窗口放入剪贴板，再进入处理图像或文档的窗口进行粘贴，剪贴板中存放的窗口内容就粘贴到该文件中了。如果想复制整个桌面的内容，可按 PrintScreen 键实现。

3. 对话框

对话框是 Windows 操作系统的重要组成部分，主要用来进行人与系统之间的信息对话，例如运行程序之前或完成任务时必要的信息输入，或者完成对象属性、窗口环境的设置。

对话框的外形与窗口非常相似，但我们还是可以很容易地区别它们：一般而言，窗口的右上角有最小化、最大化/还原按钮，而对话框有帮助按钮；可以改变窗口的尺寸，而对话框的尺寸一般是不能改变的。对话框最大的特点是它有许多称为控件的组件，可以通过控件与 Windows 对话。现在就以"鼠标 属性"对话框（图 3-20）为例，介绍对话框中的常见控件。

图 3-20　"鼠标 属应性"对话框

（1）选项卡 鼠标键 指针 指针选项 滑轮 硬件 。相关功能放在一个主题（标签）的选项卡上，每个选项卡对应一个标签名称，单击这些标签可以选择相关选项卡进行设置。

（2）文本框 。用于输入文本信息，常见的密码框就是文本框。

（3）复选框☑。提供一组可任意选择的选项。复选框的状态表示它代表的功能是否被选中，被选中项前面的小方框会出现"√"，再次单击选中的项将被取消。同一个主题的一组复选框可以同时被选中多个。

（4）下拉列表框▾。下拉列表框带有一个提供选项的下拉列表，只显示选中的项，未选中的项是隐藏的，单击其右侧的▾，可以弹出相应下拉列表，在其中选择需要的选项。

（5）列表框。列表框显示多个选项，可以选择其中一项。当列表框不能显示所有选项时，会提供滚动条以便查看。

（6）滑杆 。滑杆是一种带刻度的控件，可以拖动上面的滑块调整数值。

（7）单选按钮●。单选按钮可让用户在两个或多个选项中选择一个选项。○代表未选中，●代表选中。同一个主题的一组单选按钮只能有一个被选中。

（8）数值框 10 。数值框用于输入数值，单击数值框右侧的两个箭头按钮可以调整数值，也可以直接在框中输入数值。

（9）命令按钮。在对话框中经常会看到命令按钮，单击命令按钮可执行一个命令（或执行一个操作）。对话框中通常有以下三个特殊的命令按钮。

- 确定：单击后设置立即生效，对话框关闭。
- 取消：单击后放弃设置，对话框关闭。
- 应用：单击后设置立即生效，对话框不关闭，可继续设置。

4．菜单和工具栏

菜单包含与当前窗口相关的操作命令，通过选择菜单命令来完成相应的操作。

Windows 中主要有四种菜单：控制菜单、"开始"菜单、下拉式菜单和快捷菜单。其中前两种已介绍过，这里学习后两种菜单。

（1）下拉式菜单。打开下拉式菜单有以下两种方式：

- 直接单击菜单栏上的菜单名。
- 使用键盘打开：Alt+菜单名后带下划线的字母，按 Alt+F 组合键即可打开"文件"菜单。

菜单命令的选择有以下三种方式：

- 直接单击菜单中的命令。
- 打开菜单，从键盘输入该菜单命令后的字母。
- 一些常用命令包含组合键，比如"编辑"菜单中的"全选"命令旁边的 Ctrl+A，表示直接按 Ctrl+A 组合键可执行"全选"命令（此时不需要打开菜单）。Windows 有许多这种组合键，记住它们可以使操作更方便。

Windows 系统下，使用菜单有如下约定，如图 3-21 所示。

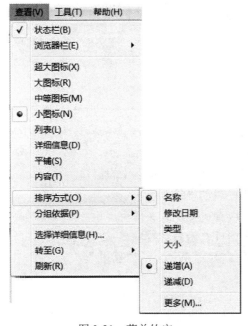

图 3-21　菜单约定

- 灰色的菜单命令：表示该命令当前不可用。
- 带"√"的菜单命令：表示当前该命令有效，再次选择该命令可以取消"√"标记，使该命令失效。
- 分组线：将菜单分成功能相关的命令组。
- 带"●"的菜单命令：表示同组中的有效选项，有且只能有一个。
- 带"…"的菜单命令：表示选择此命令后，将弹出相应的对话框，供进一步输入某种信息或改变某些设置。
- 带指向右边的黑三角的菜单命令 ▶：表示该命令包含子菜单。
- 双箭头 ⯆：菜单下方如果有该标识，表示该菜单没有完全展开，当鼠标指向它时，会显示完整的菜单。

（2）快捷菜单。Windows 还为用户提供了一种更加便捷的菜单操作方式——快捷菜单。快捷菜单的使用频率极高，通常包含所选对象（如桌面、图标、任务栏）最常用的命令。要熟练操作 Windows，必须掌握快捷菜单的使用方法。

快捷菜单的打开：右击要操作的对象，弹出与该对象相关的快捷菜单。图 3-22 所示是"桌面"和"任务栏"的快捷菜单，可以看出不同对象，包含的快捷菜单命令不同。

图 3-22　"桌面"和"任务栏"的快捷菜单

5. Windows 常用快捷键

- 仅单击 Windows 徽标键：显示或隐藏"开始"功能表。
- Windows 徽标键+Pause Break：显示"系统属性"对话框。
- Windows 徽标键+D：显示桌面。
- Windows 徽标键+M：最小化所有窗口。
- Windows 徽标键+Shift+M：还原最小化的窗口。
- Windows 徽标键+E：启动"计算机"。
- Windows 徽标键+F：查找文件或文件夹。
- Windows 徽标键+Ctrl+F：查找计算机。
- Windows 徽标键+F1：显示 Windows"帮助"。
- Ctrl+C：复制。
- Ctrl+X：剪切。
- Ctrl+V：粘贴。
- Ctrl+Z：撤消。

- Alt+F4：关闭当前项目或退出当前程序。
- Alt+Tab：在打开的项目之间切换。

同步训练

（1）自定义个性化桌面主题。

1）选用 3 幅图为桌面背景，每 1 分钟更换一次。

2）将窗口颜色设置为"大海"，并启用透明效果。

3）将屏幕保护程序设置为"三维文字"效果，等待时间为 3 分钟，设置自定义文字为"计算机基础学习"，设置为粗体、幼圆，旋转类型为"跷跷板式"，表面样式为"纹理"。

4）"保存主题"名为"我的桌面"。

5）将桌面图标设置为"中等图标"显示，排序方式为"名称"。

6）将任务栏设置为"自动隐藏"。

（2）在桌面上添加"日历""时钟"小工具，并设置相关参数。

（3）用任务栏音量图标调节音量。

（4）设置"开始"菜单，显示最近打开过的程序数目为 8。

案例二 Windows 7 资源管理器

案例描述

在大学学习阶段，需要在计算机中存放多门学科的学习资料，如果随意地存放这些文件，就会显得杂乱无章。另外，随着使用时间的推移，计算机上存储的文件会越来越多，如果不科学管理这些文件，会降低使用计算机工作的效率。因此，现在想将多门学科的文件资料井然有序地存放在计算机中，以便更好地利用计算机来帮助我们进行学习和工作。

案例分析

可以通过 Windows 7 资源管理器管理文件及文件夹。计算机中的各种信息都是以文件的形式保存在磁盘中的，如程序、文档、图片、音乐和视频等。利用 Windows 7 资源管理器可对文件进行分类管理，把同类文件存放在指定的文件夹中，方便用户认识和查找文件，极大地提高了工作效率。学习本项目可掌握使用资源管理器管理文件与文件夹的方法，包括对文件或文件夹进行新建、选定、重命名、复制、删除、设置属性和创建快捷方式等操作。

（1）在 D 盘创建图 3-23 所示的树形文件结构。

（2）将 MYFILE\YXJS 文件夹的 A1.TXT、A2.TXT 文件复制到 TEST 中，将 MYFILE\JSJ 文件夹的 WD1.DOCX 文件移动到 YXJS 文件夹内。

（3）将 MYFILE\JSJ 文件夹中的 WD1.DOCX 文件更名为 WIN1.DOCX。

（4）将 MYFILE\YXJS 文件夹的 A1.TXT 文件删除。

（5）撤消删除 A1.TXT 文件的操作。

（6）将 MYFILE\JSJ 中的 WD2.DOCX 文件属性设置成只读和隐藏。

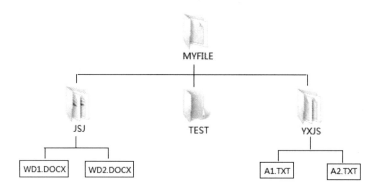

图 3-23　文件和文件夹树形结构

（7）为 MYFILE\YXJS 文件夹中的 A2.TXT 文件创建快捷方式。

（8）搜索 MYFILE\JSJ 文件夹中的所有 Word 文件。

（9）设置隐藏已知文件类型的扩展名。

（10）掌握回收站的使用方法。

知识点分析

1. 资源管理器

管理文件与文件夹是 Windows 操作系统的主要功能，利用 Windows 7 资源管理器实现对文件的分类管理。使用资源管理器可以访问计算机中的各种设备和设备中的资源，如硬盘、网络和可移动媒体。资源管理器以分层的方式显示计算机内所有文件的详细列表，让用户可以更方便地实现浏览、查看、移动和复制文件或文件夹等操作。

2. 文件与文件夹

在 Windows 中，文件是存储在计算机磁盘上的一组相关信息的集合。文件可以是一个应用程序，如文字处理程序 Microsoft Word，也可以是由应用程序创建的数据文件，如 Word 文件、Excel 文件等。在计算机中，一篇文档、一幅图画、一段音乐等都是以文件的形式存储在计算机的磁盘中。

文件夹是存放文件的场所，用于存储文件或子文件夹。人们将文档、声音、图形图像、视频等信息以文件的形式保存在存储器里，以文件夹的形式分类存放和管理。

（1）文件名。任何一个文件都是用图标和文件名来标识的，每个文件都有一个文件名，在命名文件时，文件名要尽可能地与文件内容相关，以便记忆与管理。文件名的格式为"主文件名.扩展名"，其中主文件名一般用于描述文件的内容，扩展名表示文件的类型。如"学习计划.DOCX"，其中"学习计划"为文件名字，"DOCX"为扩展名。一般文件名由用户定义，扩展名由创建文件的应用程序自动创建，如 Word 文件的扩展名为"DOCX"。

在 Windows 中，文件和文件夹的命名规则如下。

● 名称可以是字母、数字、汉字、下划线、空格等字符。

● 文件名、文件夹名中不能使用以下半角字符：/（斜杠）、\（反斜杠）、|（竖杠）、:（冒号）、*（星号）、?（问号）、<>（尖括号）。

- 文件名和文件夹名不能超过 255 个字符（1 个汉字相当于 2 个字符），英文字母不区分大小写。
- 在同一个文件夹中不能有同名的文件或文件夹（主文件名与扩展名全相同），在不同文件夹中文件名或文件夹名可以相同。在"资源管理器"窗口中，文件名一般是可见的，而扩展名被隐藏，如果需要，可以在"资源管理器"窗口中设置显示文件扩展名。
- 查找时可以使用通配符"*"和"?"。

（2）文件类型。在 Windows 中，文件可以划分为许多类型，文件类型是根据它所含信息类型分类的，不同类型的文件具有不同的扩展名和图标。了解文件扩展名对文件的管理和操作具有重要作用。表 3-1 列出了常见文件类型的扩展名和图标。

表 3-1　常见文件类型的扩展名和图标

类型	扩展名	图标	类型	扩展名	图标
位图文件	.BMP		压缩文档	.RAR、.ZIP	
图片文件	.JPG、JPEG		文本文件	.TXT	
可执行文件	.COM、.EXE		Word 文档	.DOCX	
系统文件	.SYS		Excel 文档	.XLSX	
动态链接库	.DLL		网页文件	.HTM、.HTML	

（3）文件夹、文件夹树。

1）文件夹。文件夹是系统组织和管理文件的一种形式，文件夹的大小由系统自动分配，用户可以将文件分门别类地存放在不同的文件夹中。我们不仅可以通过文件夹组织管理文件，而且可以用文件夹管理磁盘驱动器及打印队列等各种计算机资源。

2）文件夹树。几乎所有流行的操作系统（如 Windows、UNIX、Linux），都采用树状结构的文件夹系统。

文件夹与其子文件夹之间的层层包含关系形成了文件夹树，如图 3-24 所示。"计算机"是整个文件夹树的根；它的下一级文件夹有"C:""D:""E:""F:"，"F:"的下一级文件夹有"医学信息技术"等，"医学信息技术"的下一级文件夹有"计算机""信息学""医学"。

图 3-24　文件夹树

3. 盘符

计算机中存储信息的主要设备有硬盘、光盘、移动存储器（如 U 盘、移动硬盘等）。每个设备都使用一个字母编号，该字母和冒号构成了盘符（如 C:）。通常使用硬盘前要进行分区，分区是逻辑上独立的存储区，用不同的盘符表示，因此盘符不一定对应物理上独立的驱动器。硬盘分区的盘符从"C:"开始分区，各分区依次编为 C，D，E，F，…。光驱的盘符为最后一个分区后面的字母。使用移动存储设备（如 U 盘、移动硬盘）时，按顺序继续增加盘符，安全删除移动存储设备后，相应盘符自动消失。

以前计算机的盘符是从 A 开始编号的，其中 A、B 是留给软盘驱动器的，但由于软盘已经被淘汰，因此 A、B 两个字母不再使用，这就是现在盘符从 C 开始编号的原因。

案例实施步骤

1. 资源管理器的使用

资源管理器是 Windows 7 用来管理文件的窗口，它可以显示计算机中的文件系统的树形结构。在资源管理器窗口中，左边窗格显示的是树形结构的计算机资源，右边窗格显示的是所选项目的详细内容。Windows 系统主要通过"资源管理器"窗口对计算机文件和文件夹等资源进行管理，如移动文件与文件夹、复制文件与文件夹、映射网络驱动器、维护磁盘等。

（1）启动"资源管理器"。启动"资源管理器"的常用方法有以下两种。

1）单击"开始"→"所有程序"→"附件"→"Windows 资源管理器"命令。

2）右击"开始"菜单按钮，在弹出的快捷菜单中选择"打开 Windows 资源管理器"命令。

（2）设置资源管理器风格。每个用户使用资源管理器时，都可以设置自己喜欢的界面风格，主要包括以下 3 方面的设置。

- 显示项目的方式：在打开文件夹或库时，可以更改文件在窗口中的显示方式。选择图 3-25 中的菜单命令，可以以不同的方式显示窗口中的图标，有超大图标、大图标、中等图标、小图标、列表、详细信息、平铺、内容等。还可单击"更改您的视图"按钮右侧的下拉箭头，在出现的选项中向上或向下移动滑块调整文件和文件夹图标的显示方式。

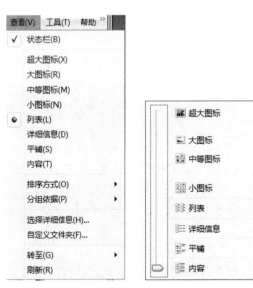

图 3-25　图标显示样式

- 状态栏设置：当"状态栏"命令前的"√"显示时，窗口下边的状态栏呈显示状态，单击取消"√"，则隐藏状态栏。
- 图标排序设置：在快捷菜单中，鼠标指向"排序方式"，弹出子菜单，可选择图标的排序方式，即按"名称""修改日期""类型""大小"排序，如图 3-26 所示。

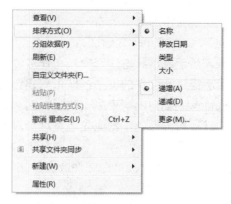

图 3-26　排序设置

2. 文件和文件夹管理

（1）新建文件和文件夹。创建文件主要是通过应用程序编辑、保存实现的，如 Word 文字处理程序、画图程序等。在资源管理器下也可以创建文件夹和文件。

执行"新建"命令有 3 种方法：

- 在程序窗口的"文件"菜单中选择"新建"命令，在弹出的菜单中选择要新建的文件夹或文件。
- 单击工具栏中的"新建文件夹"按钮，输入新文件夹的名称。
- 在程序窗口工作区域的空白处右击，在弹出的快捷菜单中选择"新建"命令，在出现的级联菜单中选择要新建的文件夹或文件。

新建文件和文件夹的步骤如下：

1）启动资源管理器，选中用来存放新文件夹的磁盘驱动器 D:。

2）窗口右窗格中，单击工具栏中的"新建文件夹"按钮，或在右窗格空白处右击，在弹出的快捷菜单中选择"新建"→"文件夹"命令，如图 3-27 所示。

图 3-27　新建文件夹

3）在文件夹内容框中出现一个名为"新建文件夹"的新文件夹，在方框中输入文件夹名 MYFILE，按 Enter 键确认。

4）双击打开 MYFILE 文件夹，继续创建它的下一级文件夹，在右窗格的空白处右击，选择"新建"→"文件夹"命令，分别创建 JSJ、TEST、YXJS 文件夹。

5）双击打开 JSJ 文件夹，在右窗格的空白处右击，选择"新建"→"Microsoft Word 文档"命令，输入文件名"WD1.DOCX"，按 Enter 键确认。

注意： 如果此时文件扩展名处于显示状态，则输入文件名时不要再输入扩展名。

在弹出的快捷菜单中选择所需建立文件的类型，即可新建该类型文件。

（2）对象的选定。在 Windows 操作中，应遵循"先选定，后执行"原则，即如果要对某个对象（如文件夹、文件等）进行相关操作，则应先选定这个对象。

对象的选定主要有以下 4 种方式：

- 选定单个对象。在文件夹内容框直接单击文件或文件夹，被选定的文件或文件夹呈反白显示。
- 选定连续的多个对象。首先单击要选定的第一个对象，然后按住 Shift 键，最后单击要选择的最后一个对象，则以所选第一个文件开始到最后一个文件结束范围内的所有对象均被选定，如图 3-28 所示。

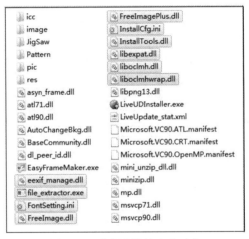

图 3-28　选定连续的多个对象

- 选定不连续的多个对象。首先单击要选定的第一个对象，然后按住 Ctrl 键，单击要选定的其他对象，则被单击的所有对象均被选定，如图 3-29 所示。

图 3-29　选定不连续的多个对象

● 取消选定对象。单击窗口空白处即可取消对文件或文件夹的选取。

（3）复制文件和文件夹。复制文件或文件夹是将一个文件夹下的文件或子文件夹复制一份到另一个文件夹，复制后将在其他位置产生同名文件或文件夹，原位置的文件或文件夹还存在。

当我们执行复制或剪切命令时，其实就是将内容放入剪贴板，粘贴实际上是将剪贴板里的内容"粘"到目的地。剪贴板是内存中的一块区域，是 Windows 内置的一个非常有用的工具，用来临时存储数据信息。剪贴板里的内容可多次粘贴，直到被新的内容替代或被清空。

执行复制命令，有以下 4 种方法，选择其中任何一种都有效：

● 选择"编辑"→"复制"命令。
● 在右键快捷菜单中选择"复制"命令。
● 按 Ctrl+C 组合键。
● 单击"组织"工具栏中的"复制"命令。

复制文件或文件夹操作步骤如下：

1）打开 MYFILE 下的 YXJS 文件夹，选中文件 A1.TXT 和 A2.TXT。
2）单击"编辑"→"复制"命令。
3）打开 TEST 文件夹。
4）单击"编辑"→"粘贴"命令。

（4）移动文件或文件夹。移动文件或文件夹是指改变文件或文件夹的存放位置。移动文件或文件夹就是将一个文件夹下的文件或子文件夹移到目标文件夹中，原来位置的文件或文件夹将不再保留。

执行移动命令有以下 4 种方法，选择其中任何一种都有效：

● 选择"编辑"→"剪切"命令。
● 在右键快捷菜单中选择"剪切"命令。
● 按 Ctrl+ X 组合键。
● 单击"组织"工具栏中的"剪切"命令。

移动文件或文件夹操作步骤如下：

1）打开 MYFILE 下的 JSJ 文件夹，选中文件 WD1.DOCX。
2）单击"编辑"→"剪切"命令。
3）打开 YXJS 文件夹。
4）单击"编辑"→"粘贴"命令。

可以使用称为"拖放"的方法复制和移动文件。首先打开包含要移动的文件或文件夹的文件夹；然后在其他窗口中打开移动目的地文件夹，将两个窗口置于桌面上，以便查看它们的内容；最后从第一个文件夹将要复制或移动的文件或文件夹拖动到第二个文件夹里。

如果是在同一个硬盘上的两个文件夹之间拖动某个文件，实现的操作是移动；如果将文件拖动到其他位置（如网络位置）中的文件夹或 U 盘等的可移动媒体中，则会复制该文件。

（5）文件和文件夹重命名。我们经常需要对文件或文件夹更名，执行重命名命令有以下 5 种方法：

● 选择"文件"→"重命名"命令。
● 在右键快捷菜单中选择"重命名"命令。
● 单击"组织"工具栏中的"重命名"命令。

- 选中文件或文件夹，然后按功能键 F2 更改名称。
- 不连续地双击文件或文件夹，即可更改名称。

文件和文件夹重命名操作步骤如下：

1）打开 MYFILE 下的 JSJ 文件夹，选中文件 WD1.DOCX。

2）选择"文件"→"重命名"命令。

3）输入新文件名 WIN1.DOCX，按 Enter 确认。

（6）删除文件和文件夹。如果不再需要某个文件或文件夹，则应该将其从计算机中删除，以便留出磁盘空间供其他文件使用。

执行删除命令的方法有以下 5 种：

- 选择"文件"→"删除"命令。
- 在右键快捷菜单中选择 "删除"命令。
- 按 Ctrl+D 组合键。
- 单击"组织"工具栏中的"删除"命令。
- 按 Delete 键。

删除文件或文件夹的操作步骤如下：

1）打开 MYFILE 下的 YXJS 文件夹，选中 A1.TXT 文件。

2）选择"文件"→"删除"命令。

3）在弹出的"删除文件"对话框（图 3-30）中单击"是"按钮，则文件或文件夹移至"回收站"，单击"否"按钮则取消删除操作。

图 3-30　"删除文件"对话框

（7）撤消。当执行了重命名、复制、移动、删除等操作后，如果发现是误操作，可以进行撤消操作。撤消的顺序与操作的顺序正好相反，也就是最后的操作最先被撤消，依此类推。

撤消有以下 3 种方式：

- 选择"编辑"→"撤消"命令。
- 按 Ctrl+Z 组合键。
- 单击"组织"工具栏中的"撤消"命令。

撤消操作步骤为单击"编辑"→"撤消"命令。

（8）文件和文件夹属性设置。每个文件和文件夹都有一定的属性信息，并且对于不同的文件类型，其"属性"对话框中的信息各不相同，如文件夹的类型、文件路径、占用的磁盘空间和创建时间等。

Windows 的文件或文件夹具有 3 种属性：只读、隐藏和存档。只读属性表示只能读取该文件或文件夹，不能进行修改，可以保护文件中的数据；隐藏属性表示该文件或文件夹将被隐藏，打开其所在窗口不显示；存档属性表示该文件或文件夹不仅可以打开阅读，而且可以修改内容并保存，一般新建或修改后的文件都具有该属性。在"属性"栏中，选择不同的选项可以更改文件的属性。

"属性设置"有以下两种方法：

● 选择"文件"→"属性"命令。

● 在右键快捷菜单中选择"属性"命令。

设置文件和文件夹属性的操作步骤如下：

1）打开 JSJ 文件夹，右击 WD2.DOCX 文件，在快捷菜单中选择"属性"命令，打开"属性"对话框。

2）勾选"只读"和"隐藏"复选框，如图 3-31 所示。单击"高级"按钮，打开"高级属性"对话框，可设置存档属性。

图 3-31 "文件属性"对话框

（9）快捷方式。当我们要访问某个对象（如文件、文件夹、程序等）时，总是要先知道它的路径，再逐级打开文件夹，如果路径级数较多，那将是一件很麻烦的事情。Windows 提供的快捷方式是指向相应对象的链接，使用它可以方便、快速地访问有关资源。创建快捷方式实际上是创建一个扩展名为.lnk 的链接，删除快捷方式不会对其链接的对象有任何影响。快捷方式可放在桌面上、文件夹中或文件夹的导航窗格（左窗格）中，直接单击就可以访问它链接的对象了。快捷方式图标上的箭头可用来区分该图标是快捷方式还是原始文件。

创建快捷方式的步骤如下。

1）选定要创建快捷方式的文件名 A2.TXT。

2）右击，从弹出的快捷菜单中选择"创建快捷方式"命令，则为该文件创建一个快捷图标，快捷图标的左下角有一个小箭头，如图 3-32 所示。

图 3-32   创建快捷方式

3）将此快捷图标复制到桌面上即可。

创建快捷方式时，从弹出的快捷菜单中选择"发送到"→"桌面快捷方式"命令，则可为该对象在桌面上创建快捷方式图标。

（10）搜索。Windows 具有强大的搜索功能，可以搜索文件、文件夹、网络上的计算机等，下面介绍文件和文件夹的搜索。

搜索文件或文件夹的操作步骤如下：

1）打开 JSJ 文件夹，在搜索框中输入搜索对象 DOCX。

2）搜索结果是 JSJ 文件夹下的所有 Word 类型文件，显示在窗口右侧，包括文件的名称、所在文件夹等信息，窗口如图 3-33 所示。

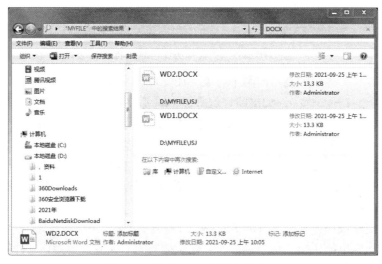

图 3-33   搜索 Word 类型文件窗口

使用搜索功能可以通过下面方式打开搜索窗口：

● 在"开始"按钮的搜索框中输入内容，如图 3-34 所示。

图 3-34　搜索窗口

● 在任何打开的窗口顶部的搜索框中搜索。搜索框位于窗口的顶部，它根据输入的文本
筛选当前视图。在搜索框中输入要查找文件名的关键词，搜索结果将显示在窗口右侧，
包括文件的名称、所在文件夹等信息，窗口如图 3-35 所示。

图 3-35　搜索窗口

除了上述介绍的搜索方式，我们还可以增加搜索条件进行精确查找。如果要基于一个或
多个属性（例如上次修改文件的日期或大小）搜索文件，则可以在搜索时使用搜索筛选器指定
属性，如图 3-36 所示。

图 3-36　搜索筛选器

可以重复执行这些步骤，建立基于多个属性的复杂搜索。每次单击搜索筛选器或值时，都会将相关字词自动添加到搜索框中。

（11）文件夹选项设置。在 Windows 中，可以使用多种方式查看窗口中的文件列表。设置文件夹选项可以设置是否显示文件的扩展名、是否显示文件提示信息、是否显示隐藏文件等。

设置文件夹选项的步骤如下：

1）在"计算机"窗口中选择"工具"→"文件夹选项…"命令，如图 3-37 所示。

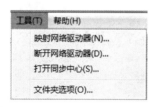

图 3-37　选择"文件夹选项"命令

2）在打开的"文件夹选项"对话框（图 3-38）中单击"查看"选项卡。该选项卡控制计算机上所有文件夹窗口中文件夹和文件的显示方式。

3）选中"隐藏已知文件类型的扩展名"复选框，文件的扩展名就会被隐藏。

● "查看"选项卡中高级设置列表框的"隐藏已知文件类型的扩展名"复选框：对于 Windows 中的有些文件，不显示其扩展名，用户也可以从图标上看出其文件类型。选中该复选框时，系统会隐藏文件的扩展名。

● "查看"选项卡中高级设置列表框的"隐藏文件和文件夹"文件夹：当选择"不显示隐藏的文件、文件夹或驱动器"单选按钮时，隐藏的文件、文件夹或驱动器将不显示，起到防止系统文件和重要文件被更改或删除的作用；当选择"显示隐藏的文件、文件夹和驱动器"单选按钮时，指定所有文件（包括隐藏和系统文件）都显示在文件列表中，隐藏文件将呈浅色显示，如图 3-39 所示。

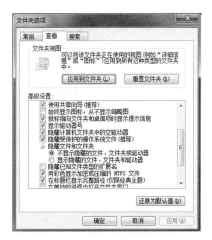

图 3-38　"文件夹选项"对话框

图 3-39　隐藏属性的文件夹和文件显示方式

（12）回收站。当用户删除文件或文件夹时，系统并不立即将其删除，而是将其放入回收站，需要这些文件或文件夹时可恢复。但回收站的容量是有限的，通常只占磁盘的 10%，当回收站内的文件总量超过这个比例时，会自动清空部分文件。

回收站的主要操作包括"还原""删除"和"清空回收站"，如图 3-40 所示。

1）还原文件或文件夹的操作步骤。

①打开"回收站"。

②选定要还原的文件或文件夹。

③选择"文件"→"还原"命令或右击快捷菜单中的"还原"命令，被选定的文件或文件将回到原来的文件夹中。

2）清空"回收站"。

● 打开"回收站"，执行"文件"→"清空回收站"命令。

● 在"桌面"上右击"回收站"，在弹出的快捷菜单中选择"清空回收站"命令。

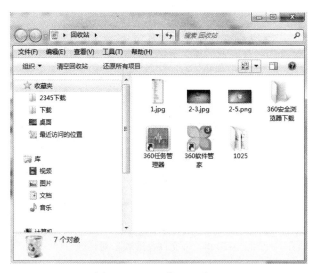

图 3-40 "回收站"窗口

如果删除文件后执行了"清空回收站"命令，或使用 Shift+Delete 组合键删除文件，那么被删除的文件就无法恢复了。从移动存储器（移动硬盘、U 盘等）中删除的文件或文件夹不会进入回收站，而是被直接删除。

3. Windows 的库

（1）认识 Windows 的库。"库"的全名为"程序库"，是指一个可供使用的各种标准程序、子程序、文件及其目录等信息的有序集合。

（2）库的启动方式。"库"有以下两种启动方式：

● 单击任务栏中"开始"菜单按钮旁边的文件夹图标。

● 进入"计算机"，单击左侧导航窗格中的"库"。

（3）库的类别。

● 文档库：用来组织和排列文字处理文档、电子表格、演示文稿以及其他与文本有关的文件。

● 音乐库：用来组织和排列数字音乐，如从音频 CD 翻录或从 Internet 下载的歌曲。

● 图片库：用来组织和排列数字图片，图片可从数码相机、扫描仪或网络上获取。

● 视频库：用来组织和排列视频，视频可来自数码相机、网络下载等。

同步训练

1. 在 D:盘创建图 3-41 所示的树形文件结构，并实现文件和文件夹的操作。

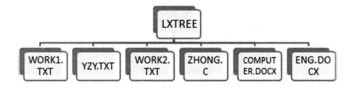

图 3-41 树形文件结构

（1）在 LXTREE 文件夹中创建一个 MYDOCX 文件夹，并在 MYDOCX 文件夹内建立两个子文件夹，分别命名为 TXT 和 DOCX。

（2）在 LXTREE 文件夹中将所有 DOCX 文件复制到新建的 DOCX 文件夹中。

（3）在 LXTREE 文件夹中将所有 TXT 文件移动到新建的 TXT 文件夹中。

（4）将 LXTREE 文件夹中的文件 ZHONG.C 更名为 ABC.DOCX。

（5）将 LXTREE 文件夹中的文件 ENG.DOCX、COMPUTER.DOCX 删除。

（6）将 LXTREE\MYDOCX 文件夹中的文件 ENG.DOCX 设置成只读、隐藏属性。

（7）将 LXTREE\MYDOCX 下的子文件夹 DOCX 删除。

（8）将 LXTREE\MYDOCX 文件夹中的文件夹 TXT 设置成隐藏属性。

（9）为 LXTREE 文件夹中的文件 ABC.DOCX 创建桌面快捷方式。

2．在 D:盘创建图 3-42 所示的树形文件夹。

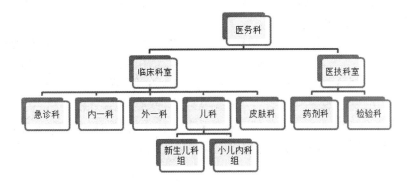

图 3-42 树形文件夹

3．找到 Windows 自带的画图程序，在桌面上为其创建快捷方式。

4．修改"文件夹选项"，显示隐藏属性的文件夹和文件。

5．设置在文件夹标题栏显示全路径。

6．设置隐藏已知文件类型的扩展名。

案例三 Windows 7 系统设置

控制面板的简单设置

案例描述

Windows 是一个庞大且复杂的操作系统，有时需要对系统进行一些设置，让计算机用起来更顺手。为了便于使用和维护计算机，有关系统设置的工具都集中在一个称为"控制面板"的文件夹中。

案例分析

用户可通过控制面板对计算机的软件、硬件及 Windows 进行系统设置，包括以下常用设置项：

（1）打开控制面板。

（2）显示设置。

（3）日期/时间设置和区域设置。

（4）键盘和鼠标设置。

（5）添加/删除程序。

（6）中文输入法的安装与使用。

（7）磁盘管理。

（8）Windows 附件的应用。

知识点分析

Windows 操作系统可以控制和设置的功能非常多，通过控制面板可以完成显示设置、日期/时间设置和区域设置、添加/删除程序和磁盘管理等。

Windows 7 支持多种中文输入法，如微软拼音、智能 ABC、搜狗拼音输入法等，用户可根据自身需求安装和使用中文输入法。

中文输入法，又称汉字输入法，是中文信息处理的重要技术。汉字输入法编码可分为音码、形码、音形码等。广泛使用的中文输入法有拼音输入法、五笔字型输入法等。目前 Windows 系统平台有搜狗拼音输入法、百度输入法、QQ 拼音输入法、极点五笔等中文汉字输入法；手机系统一般内置中文输入法，还有百度手机输入法、搜狗手机输入法、讯飞手机输入法等。

当计算机用了一段时间后，文件的存放位置就会碎片化，所以我们需要定期整理硬盘。

Windows 7 自带附件功能，可以利用附件程序进行简单文本处理、画图、统计计算、录音、视频播放等。

案例实施步骤

1. 打开控制面板

单击"开始"→"控制面板"菜单命令，打开控制面板窗口，如图 3-43 所示。

图 3-43　控制面板窗口

2. 显示设置

在控制面板窗口中单击"外观和个性化"→"显示"选项，出现"显示"窗口，如图 3-44

所示，可进行调整分辨率、调整亮度、更改显示器设置等操作。

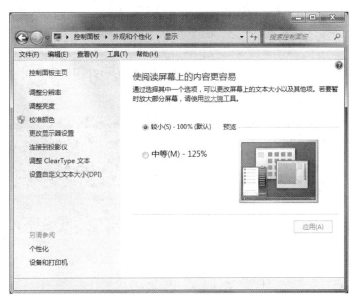

图 3-44　"显示"窗口

3. 日期/时间设置和区域设置

（1）日期和时间设置。在 Windows 的控制面板窗口中，单击"时钟、语言和区域"下的"日期和时间"，打开图 3-45 所示的"日期和时间"对话框，调整日期和时间。

（2）区域和语言选项设置。在 Windows 的控制面板窗口中，单击"时钟、语言和区域"图标，选择"区域和语言"下的"更改日期、时间或数字格式"，打开图 3-46 所示的"区域和语言"对话框，单击"其他设置"按钮，完成数字、货币、时间和日期的显示设置。

图 3-45　"日期和时间"对话框

图 3-46　"区域和语言"对话框

4. 键盘和鼠标设置

（1）键盘设置。在 Windows 的控制面板窗口中，单击"硬件和声音"，选择"设备和打印机"下的"设备管理器"，再选择"键盘"，弹出"PS/2 标准键盘 属性"对话框，如图 3-47 所示。

（2）鼠标设置。选择"硬件和声音"，再选择"设备和打印机"下的"鼠标"，弹出"鼠标 属性"对话框，如图 3-48 所示。

图 3-47　"PS/2 标准键盘 属性"对话框

图 3-48　"鼠标 属性"对话框

鼠标键：勾选"切换主要和次要的按钮"复选框，可使鼠标左、右键功能互换。可调整双击响应速度。勾选"启用单击锁定"复选框，可不用一直按住鼠标就能实现突出显示或拖动。

指针：设置鼠标形状。

指针选项：设置鼠标移动速度、轨迹等。

滑轮：设置鼠标滚轮滚动的行数。

硬件：用于设置有关的硬件属性。

5. 添加删除程序

在使用计算机的过程中，我们常需要安装或删除应用程序。如果不再使用某个程序，或者希望释放硬盘上的空间，可以从计算机上卸载该程序。可使用"程序和功能"卸载程序，或通过添加、删除某些选项来更改程序配置。

（1）安装应用程序。安装应用程序一般有以下两种方式。

1）Windows 自带的程序。Windows 附带的某些程序和功能（如 Internet 信息服务）必须打开才能使用。使用 Windows 中附带的程序和功能可以执行许多操作，一些功能默认情况下是打开的，但可以在不使用它们时关闭，如图 3-49 所示。

若要打开或关闭 Windows 功能，则依次单击"控制面板"→"程序"→"打开或关闭 Windows 功能"。如果系统提示输入管理员密码或进行确认，则输入该密码或提供确认。

若要打开某个 Windows 功能，则勾选该功能旁边的复选框。若要关闭某个 Windows 功能，则取消勾选该复选框，单击"确定"按钮。

2）其他应用程序（如 Office、各种游戏软件等）。这类应用程序一般都自带安装程序，安装程序的文件名一般为 setup.exe、install.exe 等，直接双击运行就可进行安装。

图 3-49　打开或关闭 Windows 功能

（2）删除应用程序。删除应用程序有以下两种方式。

1）打开控制面板下的"程序"，选择"卸载程序"，在"卸载或更改程序"列表框中选择要删除的程序，单击"卸载/更改"按钮即可，如图 3-50 所示。

图 3-50　卸载或更改程序

2）很多应用程序都自带卸载程序，从"开始"菜单中找到它们（一般卸载程序名是 Uninstall，或"卸载×××"），直接运行即可卸载，如图 3-51 所示。

6. 中文输入法的安装与使用

中文输入法有很多种，将所有输入法都安装在计算机中显然是没有必要的，只需安装自己需要的输入法即可。

（1）添加输入法。单击控制面板中的"区域和语言"图标，弹出"区域和语言"对话框，如图 3-52 所示，选择"键盘和语言"选项卡，在"键盘和其他输入语言"中单击"更改键盘"按钮，弹出"文本服务和输入语言"对话框，如图 3-53 所示。

图 3-51　卸载程序

图 3-52　"区域和语言"对话框

图 3-53　"文本服务和输入语言"对话框

- 在"默认输入语言"下拉列表框中选择默认输入法。
- 单击"添加"按钮，弹出"添加输入语言"对话框，可在下面的下拉列表框中选择需安装的输入语言，单击"确定"按钮。

（2）删除输入法。"已安装的服务"列表框中显示的是已经安装的输入法，选择其中之一，单击"删除"按钮即可删除。

（3）输入法切换。Windows 中默认的是英文输入状态。当我们输入文字时，时常需要输入英文字符、汉字以及各种各样的符号，难免要在各种输入法之间进行切换。

输入法的切换方式有以下两种：

1）单击任务栏右边的"输入法"按钮，在弹出的菜单中选择所需输入法，如图 3-54 所示。

2）反复按 Ctrl+Shift 组合键切换输入法，直至出现需要的输入法。

（4）输入法状态栏。选择了输入法后，桌面上（一般在屏幕右下角）会出现一个图 3-55 所示的输入法状态栏，可以通过它设置输入法。

图 3-54 输入法选择菜单

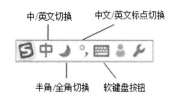

图 3-55 输入法状态栏

1）"中/英文切换"按钮。单击此按钮可在中文输入与英文输入之间切换。当此按钮为"中"字时，表示处于中文输入状态；为"英"字时，表示处于英文输入状态。要输入汉字，还要保证键盘是小写状态，在大写状态下不能输入汉字。

2）"全角/半角切换"按钮。点击此按钮进行全角和半角的切换。当按钮显示为一个圆形时，表示为全角方式；显示为一个月牙形时，表示为半角方式。在全角方式下，输入的英文字母、数字、标点符号需要占一个汉字的宽度（两个字节）；在半角方式下，输入的英文字母、数字、标点符号占一个字节。可按 Shift+空格键实现全角和半角状态切换。

3）中/英文标点切换按钮。在通常状态下只能输入英文标点符号，单击此按钮可以切换到中文标点符号。Ctrl+句号组合键也可以切换中文标点和英文标点。

4）软键盘。有时需要输入一些在键盘上找不到的特殊符号，比如数学中的大于或等于符号"≥"，此时可以借助软键盘。

（5）输入中文标点符号。我们知道，英文和中文的标点符号是有区别的，在键盘上只能找到英文的标点符号，要输入中文标点符号，需要先单击"中/英文标点切换"按钮，使该按钮从 ˙ 切换成 ˒，然后依照表 3-2 中键面符和中文标点符号的对应关系就可以输入中文标点。比如输入"\"字符可输入顿号"、"。

表 3-2 键面符和中文标点符号的对应关系表

键面符	中文标点	键面符	中文标点
.	。句号	<>	《左书名号 》右书名号
,	，逗号	()	（左括号 ）右括号
'	''单引号（自动配对）	\	、顿号
"	""双引号（自动配对）	_	——破折号
;	；分号	!	！感叹号
:	：冒号	$	¥人民币符号
?	？问号	^	……省略号

"中/英文标点切换"按钮为开关按钮，再单击使该按钮从 ॰ 切换成 ॰ 时，表示回到英文标点符号输入状态。

（6）输入特殊符号。有时我们要输入键盘上没有的符号，比如数学符号"÷"、数字序号①、②等，这时可以借助软键盘。

右击"软键盘"按钮▦，弹出软键盘菜单，如图 3-56 所示。可以看出 Windows 提供了多种特殊符号，选择其中之一会弹出相应的软键盘，比如选择"数学符号"会弹出图 3-57 所示的软键盘，单击上面的按钮或敲击相应的键即可输入特殊符号。再次单击"软键盘"按钮▦将取消软键盘，回到常规输入状态。

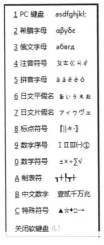

图 3-56　软键盘菜单

图 3-57　数学符号软键盘

7. 磁盘管理

当计算机用了一段时间后，程序的运行速度会越来越慢，这是由于操作计算机时，经常对磁盘上的文件进行读写、删除等操作，会使一个文件被分散保存在多个不连续的区块，分散的文件块就叫作磁盘碎片。

大量磁盘碎片会影响计算机的运行速度并降低硬盘的工作效率，还会增大数据丢失和数据损坏的可能性，所以我们需要定期整理硬盘。用户可以通过扫描磁盘、整理磁盘碎片、清理磁盘垃圾等操作，检查计算机系统中是否存在逻辑错误，可以重新合并磁盘碎片，提高磁盘的读写性能。

（1）磁盘碎片整理。使用磁盘碎片整理程序整理 C:盘碎片的操作步骤如下：

1）单击"开始"→"所有程序"→"附件"→"系统工具"→"磁盘碎片整理程序"命令，打开"磁盘碎片整理程序"窗口，如图 3-58 所示。

2）在"当前状态"列表框中选择 C:盘，单击"磁盘碎片整理"按钮，系统开始对磁盘进行碎片整理。

在整理磁盘碎片时需关闭其他应用程序，包括屏幕保护程序，在此期间不要对磁盘进行读写操作。整理磁盘碎片的频率要控制合适，过于频繁会缩短磁盘的使用寿命。一般经常读写的磁盘分区一个月整理一次。

图 3-58　"磁盘碎片整理程序"窗口

（2）磁盘清理。操作计算机时，系统会产生一些临时文件，如果不及时删除它们，长期积累后就会占用磁盘空间，并且影响系统的运行速度。

磁盘清理可以删除临时文件、清空回收站、清除 Internet 缓存文件等垃圾文件，释放磁盘空间。

使用磁盘清理工具清理 D:盘垃圾的操作步骤如下：

1）单击"开始"→"所有程序"→"附件"→"系统工具"→"磁盘清理"命令，打开"磁盘清理：驱动器选择"对话框，在"驱动器"拉列表框中选择"D:"选项，单击"确定"按钮，如图 3-59 所示。

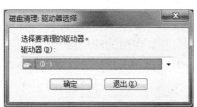

图 3-59　"磁盘清理：驱动器选择"对话框

2）打开"D:的磁盘清理"对话框，如图 3-60 所示，在"要删除的文件"列表框中选中需删除的文件类型复选框，单击"确定"按钮，开始清理磁盘。

（3）检查磁盘错误。计算机出现频繁死机、蓝屏或运行变慢，可能是由于磁盘上出现了逻辑错误。利用磁盘的差错工具，可以检测当前磁盘中是否存在逻辑错误，并可以进行自动修复，以确保磁盘中的数据安全。

使用检查磁盘错误系统工具检查 F:盘错误的操作步骤如下：

1）在 Windows 资源管理器中，右击要检查错误的磁盘 F:，在弹出的快捷菜单中选择"属性"命令，打开"可移动磁盘（F:）属性"对话框，切换到"工具"选项卡，如图 3-61 所示。

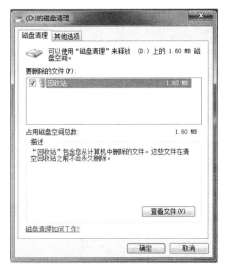

图 3-60　"(D:) 的磁盘清理"对话框　　　　图 3-61　"可移动磁盘（F:) 属性"对话框

2）单击"开始检查"按钮，打开"磁盘检查 可移动磁盘（F:)"对话框，如图 3-62 所示。选中两个复选项可在检查磁盘时自动修复文件系统错误和坏扇区。

图 3-62　"检查磁盘 可移动磁盘（F:)"对话框

8．Windows 附件的应用

Windows 7 自带一些非常方便、实用的应用程序，它们一般存在于附件组中，如"记事本""计算器""画图""Windows Media Player"等。应用 Windows 7 附件可以进行简单的文本处理、画图、统计计算、录音、视频播放等，使我们的工作更方便。

（1）记事本。记事本是一个简单的文本编辑器，用于一些简单的文本编辑，如输入、读取无格式的文本（一般为 TXT 格式），适用于编写备忘录、便条等纯文本文档。

1）创建新文件。单击"开始"→"所有程序"→"附件"→"记事本"命令进入记事本程序，并自动新建一个空白的"无标题 - 记事本"文档，窗口如图 3-63 所示。

2）打开一个文件。双击已有的文本文件（.TXT）或把文本文件拖放到"记事本"窗口，都可以自动打开这个文件。

3）保存文件。如果文件已保存过，则单击"文件"菜单中的"保存"命令即可。如是一个未存过盘的新文件，则需要输入文件名，系统自动添加扩展名 .TXT。在编辑过程中，可以选定文本块，进行剪切、复制、粘贴等操作。

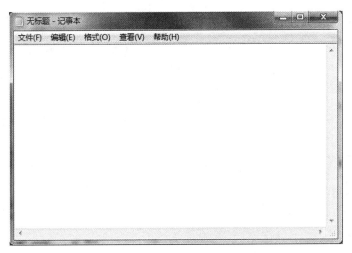

图 3-63　"记事本"窗口

（2）写字板。写字板与记事本类似，也是一个单文档用户界面的文本编辑器，但它的功能比记事本的强大，它可以设置文本格式，也可以存取 RTF（Rich Text Format）格式的文件。

单击"开始"→"所有程序"→"附件"→"写字板"命令进入写字板程序，并自动新建一个空白的写字板文档，窗口如图 3-64 所示。

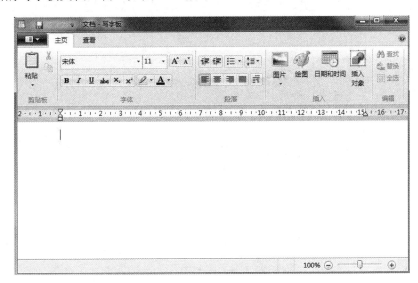

图 3-64　"写字板"窗口

（3）画图。画图是 Windows 7 的一项功能，可用于在空白绘图区域或在现有图片上绘图。画图是位图程序，可以编辑各种位图格式的图片，用户可以自己绘制图画，也可以对已有的图片进行编辑。画图中使用的很多工具都可以在"功能区"中找到，"功能区"位于"画图"窗口的顶部。

单击"开始"→"所有程序"→"附件"→"画图"命令进入画图程序，并自动新建一个空白的"无标题 - 画图"窗口，如图 3-65 所示。

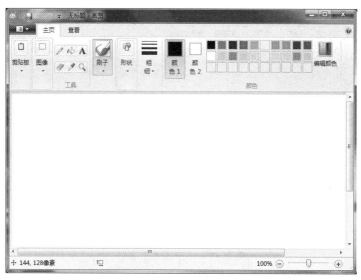

图 3-65 "画图"窗口

在"画图"窗口，工作空间也称画布，可以在此绘制图片。画布的上方是工具框和颜料盒等。绘制时，选择一种画图工具，设置颜色及线宽，就可在画布上绘制。

（4）计算器。工作中常会遇到使用计算器的情况，比如算工资、算卡路里等。Windows系统自带计算器，并可在标准型、科学型、程序员和统计信息之间进行切换。

单击"开始"→"所有程序"→"附件"→"计算器"命令启动计算器程序，如图 3-66所示。

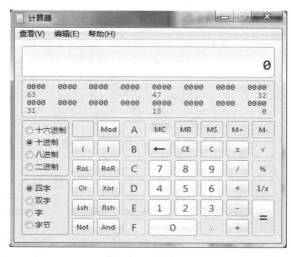

图 3-66 计算器

计算器程序启动后默认为标准型，单击"查看"菜单中的"标准型""科学型""程序员""统计信息"可以进行类型切换。标准型计算器用于进行加、减、乘、除算术运算，程序员计算器可以进行二进制、八进制、十进制、十六进制间的转换等操作。程序员模式只是整数模式，小数部分将被舍弃。运算结果可以复制到剪贴板上，再在另一个应用程序或文档中使用该结果。

（5）录音机。录音机是用于数字录音的多媒体附件，它不仅可以录制、播放声音，而且可以对声音进行编辑及特殊效果处理。在录制声音时，需要一个麦克风，大多数声卡都有麦克风插孔，将麦克风插入声卡就可以使用录音机了。

启动录音机的方法是单击"开始"→"所有程序"→"附件"→"录音机"命令，打开"录音机"对话框，如图 3-67 所示。

图 3-67　"录音机"对话框

（6）Windows Media Player。Windows Media Player 是一个通用的播放器，可用于接收当前最流行格式制作的音频、视频和混合型多媒体文件。Windows Media Player 不仅可以播放本地的多媒体类型文件，而且可以播放来自 Internet 或局域网的流式媒体文件。它可以播放扩展名为 AVI、RMI、WAV、WMA、MPG、MP3、MID、RMI 的多媒体类型文件。

启动 Windows Media Player 的方法是单击"开始"→"所有程序"→Windows Media Player 命令，打开 Windows Media Player 窗口，如图 3-68 所示。

图 3-68　Windows Media Player 窗口

同步训练

1．设置系统时间显示样式为 H:mm:ss，上午符号为 AM，下午符号为 PM。

2．设置系统数字样式：小数位数为 3，数字分组符号为 "，"。

3．添加百度输入法。

4．应用记事本输入字符 "Ⅰ㈠⑴①+－×÷●☆℃※∞≌$￥、……《》"。

5．清理系统盘 C:盘下的 "Internet 临时文件"。

6．对 C:盘进行磁盘碎片整理，并制订计划每月 8 日午夜 12 时进行磁盘碎片整理。

7．找到 Windows 自带的 notepad.exe（记事本）程序，在桌面上为其创建快捷方式。

8．使用计算器练习数制转换。

（1）将 111000B 转换为十六进制数。

（2）将 5324 转换为十六进制数。

（3）将 234 转换为二进制数。

（4）将 3C71H 转换为二进制数。

（5）将 110110B 转换为十进制数。

第4章 Word 文档编辑与排版

项目简介

Word 2016 是 Office 2016 的一个重要组件，是一款功能强大的文字处理软件，使用 Word 2016 可以很方便地创建和编辑文档。

能力目标

本项目以日常工作与生活中的应用作为案例，采用理论与实践相结合的方式讲解 Word 2016 的使用方法。要求学生能够循序渐进地学会对简单文档、图文混排文档、长文档以及表格的编辑和排版。

案例名称	案例设计	知识点
Word 2016 简单文档编辑	旅游城市简介	页面设置、字符格式、段落格式、边框和底纹、分栏、首字下沉、案例符号和编号、查找与替换、页眉页脚、保存与另存为
Word 2016 图文混排	Word 制作自荐书	页面设置、分隔符、字体格式、段落格式、插入艺术字、插入形状、插入文本框、插入图片、安装字体、设置密码
	Word 制作标准公文（红头）	
Word 2016 长文档排版	书稿排版	页面设置、插入分页和分节符、应用样式、设置奇偶不同的页眉页脚、页码格式设置、自动生成目录、打印及预览
Word 表格处理	制作考试"准考证"	建立表格、调整行高列宽、单元格合并与拆分、单元格内容编辑、表格和文字对齐方式设置、边框和底纹设置
邮件合并	制作一批成绩通知单	Word 创建成绩通知单模板、Excel 创建学生基本信息、邮件合并向导

案例一 Word 2016 简单文档编辑

案例描述

某旅行社职员为了开发德国城市旅游业务，使用 Word 整理了介绍这些主要城市的文档——"任务 1 旅游城市简介.docx"，现需要按要求对文档格式进行设置。

案例分析

1. 素材

本案例是对已有文档进行排版，需要找到原始素材"任务 1 旅游城市简介.docx"。

2. 排版要求

（1）打开素材文档"任务 1 旅游城市简介.docx"。

（2）页面设置：修改文档的页边距，上、下为 2.5 厘米，左、右为 3 厘米。

（3）设置字符格式、段落格式：对标题文字"德国主要城市"设置格式，要求见表 4-1。

表 4-1　标准设置要求

字体	微软雅黑，加粗
字号	小初
对齐方式	居中
文本效果	填充-橄榄色，强调文字颜色 3，轮廓-文本 2
字符间距	加宽，6 磅
段落间距	段前间距：1 行；段后间距：1.5 行

将正文所有段落设置为首行缩进 2 字符。

（4）设置字符格式、段落格式、边框和底纹：选中红色文字所在段落，设置格式，要求见表 4-2。

表 4-2　设置要求

字体	微软雅黑，加粗
字号	三号
字体颜色	深蓝，文字 2
段落格式	段前、段后间距为 0.5 行，行距为固定值 18 磅，并取消相对于文档网格的对齐；设置与下段同页，大纲级别为 1 级
边框	边框类型为方框，颜色为"深蓝，文字 2"，左框线宽度为 4.5 磅，下框线宽度为 1 磅，框线紧贴文字（到文字间距磅值为 0），取消上方和右侧框线
底纹	填充颜色为"蓝色，强调文字颜色 1，淡色 80%"，图案样式为 5%，颜色为自动

（5）设置分栏和首字下沉：将"法兰克福（Frankfurt）……法兰克福大学的毕业生就业竞争力排世界第十，德国第一。"4 个段落分为 2 栏，添加分隔线，栏宽默认；设置首字下沉 2 行，隶书，距正文 0.2 厘米。

（6）添加项目符号：为标题文字"德国主要城市"后的 3 个段落添加项目符号。

（7）将文中的所有 Muenchen 修改为 München。

（8）添加页眉页脚：页眉文字为"设计：自己的姓名"居中对齐，在页脚插入日期和时间，左对齐。

（9）保存文档：将编辑完成的文档另存到桌面并重命名为自己的姓名。

3. 效果图（图 4-1）

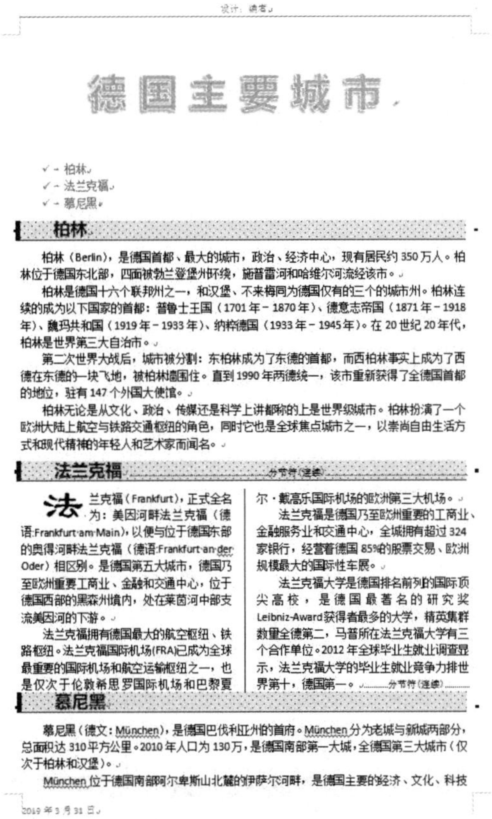
设计：读者

德国主要城市

- 柏林
- 法兰克福
- 慕尼黑

柏林

柏林（Berlin），是德国首都、最大的城市，政治、经济中心，现有居民约 350 万人。柏林位于德国东北部，四面被勃兰登堡州环绕，施普雷河和哈维尔河流经该市。

柏林是德国十六个联邦州之一，和汉堡、不来梅同为德国仅有的三个的城市州。柏林连续的成为以下国家的首都：普鲁士王国（1701 年 - 1870 年）、德意志帝国（1871 年 - 1918 年）、魏玛共和国（1919 年 - 1933 年）、纳粹德国（1933 年 - 1945 年）。在 20 世纪 20 年代，柏林是世界第三大自治市。

第二次世界大战后，城市被分割：东柏林成为了东德的首都，而西柏林事实上成为了西德在东德的一块飞地，被柏林墙围住。直到 1990 年两德统一，该市重新获得了全德国首都的地位，驻有 147 个外国大使馆。

柏林无论是从文化、政治、传媒还是科学上讲都称的上是世界级城市。柏林扮演了一个欧洲大陆上航空与铁路交通枢纽的角色，同时它也是全球焦点城市之一，以崇尚自由生活方式和现代精神的年轻人和艺术家而闻名。

法兰克福　分节符（连续）

法兰克福（Frankfurt），正式全名为：美因河畔法兰克福（德语:Frankfurt am Main），以便与位于德国东部的奥得河畔法兰克福（德语:Frankfurt an der Oder）相区别。是德国第五大城市，德国乃至欧洲重要工商业、金融和交通中心，位于德国西部的黑森州境内，处在莱茵河中部支流美因河的下游。

法兰克福拥有德国最大的航空枢纽、铁路枢纽。法兰克福国际机场(FRA)已成为全球最重要的国际机场和航空运输枢纽之一，也是仅次于伦敦希思罗国际机场和巴黎夏尔·戴高乐国际机场的欧洲第三大机场。

法兰克福是德国乃至欧洲重要的工商业、金融服务业和交通中心，全城拥有超过 324 家银行，经营着德国 85%的股票交易、欧洲规模最大的国际性车展。

法兰克福大学是德国排名前列的国际顶尖高校，是德国最著名的研究奖 Leibniz-Award 获得者最多的大学，精英集群数量全德第二，马普所在法兰克福大学有三个合作单位。2012 年全球毕业生就业调查显示，法兰克福大学的毕业生就业竞争力排世界第十，德国第一。　分节符（连续）

慕尼黑

慕尼黑（德文：München），是德国巴伐利亚州的首府。München 分为老城与新城两部分，总面积达 310 平方公里。2010 年人口为 130 万，是德国南部第一大城，全德国第三大城市（仅次于柏林和汉堡）。

München 位于德国南部阿尔卑斯山北麓的伊萨尔河畔，是德国主要的经济、文化、科技

2019 年 3 月 31 日

图 4-1　效果图

知识点分析

1. Word 编辑环境

（1）打开 Word 的方法有：

- 单击“开始”菜单按钮，单击 Word 2016 选项启动 Word，如图 4-2 所示。

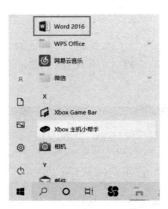

图 4-2　“开始”菜单下的 Word 2016

- 双击桌面上的快捷图标![icon]启动 Word 2016。
- 双击任一 Word 2016 文件![icon]，在打开文件的同时启动 Word 2016。

（2）进入 Word 后看到的就是 Word 2016 的工作窗口，如图 4-3 所示。

图 4-3 Word 2016 的工作窗口

- "开始"功能区（图 4-4）。"开始"功能区中包括剪贴板、字体、段落、样式和编辑 5 个组，主要用于帮助用户对 Word 2016 文档进行文字编辑和格式设置。

图 4-4 "开始"功能区

- "插入"功能区（图 4-5）。"插入"功能区包括页面、表格、插图、加载项、媒体、链接、批注、页眉和页脚、文本、符号 11 组，主要用于在 Word 2016 文档中插入各种元素。

图 4-5 "插入"功能区

- "设计"功能区（图 4-6）。"设计"功能区包括主题、页面背景等，用于帮助用户设置 Word 2016 文档格式。

图 4-6 "设计"功能区

- "布局"功能区（图 4-7）。"布局"功能区包括页面设置、稿纸、段落、排列 4 个组，用于帮助用户设置 Word 2016 文档页面样式。

图 4-7　"布局"功能区

- "引用"功能区（图 4-8）。"引用"功能区包括目录、脚注、引文与书目、题注、索引和引文目录六个组，用于在 Word 2016 文档中插入目录等比较高级的功能。

图 4-8　"引用"功能区

- "邮件"功能区（图 4-9）。"邮件"功能区包括创建、开始邮件合并、编写和插入域、预览结果和完成 5 个组，用于在 Word 2016 中进行邮件合并的操作。

图 4-9　"邮件"功能区

- "审阅"功能区（图 4-10）。"审阅"功能区包括校对、见解、语言、中文简繁转换、批注、修订、更改、比较和保护 9 个组，主要用于对 Word 2016 文档进行校对和修订等操作。

图 4-10　"审阅"功能区

- "视图"功能区（图 4-11）。"视图"功能区包括视图、显示、显示比例、窗口和宏 5 个组，主要用于帮助用户设置 Word 2016 操作窗口的视图类型，以方便操作。

图 4-11　"视图"功能区

2. 页面设置

页面设置位于"布局"功能区，包括页边距、纸张、版式、文档网格四个组。页面设置的常用操作选项和方法如下。

（1）纸张大小。文档的大小可由纸型来决定，不同的纸型有不同的尺寸，如 A4、B5 等。默认状态下，Word 2016 自动使用纵向的 A4 幅面的纸张显示新的空白文档，用户可以选择不同的纸张和方向，操作方法如下。

1）单击"布局"功能区→"页面设置"组，在对应的按钮中选择"纸张大小"下拉列表下对应的纸张，如图 4-12 所示。

2）也可单击"其他纸张大小"命令，打开"页面设置"对话框，如图 4-13 所示，选择"纸张"选项卡设置纸张大小和应用范围。

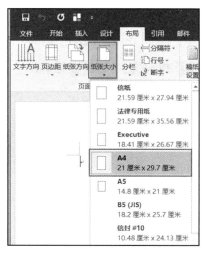

图 4-12　纸张大小

图 4-13　"页面设置"对话框

（2）纸张方向及页边距的设置。页边距指的是文档正文与页边之间的空白距离，设置方法如下。

1）选择"布局"功能区→"页面设置"组，在对应的按钮中选择"页边距"下拉列表下对应的边距设置即可，如图 4-14 所示。

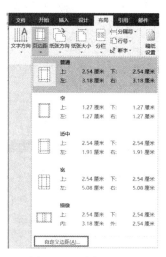

图 4-14　页边距设置

2）也可以选择"自定义边距"，打开"页面设置"对话框的"页边距"选项卡，如图 4-15 所示。

3．选取文本

在编辑排版文档时，先选中要编辑排版的文本内容，被选取的文本内容一般以反白（即蓝底白字）方式显示在屏幕上，如图 4-16 所示。

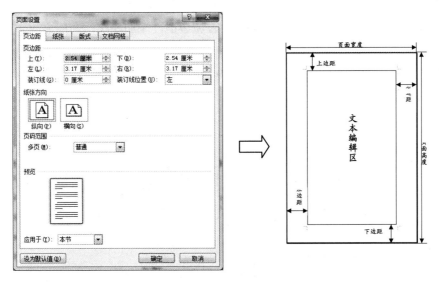

图 4-15 页边距设置

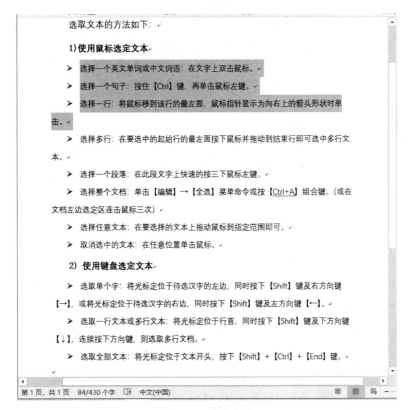

图 4-16 选取文本

4. 设置字符格式

在对文字格式化之前，必须先选定要改变格式的文字。"开始"功能区下的"字体"组提供了与字体相关的格式设置工具  ，可以快速设置字体、字号、字型（包括常规、加粗、倾斜、加粗并倾斜等），加下划线，添加边框，添加底纹，并能缩放字符、改变字符颜色。

还可以使用"字体"组右下角的"启动"按钮 打开"字体"对话框（图 4-17），设置更多的文字格式效果和字符间距效果。

图 4-17　"字体"对话框

Word 2016 的"字体"对话框提供了丰富的设置功能，在"高级"选项卡中还可以进行"缩放""间距""位置"等设置，如图 4-18 所示。

图 4-18　"高级"选项卡

5. 设置段落格式

段落是构成文章的基础，一个段落是指以回车键结束的一段图形或文字。若要指明段落排版命令适用于哪段，只要将光标定位于该段的任何位置即可。若要对多个段同时排版，则应当同时选中这些段落。段落格式包括文本对齐方式、缩进大小、行距、段落间距等。

（1）设置段落的对齐方式。Word 2016 提供了五种段落对齐方式，即左对齐、右对齐、两端对齐、居中对齐、分散对齐。用户可以利用段落工具组中的段落对齐按钮来进行段落的对齐（图 4-19）。使用时，先选定要对齐的段落，再单击对应功能按钮即可。

● 两端对齐：使左端和右端的文字对齐。这是最常用的一种对齐方式。
● 居中对齐：使当前段中的文字居中。一般用于文档的标题、图名、表名称等。
● 右对齐：使当前段中的各行沿右边界对齐。一般用于文档末尾的署名等。
● 左对齐：使当前段中的各行沿左边界对齐。
● 分散对齐：使当前段中的文字均匀地分散并在两端对齐。一般应用在英文版式中。

图 4-19　段落工具组

（2）段落缩进。段落缩进是指使段落向左或向右空出一定的位置。段落的缩进方式有四种，分别为首行缩进、悬挂缩进、左缩进和右缩进。

● 首行缩进：对段落的第一行进行缩进处理，使其文字向里缩进一定距离。
● 悬挂缩进：使某个段落中除第一行外，其余各行均向里缩进一定的距离。
● 左缩进：将段落左侧所有行均向里面移动一定的距离。
● 右缩进：段落右侧所有行均向里缩进一定的距离。

1）使用工具栏上的"缩进"按钮改变缩进量。通过格式工具栏上的"减少缩进量" 、"增加缩进量" 按钮实现。

2）利用"段落"对话框设置缩进。单击"开始"功能区中的"段落"组右下角的"启动"按钮 ，打开"段落"对话框，如图 4-20 所示。

（3）修改行间距和段间距。

1）段间距是指文章中段落与段落之间的距离。

①将光标定位到需要改变的段落。

②单击"开始"功能区"段落"组右下角的"启动"按钮 ，打开"段落"对话框。

图 4-20　"段落"对话框

③在"段落"对话框中的"间距"选择区设置"段前""段后"，同时在"预览"框中观察效果。

④设置完成以后单击"确定"按钮。

2）行间距是指某段中行与行之间的距离。

①选中需要设置的段落。

②打开"段落"对话框，通过"行距"下拉列表完成设置。

（4）分段和段落合并。

1）分段。在 Word 2016 中，是以一个回车符号是一个段落结束的标记，因此，要进行分段，只需将光标移动到要分段的地方并输入回车键即可。

2）合并段落。要合并段落，只需将回车符号删除即可。

6. 设置边框和底纹

给文档添加边框和底纹可以突出文档的内容，从而增强文档的效果。

（1）设置背景。"设计"功能区下的"页面背景"组"页面颜色"按钮，可以为整个页面设置背景，背景样式包括纯色、渐变、纹理、图案、图片填充等。

（2）设置边框。

1）选定要添加边框的段落或文本。

2）在"设计"功能区→"页面背景"组中单击"页面边框"按钮，弹出"边框和底纹"对话框，选择"边框"选项卡，如图 4-21 和图 4-22 所示。

图 4-21　页面边框工具栏

图 4-22　"边框和底纹"对话框

3）在"设置"区域选择边框的样式，在"样式"列表框中选择需要的线型，在"颜色"列表框中选择需要的颜色，在"宽度"下拉列表框中选择需要的线宽。

4）在"预览"区域选择要添加边框的位置，在"应用于"下拉列表框中选择"文字"或"段落"选项，注意文字边框和段落边框的区别是很大的。

5）如果要为整个文档添加页面边框，则在"边框和底纹"对话框中选择"页面边框"选项卡。

6）设置完毕，单击"确定"按钮。

（3）添加底纹。

1）选中要添加底纹的文本或段落。

2）在"设计"功能区→"页面背景"组中单击"页面边框"按钮，弹出"边框和底纹"对话框，选择"底纹"选项卡，如图 4-23 所示。

图 4-23　"边框和底纹"对话框

7. 格式刷

Word 提供的 格式刷 工具可以快速复制格式（字体格式、段落格式）。方法是选中已设置好格式的文本或段落，单击或双击"开始"选项卡"剪贴板"工具组中的"格式刷"按钮，此时鼠标变成刷子形状，选取需要设置格式的文本或段落，可完成文本或段落格式的快速复制。

8. 分栏

Word 2016 提供了分栏排版功能，可对文档设置多栏版式。多栏版式类似于报纸的排版方式，可使文档更容易阅读，版面更加美观。

（1）选中需要分栏的文本。若对整篇文档进行多栏排版，则不需要该步骤。

（2）在"布局"功能区下的"页面设置"组中单击"分栏"按钮，直接选择分栏数，也可以选择"更多分栏"选项，打开"分栏"对话框，选择所需的栏数，设置好后，单击"确定"按钮。分栏如图 4-24 和图 4-25 所示，分栏效果如图 4-26 所示。

图 4-24　分栏工具栏

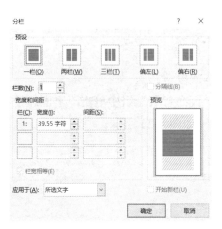

图 4-25　"分栏"对话框

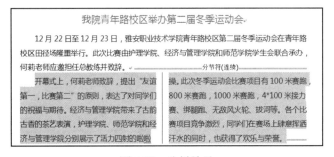

图 4-26　分栏效果

9. 首字下沉

首字下沉就是对某个段落开头的第一个字进行特殊设置（字形、字体、字号、颜色设置等），起到醒目的作用，常为报刊、杂志的排版所采用。

（1）单击"插入"功能区下的"文本"组，选择"首字下沉"→"首字下沉选项"，如图 4-27 所示，打开"首字下沉"对话框，如图 4-28 所示。

图 4-27　首字下沉工具栏

（2）在"首字下沉"对话框中可选择下沉的方式，图中选择的是首字"下沉"方式，字体为"华文行楷"，下沉行数为 3，距正文 0 厘米。

图 4-28　"首字下沉"对话框

（3）单击"确定"按钮，效果如图 4-29 所示。

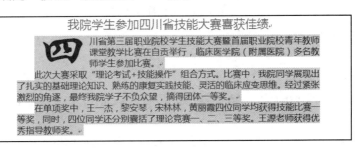

图 4-29　首字下沉效果

10．项目符号和编号

项目符号和编号是对文本起强调作用的符号标记，使用项目符号和编号可使文档项目层次和结构更加清晰。

（1）录入文本时自动创建项目符号和编号。

1）在录入文本时，可在文本前输入"1." "1)" "一、"等。

2）输入空格，再输入所需的文本。

3）按 Enter 键添加下一个项目时，Word 会自动插入一个项目符号或编号。

当要结束列表时，按 Backspace 键删除列表中的最后一个项目符号或编号。

（2）对已有的文本添加项目符号或编号。

1）选定要处理的段落。

2）选择"开始"功能区下的"段落"组，单击"项目符号" "编号"和"多级列表"右边的下拉按钮，在下拉菜单中选择对应的选项。图 4-30 所示是项目符号示例，编号和多级列表操作方法类似。

当对 Word 提供的项目符号不满意时，可单击"项目符号"下拉列表中的"定义新项目符号"按钮，根据显示的对话框进行选择。

11．替换

在文档中查找某些文字或者用其他内容替换查找到的内容，是用户在编辑排版过程中的常见操作之一。查找与替换的对象主要包括文字、短语或词组，指定的格式，特殊字符，等等。

图 4-30　项目符号示例

（1）查找。利用"查找"功能可以在文档中快速找到指定的内容，并确定其出现的位置，操作步骤如下：

1）选择要查找的文字。

2）单击"开始"→"编辑"→"查找"命令，或按 Ctrl+F 组合键，在左侧打开的"导航"窗格中查看查找结果。

3）也可以选择"高级查找"命令，在打开的对话框中设置查找内容和格式等。

（2）替换。利用"替换"功能，可以快速地用指定内容替换已查找到的内容。

1）单击"开始"→"编辑"→"替换"命令，或按 Ctrl+H 组合键，打开"查找和替换"对话框，如图 4-31 所示。

图 4-31　"查找和替换"对话框

2）在"查找内容"编辑框中输入需要查找的内容，例如输入"计算机"；在"替换为"编辑框中输入新的内容，例如输入"电脑"，即用"电脑"替换文档中的"计算机"。

3）单击"替换"按钮或"全部替换"按钮，以实现不同的替换操作。

（3）高级查找与替换。若要查找的文本对象或替换后的文本内容带有指定的特殊格式，则须单击"查找和替换"对话框中的"更多"按钮实现。

例：将当前文档中的"电脑"全部替换为"计算机"，且替换后"计算机"词组的格式要求为黑体、红色、加粗、一号。

操作步骤如下：

1）单击"开始"→"编辑"→"替换"命令。

2）在"查找内容"编辑框中输入"电脑"，"替换为"编辑框中输入"计算机"。

3）选定替换栏中的"计算机"词组，单击 更多(M)>> 按钮。

4）选择"更多"按钮中的"格式"命令（图 4-32）。

图 4-32　替换中的高级选项

5）选择"格式"命令中的"字体"选项，在"替换字体"对话框中设定指定字体格式，单击"确定"按钮。

6）单击"全部替换"按钮。

12．页眉页脚

页眉页脚设置

在编排文档时，用户都希望自己的版面更加新颖。用户可以在文档的顶部和底部分别添加页眉和页脚，并在其中插入页码、文档标题和文件名等文档附加信息（页眉位于文档每页的顶部，页脚位于每页的底部）。

Word 2016 可以给文档的所有页建立相同的页眉和页脚，也可以在文档的不同部分使用不同的页眉和页脚。在进行图书、论文等长文档编辑时，如果用户希望文档的每章具有不同的页眉和页脚，则需在每章结束的位置插入"分节符"，便于给每章单独设置页眉、页脚。

为了便于阅读和查找，我们还可以给文档的每页加上页码，一般情况下，页码放在页眉或页脚中。

（1）插入页眉和页脚。

1）将光标放到需要添加页眉和页脚的节中。

2）单击"插入"，在"页眉和页脚"组选择对应的页眉页脚或页码按钮，如图 4-33 所示。

3）单击页眉后出现图 4-34 所示的页眉页脚工具，在这个设计区域完成相关设置。

图 4-33 插入页眉和页脚

图 4-34 页眉页脚工具

（2）插入页码。

1）单击"插入"→"页眉和页脚"→"页码"命令，选择相应选项即可，如图 4-35 所示。

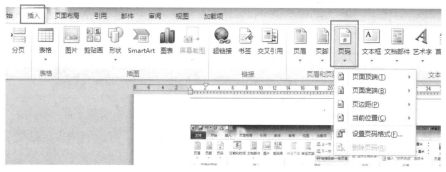

图 4-35 插入页码

2）如果选择"设置页码格式"命令，则弹出"页码格式"对话框，如图 4-36 所示，在此对话框中设置页码的格式。

图 4-36 "页码格式"对话框

双击页码所在的页眉或页脚区即可在页眉和页脚编辑状态下修改或删除页码。

案例实施步骤

1. 打开素材文档

在计算机中找到要打开的素材文件"任务 1 旅游城市简介.docx"并双击，在 Word 中打开该文档。

2. 页面设置

单击"布局"功能区，单击页面设置组的右下角"启动"按钮，打开"页面设置"对话框，单击"页边距"选项卡，修改文档的页边距，上、下为 2.5 厘米，左、右为 3 厘米。

3. 设置字符格式、段落格式

（1）设置字符格式。选中标题段文字，单击"开始"功能区下"字体"组右侧的"启动"按钮，打开"字体"对话框进行设置，如图 4-37 和图 4-38 所示。文字效果设置如图 4-39 所示。

图 4-37　"字体"选项卡　　　　　　　图 4-38　"高级"选项卡

图 4-39　文字效果

（2）设置标题段落格式。选中标题段落，在"开始"功能区的"段落"组右侧单击"启动"按钮，打开"段落"对话框设置段前间距和段后间距，如图 4-40 所示。

选中除标题以外的所有段落，打开"段落"对话框，设置"特殊格式"中的"首行缩进"，如图 4-41 所示。

图 4-40　"段落"对话框　　　　　图 4-41　设置首行缩进

4. 设置字符格式、段落格式、边框和底纹

（1）设置字符格式。选中红色文字"柏林"，通过"字体格式"工具栏设置字体为"微软雅黑"，字形为"加粗"，字号为"三号"，字体颜色为"深蓝，文字 2"。

（2）设置段落格式。选中"柏林"所在段落，通过"段落"对话框设置段前、段后间距为 0.5 行，行距为固定值 18 磅，并取消相对于文档网格的对齐；设置与下段同页，大纲级别为 1 级，如图 4-42 所示。

图 4-42　设置段落格式

（3）设置边框。选中要设置边框的"柏林"段落，在"段落"组中单击"边框"下拉列表中的"边框和底纹"命令，打开"边框和底纹"对话框，如图 4-43 所示，选择"边框"选项卡。

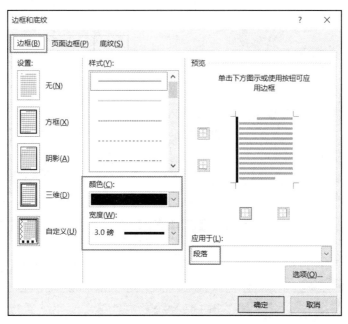

图 4-43　"边框和底纹"对话框

（4）设置底纹。选中要设置底纹的"柏林"段落，在"段落"组中单击"边框"下拉列表中的"边框和底纹"命令，打开"边框和底纹"对话框，选择"底纹"选项卡，如图 4-44 所示。

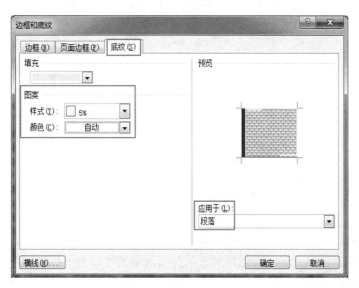

图 4-44　"底纹"选项卡

（5）复制格式。选中设置好格式的"柏林"段落，单击"开始"选项卡中"剪贴板"组的"格式刷"按钮，将格式复制给其他红色文字所在的段落，如图 4-45 所示。

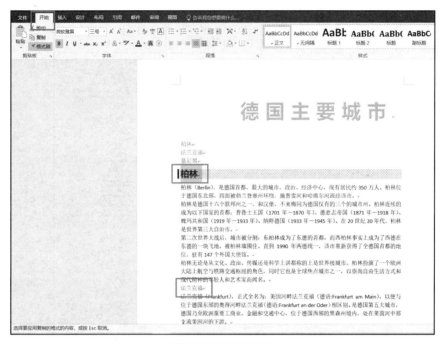

图 4-45　复制格式

5．设置分栏和首字下沉

（1）分栏设置。选中要分栏的段落，切换到"布局"功能区，单击"页面设置"组中的"分栏"按钮，在下拉列表中单击"更多分栏"选项，设置如图 4-46 所示。

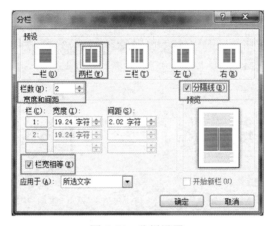

图 4-46　分栏设置

（2）首字下沉设置。将光标定位在要设置首字下沉的段落中，单击"插入"功能区，在"文本"组中单击"首字下沉"按钮，单击下拉列表中的"首字下沉选项"命令，打开"首字下沉"对话框，如图 4-47 所示。

图 4-47　"首字下沉"对话框

6. 添加项目符号

选中要设置项目符号的段落，单击"开始"功能区，在"段落"组中单击"项目符号"下拉列表，从中选择一个符号即可，如图 4-48 所示。

图 4-48　选择项目符号

7. 替 换

单击"开始"功能区，在"编辑"组中选择"替换"命令，弹出"查找和替换"对话框，在"查找内容"编辑框中输入 Muenchen，在"替换为"编辑框中输入 München，如图 4-49 所示。

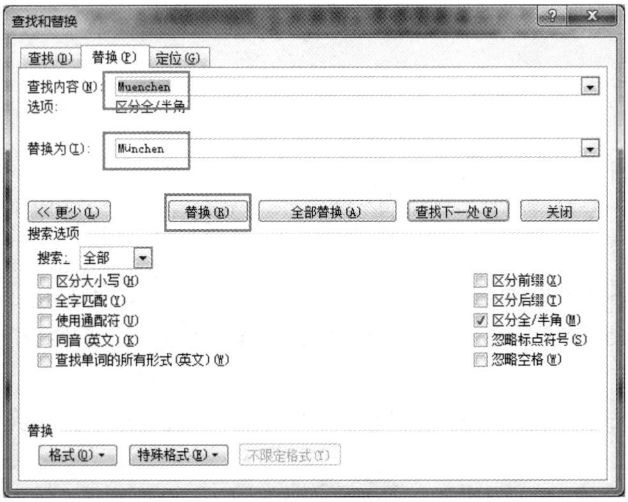

图 4-49　替换

8. 添加页眉页脚

单击"插入"功能区，在"页眉和页脚"组中选择"页眉"下拉按钮，从列表中选择一种内置样式或单击"编辑页眉"选项，进入页眉页脚编辑状态，在页眉位置输入内容。可以通过"开始"功能区的"段落"组中的按钮设置页眉对齐方式。页眉编辑完成后，单击"页眉和页脚工具"中"设计"工具栏的"转至页脚"按钮切换到页脚位置，用相同方法设置页脚，如图 4-50 和图 4-51 所示。

图 4-50　设置页眉

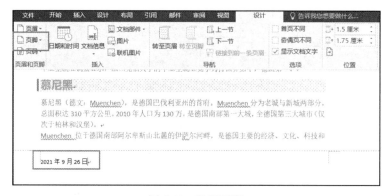

图 4-51　设置页脚

同步训练

1. 打开"同步训练 1-1 样文.docx"，按下列要求排版。

（1）页面设置。设置页边距：上 2.8 厘米，下 3.0 厘米，左 3.2 厘米，右 2.7 厘米，装订线 1.4 厘米。

（2）设置艺术字。设置标题为艺术字，艺术字式样为第 1 行第 4 列，字体为隶书，文本效果为波形 1（第 5 行第 1 列），艺术字形状样式为填充浅绿色，环绕方式为四周型，环绕位置为右边。

（3）设置栏格式。设置正文第 1～3 段为两栏偏左格式，第 1 栏栏宽为 3.5 厘米，间距为 1.5 厘米，在栏间添加分隔线。

（4）设置边框（底纹）。设置正文最后一段底纹，图案样式为 15%；边框设置为方框，宽度为 1.5 磅。

（5）设置页眉。顺序添加符号或页眉文字，并在相应位置插入页码。

样文效果如图 4-52 所示。

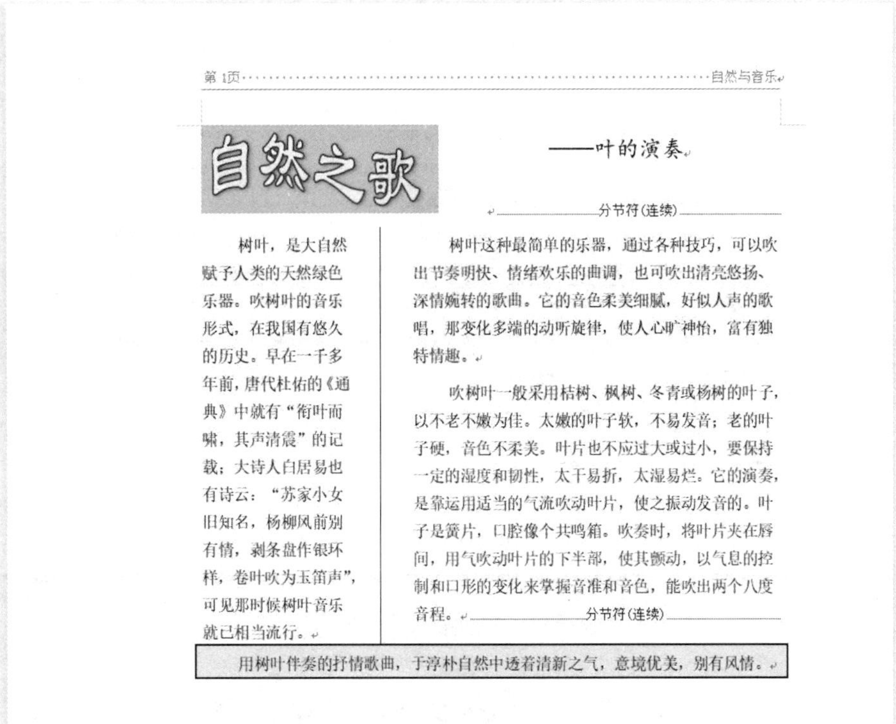

第 1页……………………………………………………………自然与音乐

自然之歌

——叶的演奏

分节符(连续)

树叶，是大自然赋予人类的天然绿色乐器。吹树叶的音乐形式，在我国有悠久的历史。早在一千多年前，唐代杜佑的《通典》中就有“衔叶而啸，其声清震”的记载；大诗人白居易也有诗云：“苏家小女旧知名，杨柳风前别有情，剥条盘作银环样，卷叶吹为玉笛声”，可见那时候树叶音乐就已相当流行。

树叶这种最简单的乐器，通过各种技巧，可以吹出节奏明快、情绪欢乐的曲调，也可吹出清亮悠扬、深情婉转的歌曲。它的音色柔美细腻，好似人声的歌唱，那变化多端的动听旋律，使人心旷神怡，富有独特情趣。

吹树叶一般采用桔树、枫树、冬青或杨树的叶子，以不老不嫩为佳。太嫩的叶子软，不易发音；老的叶子硬，音色不柔美。叶片也不应过大或过小，要保持一定的湿度和韧性，太干易折，太湿易烂。它的演奏，是靠运用适当的气流吹动叶片，使之振动发音的。叶子是簧片，口腔像个共鸣箱。吹奏时，将叶片夹在唇间，用气吹动叶片的下半部，使其颤动，以气息的控制和口形的变化来掌握音准和音色，能吹出两个八度音程。分节符(连续)

用树叶伴奏的抒情歌曲，于淳朴自然中透着清新之气，意境优美，别有风情。

图 4-52　同步训练 1-1 样文效果

2．打开“同步训练 1-2 样文.docx”，按下列要求排版。

（1）将标题设置为黑体、二号字、加粗、居中。

（2）将正文中的序号“1.”“2.”“3.”分别用（1）（2）（3）替换。

（3）将正文设为隶书、小四号；正文每段首行缩进 2 个字符；行距设置为 1.75。

（4）将正文中的“非法连接”设置为红色。

（5）将正文中的“数据”替换成“信息”。

（6）为页面加一个艺术型边框。

（7）将正文中所有的“信息”两个字设置为红色、加粗、倾斜、加着重号。

（8）将小标题号（1）、（2）、（3）位置提升 6 磅。

（9）为正文中的第三段添加红色 4.5 磅阴影边框。

（10）将正文中的第二段分成三栏，栏宽相等，且要分隔线。

（11）将正文中的第二段中的首字下沉 4 行；字体为隶书。

（12）插入页眉，内容为标题文字。

（13）插入页码。要求页码居中，在页脚位置。

（14）给正文加“禁止复制”水印，字体为隶书、颜色为红色半透明、输出为斜线。

样文效果如图 4-53 所示。

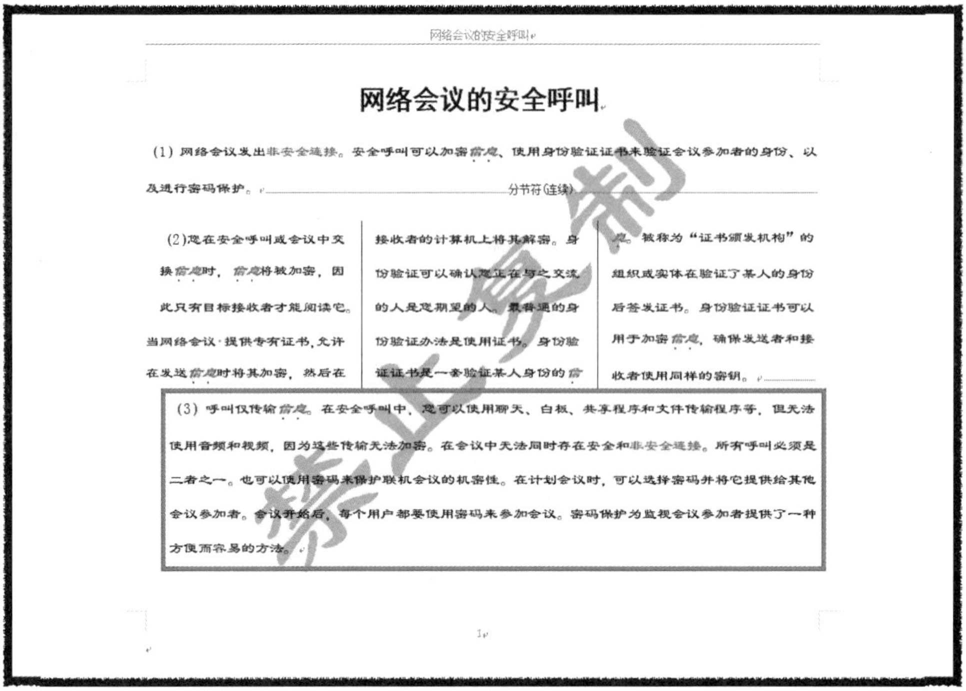

图 4-53　同步训练 1-2 样文效果

案例二　Word 2016 图文混排

一、Word 制作自荐书

案例描述

你是一名即将毕业的大学生，正准备找工作，首先需要制作一份自荐书，一份好的自荐书会给招聘者留下良好的第一印象。

案例分析

1. 自荐书内容

自荐书一般应包括三部分：封面、自荐信和个人简历，内容主要包括申请求职的背景、个人基本情况、个人专业强项与技能优势、求职的动机与目的等。

2. 自荐书制作步骤

（1）制作封面，设计好封面的布局，封面上的内容主要是求职者的毕业学校、专业、姓名、联系电话等。

（2）制作自荐信，用文字叙述自己的爱好、兴趣、专业等，要注意自荐信内容、应用的字体、字号及行间距、段间距等，目的是使自荐书的内容在页面中分布合理。

（3）制作个人简历，用表格介绍学习经历、工作经历等，包括个人基本情况、联系方式、受教育情况等内容，最好以表格的形式呈现。

3. 操作流程图（图 4-54）

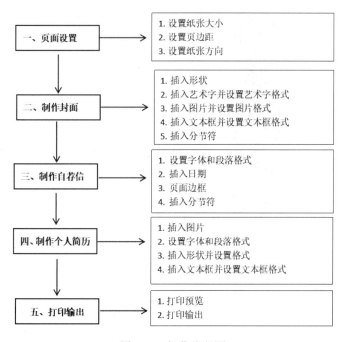

图 4-54　操作流程图

4. 效果图（图 4-55）

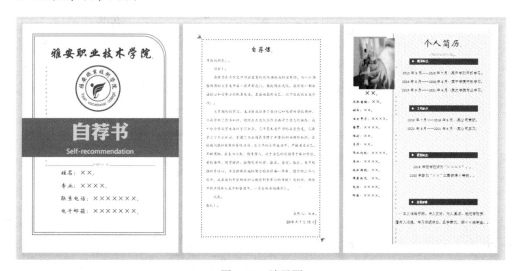

图 4-55　效果图

知识点分析

1. "文件"按钮

"文件"按钮是一个类似于菜单的按钮，位于 Word 2016 窗口左上角。单击"文件"按钮可以打开"文件"面板，包含"信息""新建""打开""保存""另存为""打印""共享""关闭"等常用命令，如图 4-56 所示。

图 4-56　"文件"面板

（1）在默认打开的"信息"面板中，用户可以进行旧版本格式转换、保护文档（包含设置 Word 文档密码）、检查问题和管理自动保存的版本。

（2）打开"新建"面板，用户可以看到丰富的 Word 2016 文档类型，包括"空白文档""博客文章""书法字帖"等内置文档类型。用户还可以通过 Office.com 提供的模板新建"会议日程""证书"等实用文档。在 Word 2016 环境下，建立文档有以下 3 种方法。

1）自动新建 Word 文档。当进入 Word 2016 以后，系统会自动创建一个新的 Word 文档，该文档的文件名默认为"文档 1"，显示在标题栏中。用户可直接在文档窗口进行编辑工作。

2）使用工具栏"新建"按钮自动创建一个文档，如图 4-57 所示。

图 4-57　"新建"按钮

3）执行"新建"命令来新建文档。单击"文件"按钮中的"新建"命令，或按 Ctrl+N 组合键。系统会显示"可用模板"，选择"空白文档"→"创建"命令即可，如图 4-58 所示。

（3）选择"共享"命令，用户可将 Word 2016 文档发送到博客文章，也可以实现多人共享编辑。

（4）选择"文件"面板中的"选项"命令，可以打开"Word 选项"对话框。在"Word 选项"对话框中可以调整 Word 2016 中的功能或参数。

（5）打开"打开"面板，用户可再次使用已创建并存盘的文档，将其内容调入当前文档窗口。

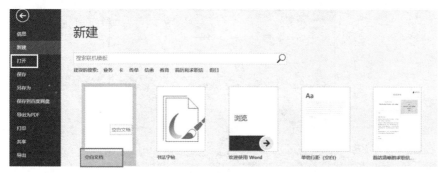

图 4-58　新建文档窗口

1）直接在"我的电脑"中选择需要打开的驱动器、文件夹及文档，双击需要打开的文档名。

2）在 Word 2016 的工作环境下打开文档，如图 4-59 所示。

图 4-59　打开文档对话框

（6）打印。单击"文件"按钮下的"打印"命令，在窗口的右边就会显示出文件实际打印效果。用户可在图 4-60 所示窗口完成打印设置，如设置打印范围、份数、纸张和是否双面打印等。

2. 输入文本

新建一个空白文档后，就可以输入文本了。在窗口的左上角有一个闪烁着的黑色竖条叫插入点，当输入文本时，插入点自左向右移动。如果输入了一个错误的字符或汉字，那么可以按 Backspace 键删除该错字，再继续输入。

Word 2016 有自动换行功能，当输入到达设定好的指定行宽时，不必按 Enter 键，Word 2016 会自动换行，只有想要另起一个新的段落时才按 Enter 键。

（1）输入法的选定。Word 文档既可以输入汉字，又可以输入英文，中/英文输入法的切换方法如下。

1）单击任务栏右端的"语言指示器"按钮。

2）按 Ctrl+"空格"组合键可以在中/英文输入法之间切换；按 Ctrl+Shift 组合键可以在各种输入法之间循环切换。

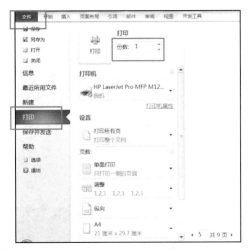

图 4-60　打印

（2）录入文本内容。

1）"即点即输"功能。单击"文件"按钮中的"选项"命令，打开"Word 选项"对话框，单击"高级"命令，勾选"即点即输"复选框，单击"确定"按钮。

2）特殊符号的输入。在录入文本时，可能要输入一些键盘上没有的特殊符号（如俄文、日文、希腊文字符、数学符号、图形符号）等，如果键盘或软键盘无法完成输入，可用"插入"功能区下的"符号"→"其他符号"解决，如图 4-61 和图 4-62 所示。

图 4-61　插入符号工具栏

图 4-62　"符号"对话框

3）日期时间的输入。在 Word 文档中，可以直接输入日期和时间，也可以通过"插入"功能区，选择"文本"栏下的"日期和时间"命令完成，如图 4-63 所示。

图 4-63　插入日期时间

3．插入文本

在编辑文件的过程中，我们经常需要在原有文本的基础上插入新的内容。

（1）使用鼠标键盘在插入点输入新的内容。

1）单击定位后输入内容。

2）使用"开始"→"替换"→"定位"命令。

3）键盘快速定位插入点。

操作键及其作用见表 4-3。

表 4-3　操作键及其作用

操作键	作用
←或→	向左或向右移动一个字符
↑或↓	向上或向下移动一行
Home	移至行首
End	移至行尾
PgUp	向上移动一屏
PgDn	向下移动一屏
Ctrl+PgUp	移到上页顶端
Ctrl+PgDn	移到下页顶端
Ctrl+Home	移到文档开头
Ctrl+End	移到文档末尾

（2）将指定文档内容插入当前文档。单击"插入"功能区，选择"文本"→"对象"→"文件中的文字"命令，如图 4-64 所示。

图 4-64　插入文件选项

4．选取文本

在编辑排版文档时，首先要选中要编辑排版的文本内容。被选取的文本内容一般以反白（即蓝底白字）方式显示在屏幕上。选取文本的方法如下。

（1）使用鼠标选定文本。

● 选择一个英文单词或中文词语：在文字上双击。

● 选择一个句子：按住 Ctrl 键，再单击。

- 选择一行：将鼠标移到该行的最左面，鼠标指针显示为向右上的启动按钮时单击。
- 选择多行：在要选中的起始行的最左边按下鼠标并拖动到结束行。
- 选择一个段落：在此段文字上快速地按三下鼠标左键。
- 选择整个文档：单击"编辑"→"全选"菜单命令或按 Ctrl+A 组合键，或在文档左边选定区单击鼠标三次。
- 选择任意文本：在要选择的文本上拖动鼠标到指定范围。
- 取消选中的文本：在任意位置单击。

（2）使用键盘选定文本。

- 选取单个字：将光标定位于待选汉字的左边，同时按下 Shift 键及右方向键→，或将光标定位于待选汉字的右边，同时按下 Shift 键及左方向键←。
- 选取一行文本或多行文本：将光标定位于行首，同时按下 Shift 键及下方向键↓，连续按下方向键，则选取多行文档。
- 选取全部文本：将光标定位于文本开头，按下 Shift+Ctrl+End 组合键。

5. 常用的编辑命令

（1）复制文本。复制文本是 Word 编辑排版的常用操作，文本复制可在一个文档内、多个文档之间或者不同的应用程序间完成。可使用剪贴方式（先复制再粘贴）复制文本，也可使用鼠标拖动方式复制文本（当在同一页内复制文本时，可用鼠标左键拖动所选文本不松手，并同时按下 Ctrl 键，然后拖动鼠标至需要复制的位置，完成文本复制操作）。

（2）移动文本。如果想将当前文档中某段文本移动到另一处，可使用剪贴方式（先剪切再粘贴）移动文本，也可使用鼠标拖动方式移动文本（用鼠标左键拖动所选文本不松手，然后拖动鼠标将文本移动至所需位置）。

（3）删除文本。

1）选取要删除的文本内容。

2）单击"开始"功能区的"剪切"按钮，或直接按 Delete 键，即可完成文本的删除。

（4）撤消与恢复。对于文本的删除、复制或移动等操作，Word 会自动记录下每次操作以及内容的改变情况，用户利用 Word 的撤消（Ctrl+Z）和恢复（Ctrl+Y）功能，可以灵活方便地放弃现有的修改操作，恢复以前某次操作时的内容。

6. 插入功能区

插入功能区包括形状、图片、艺术字、文本框、表格等，如图 4-65 所示。Word 2016 提供了强大的图文混排功能。在 Word 文档中除了文字内容外，还可以加入精美的图案、图片、艺术字、文本框等来丰富文本，使编辑出的文档图文并茂，更加形象生动。

图 4-65　插入功能区

（1）插入图片。

1）光标插入点定位到当前文档要插入图片的位置。

2）单击"插入"→"图片"命令，打开"插入图片"对话框。

　　3）找到要插入的图片所在文件夹，选择图片文件的类型，再在文件列表中选中要插入的图片文件名，单击"插入"按钮，完成图片的插入。

　　4）插入图片之后，可对它进行格式设置，如设置图片位置、缩放、裁剪、图片环绕方式等。

　　方法 1：在图片上单击，标题栏上出现"图片工具/格式"，单击"图片工具/格式"按钮，弹出图片编辑工具栏，如图 4-66 所示，单击相应的按钮即可对图片进行设置。

图 4-66　图片工具栏

　　方法 2：在图片上右击，选择"设置图片格式"命令，在弹出的"设置图片格式"栏中进行设置，如图 4-67 所示。

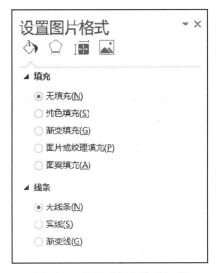

图 4-67　设置"图片格式"栏

　　（2）插入和编辑艺术字。

　　1）插入艺术字。艺术字可以使标题更加活泼、美观。

　　①光标插入点定位到当前文档要插入艺术字的位置。

　　②单击"插入"→"文本"→"艺术字"按钮，打开"艺术字库"下拉列表，如图 4-68 所示。在列表中单击选择一种艺术字样式，弹出"编辑艺术字"对话框。

　　③在"文本"编辑框中输入要编辑的文字内容，然后设置"字体"和"字号"。

　　④在列表中选择所需字体和字号，其艺术字效果会在"文字"框中显示出来。单击"确定"按钮，将艺术字插入文档。

图 4-68　插入艺术字

2）编辑艺术字。单击选中插入的艺术字，弹出"绘图工具/格式"功能区，如图 4-69 所示，使用其中的"艺术字样式"组编辑艺术字。

图 4-69　艺术字工具

（3）绘制和编辑自定义图形。在 Word 2016 文档中除了可以插入图片外，还可以绘图。利用绘图工具可以绘制包括基本图形和自选图形在内的各种图形，并可以设置填充颜色、阴影等。

1）单击"插入"→"形状"下拉按钮，弹出绘制形状的工具栏，如图 4-70 所示。

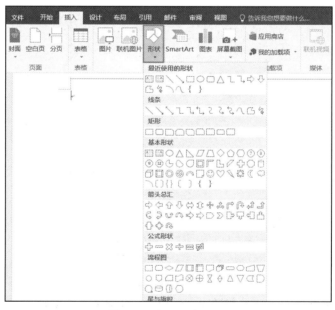

图 4-70　插入形状工具

2）单击"形状"工具栏中的相应图形按钮，将鼠标指针移到要插入图形的位置，此时鼠标指针变成十字形，拖曳鼠标到所需大小。若要保持图形的高度和宽度成比例，在拖曳时按住 Shift 键即可。

3）画出图形后单击图形，标题栏处可显示绘图工具格式，如图 4-71 所示。利用它可设置图形的形状、阴影、三维、排列、大小等。

图 4-71　绘图工具

4）也可以右击图形，在弹出的快捷菜单中选择"设置形状格式"命令，打开"设置形状格式"栏，对图形进行填充、线条、效果、布局的设置。

5）组合图形。在编排图形时，经常需要把多个图形组合在一起。选中要组合的多个图形（按下 Ctrl 键分别选定）并右击，在弹出的快捷菜单中选择"组合"命令，即可组合图形，经过组合后多个图形就成为一个整体。

（4）插入和使用文本框。灵活使用 Word 2016 提供的文本框，能将指定的文字、表格、图形、图片等按用户意愿放入当前文档任何的位置，同时文字能以不同的方式排列和移动。

用户可以插入横排文本框（即文本横向显示），也可以插入竖排文本框（即文本竖向显示）。

1）插入文本框。

①单击"插入"→"文本框"下拉按钮，出现插入文本框选项，如图 4-72 所示。

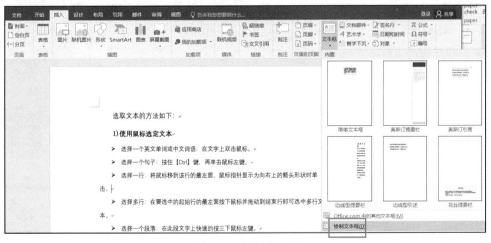

图 4-72　插入文本框

②选择相应的选项，此时鼠标指针变成十字形，移动鼠标指针到当前文档的指定位置，按住鼠标左键拖动，即可绘制一个空的文本框。

③插入点移入文本框，即可在文本框内输入指定内容。

④单击文本框后，在标题栏上会显示"绘图工具/格式"，如图 4-73 所示，可在此设置文本框格式。

图 4-73　文本框工具

2）删除文本框。

①选定要删除的文本框。

②按下 Delete 键将其删除。

（5）插入 SmartArt 图形。插图和图形比文字更有助于读者理解和记忆信息，Word 2016 提供了 SmartArt 图形，制作 SmartArt 图形能更轻松、快捷、有效地传播信息。

1）单击"插入"功能区，单击"插图"组中的 SmartArt 按钮，打开"选择 SmartArt 图形"对话框，在图形库中选择"类别"和"名称"，图 4-74 中选择的是层次结构图类别中的组织结构图，单击"确定"按钮。

图 4-74　SmartArt 图形

2）单击"文本"处输入内容。单击文本处选中 SmartArt 图形后，在标题栏会出现"SmartArt 工具"，单击"设计"选项卡，通过按钮 添加形状 可以在各层增减形状，通过"设计"选项卡还可以更改悬挂布局，修改颜色和样式，如图 4-75 所示。

在"SmartArt 工具/格式"选项卡的"形状样式"组中可以更改连接 SmartArt 形状的线条样式、颜色等。

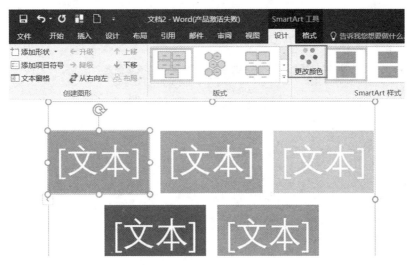

图 4-75　SmartArt 工具

案例实施步骤

1. 页面设置

（1）新建 Word 文档。单击"文件"→"新建"菜单命令，在"模板"列表中选择"空白文档"命令并单击"创建"按钮，此时将新建一个名为"文档 1"的空白文档。

（2）页面设置。在"文档 1"中单击"布局"功能区，单击"页面设置"组右侧的对话框启动器按钮，打开"页面设置"对话框，单击"纸张"选项卡，设置纸张大小为 A4。

2. 制作封面

（1）输入文字"雅安职业技术学院"并设置格式。在"文档 1"中输入文字"雅安职业技术学院"，选中文字，单击"开始"功能区，在"字体"组中设置字体为"华文行楷"，字号为"48 磅"，颜色为"蓝色，个性色 1，深色 50%"，如图 4-76 所示。在"段落"组设置对齐方式为"居中"。

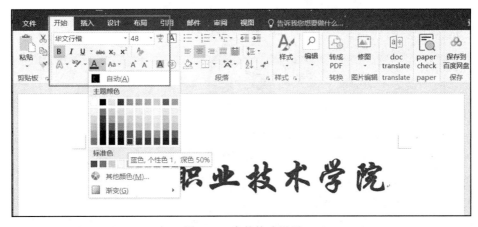

图 4-76　字体格式设置

（2）插入 Logo。在"文档 1"中另起一段，单击"插入"功能区，在"插图"组中单击

"图片"按钮，此时会打开"插入图片"对话框，选择图片所在位置和文件名并单击"插入"按钮，插入学院 Logo 图片，如图 4-77 所示。

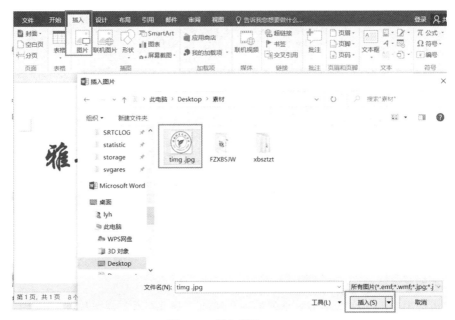

图 4-77　插入学院 Logo

选中图片，在新增的"图片工具/格式"功能区，找到"大小"组，并在数值框中输入图片高度和宽度分别为 6.03 厘米，如图 4-78 所示。

图 4-78　设置图片格式

将鼠标定位到 Logo 图片后面，单击"布局"功能区，在"页面设置"组中单击"分隔符"下拉列表，选择"分节符（下一页）"命令。

（3）插入文本框，输入"自荐书"在 Logo 后另起一段，单击"插入"功能区，在"文本"组中单击"文本框"按钮并选择"绘制文本框"命令，按住鼠标绘制一个矩形框。

选中绘制的文本框，在新增的"绘图工具/格式"功能区找到"大小"组，并在数值框中输入图片高度和宽度分别为 5 厘米和 22 厘米，然后设置文本框为"水平居中"对齐方式，如图 4-79 所示。

图 4-79　设置文本框对齐方式

在"形状样式"组中选择"形状填充"命令并填充蓝色，如图 4-80 所示。

图 4-80　填充蓝色

最后在文本框中单击，在插入点位置输入文字"自荐书"，字体为"黑体"，字号为"72"，颜色为"橙色"。另起一段输入 Self-recommendation，设置字体为 Arial Black，字号为"一号"，颜色为"橙色"，如图 4-81 所示。

（4）插入文本框，输入"姓名"等内容。在自荐书文本框的下面插入一个文本框，输入图 4-82 所示的文字，设置字体为华文新魏，字号为"小一"，颜色为"蓝色"。设置文本框大小为"7 厘米，14 厘米"，"左右居中"对齐。

图 4-81　输入自荐书并设置格式

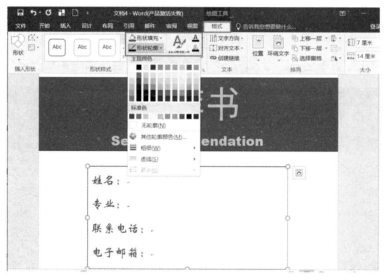

图 4-82　输入姓名等并设置格式

选中文本框，在新增的"绘图工具/格式"功能区找到"形状样式"工具组中的"形状轮廓"，设置为"无轮廓"。

（5）绘制"单圆角矩形"。单击"插入"功能区，在"插图"组的"形状"下拉列表中选择"单圆角矩形"命令，在"文档 1"的页面边框处绘制一个单圆角矩形，设置"形状填充"为"无填充颜色"，如图 4-83 所示。

复制单圆角矩形，在新增的"绘图工具/格式"功能区，单击"大小"工具组右侧的◻按钮，在打开的"布局"对话框的"大小"选项卡中，设置"高度"和"宽度"为 95%并锁定纵横比，如图 4-84 所示。

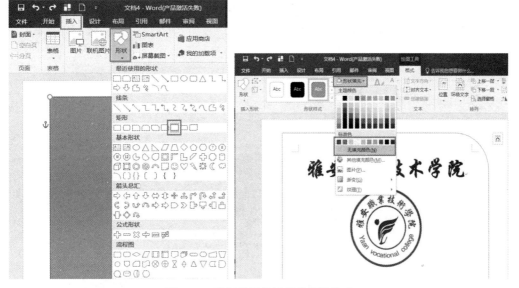

图 4-83　绘制单圆角矩形并设置格式

图 4-84　复制并缩小

3．制作自荐信

（1）输入自荐信标题。在"文档 1"第二页开头输入标题"自荐信"，选中文字设置字体为"华文新魏"，字号为"一号"，居中对齐。

（2）输入自荐信正文。正文共 6 段，输入完成后设置字体和段落格式。选中正文文字，设置字体为"楷体"，字号为"四号"。打开"段落"对话框，设置"单倍行距"，选择第 2～5 段并设置首行缩进 2 字符。

（3）输入落款。在正文后另起一段输入"自荐人：××"，再另起一段，单击"插入"功能区"文本"组中的"日期和时间"，在打开的"日期和时间"对话框中选择需要的日期格式。

选中新插入的两个段落，设置字体为"楷体"，字号为"四号"，右对齐，如图 4-85 所示。

图 4-85　自荐信内容

在本页最后插入一个分节符（下一页）。

（4）设置边框。单击"设计"→"页面边框"选项，在打开的"边框和底纹"对话框中单击"页面边框"选项卡并选择设置"方框"，样式中"线形""颜色""宽度"使用默认值，并选择图 4-86 所示的艺术型边框。

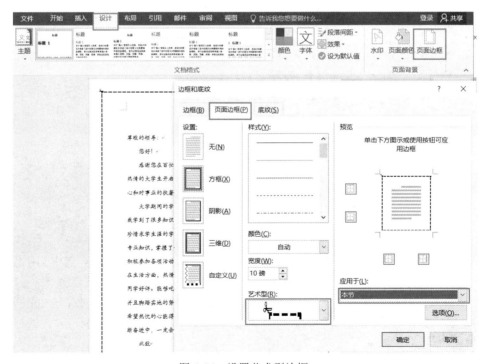

图 4-86　设置艺术型边框

4．制作个人简历

（1）插入照片。在"文档 1"第 3 页开始位置插入图片"证件照.jpg"（也可以用自己的证件照），单击图片，在新增的"图片工具/格式"功能区中找到"大小"组，单击"裁剪"按钮，此时移动鼠标到照片的四周，按住鼠标移动可以将照片周围多余的部分裁剪掉。再将图片大小修改为 7 厘米高，5 厘米宽，如图 4-87 所示。

图 4-87　插入照片并设置格式

（2）输入姓名、求职意向、年龄、学历等基本信息。在照片后用回车键换行，输入图 4-88 所示的基本信息，设置字体为"华文新魏"，字号为"三号"。

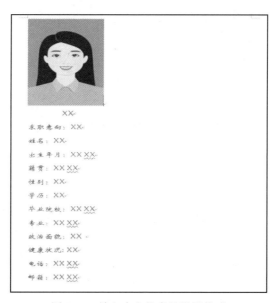

图 4-88　输入个人信息并设置格式

（3）插入文本框并输入个人简历内容。在页面右侧插入一个横排文本框，输入图 4-89 所示的内容并设置格式。

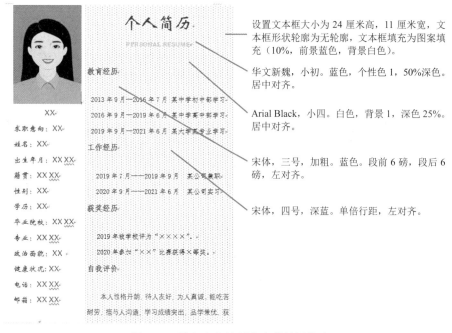

设置文本框大小为 24 厘米高，11 厘米宽，文本框形状轮廓为无轮廓，文本框填充为图案填充（10%，前景蓝色，背景白色）。

华文新魏，小初。蓝色，个性色 1，50%深色。居中对齐。

Arial Black，小四。白色，背景 1，深色 25%。居中对齐。

宋体，三号，加粗。蓝色。段前 6 磅，段后 6 磅，左对齐。

宋体，四号，深蓝。单倍行距，左对齐。

图 4-89　输入个人简历内容并设置格式

5. 打印输出

（1）打印预览。单击"文件"→"打印"按钮，弹出预览窗口。通过"上一页"和"下一页"按钮可以查看所有页面内容。

（2）打印输出。接通打印机并放好纸张后，单击"文件"区域下的"打印"命令即可。

二、Word 制作标准公文（红头）

案例描述

你是医院工作人员，需要制作一份《关于医院成立巡查领导小组的通知》公文。

案例分析

1. 公文

公文是党政机关和企事业单位最常用的文件形式之一，俗称红头文件。

2. 公文制作步骤

（1）制作版头。从文件首页红色大字体的发文单位名称到下面的红色分隔线称为版头，版头上的内容主要是发文机关、发文字号、签发人及红色分割线。

（2）制作主体。主体是指首页红色分隔线（不含）以下、公文末页首条分隔线（不含）以上的部分，包括标题、主送机关、正文、附件说明、发文机关署名、成文日期、印章、附注、附件。

（3）制作版记。版记包括版记中的分隔线、抄送机关、印发机关和印发日期、页码等。

3. 操作流程图（图 4-90）

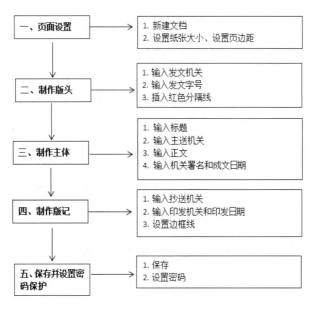

图 4-90　操作流程图

4. 效果图（图 4-91）

图 4-91　效果图

知识点分析

1. 安装字体

从网络下载需要的字体，再将字体文件复制到系统的字体文件夹中。这里需要下载方正小标宋简体 FZXBSJW.TTF，如图 4-92 所示。

图 4-92　安装字体

2. 保存、另存为

（1）当第一次保存新文档时，单击"文件"→"保存"命令会弹出"另存为"对话框，如图 4-93 所示。在对话框中选择文件的保存位置、保存类型和文件名，单击"保存"按钮。

图 4-93　保存文档

（2）打开和修改已有的文档后，同样可用上述方法将修改后的文档以原来的文件名保存在原来的文件夹中，此时不再出现"另存为"对话框。

（3）单击"文件"→"另存为"命令可以把一个正在编辑的文档以另一个文件名保存到同一个文件夹下或不同的文件夹中。

（4）为了避免因意外使文档丢失，还可以利用系统提供的自动保存文档功能保存文档。

3. 设置打开密码、修改密码

如果编辑的文档不希望他人查看其内容，则可以给文档设置"打开权限密码"，使他人在不知道密码的情况下无法打开此文档；另外，如果编辑的文档允许他人查看，但禁止修改，那么可以给这种文档加一个"修改权限密码"。对设置了"修改权限密码"的文档，他人可以在不知道密码的情况下以"只读"方式查看它，但无法修改它，由此实现对文档的保护和加密。

（1）设置"打开权限密码"。

1）单击"文件"→"另存为"命令，打开"另存为"对话框。

2）在"另存为"对话框中，单击"工具"→"常规选项"按钮，如图 4-94 所示。

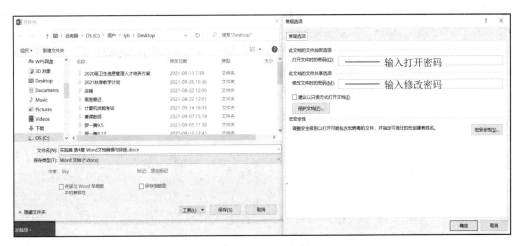

图 4-94　设置密码

3）在打开文档时弹出的密码对话框中输入"打开文件时的密码"。

4）单击"确定"按钮，弹出对话框，提示再次输入"打开文件时的密码"，输入后即可设置打开该文件时使用的密码（两次输入必须相同）。返回"另存为"对话框后，单击"保存"按钮。至此，密码设置完成。关闭文档后密码就起作用了。

（2）设置"修改权限密码"。设置了修改权限密码的文档，用户无权修改它。

在修改权限密码时，除了将密码输入"修改文件时的密码"文本框中之外，其余操作步骤与打开权限密码的操作步骤相同，操作对话框如图 4-94 所示。此时"密码"对话框中多了一个"建议以只读方式打开文档"选项，该选项可以让不知道密码的人以只读方式打开它。

案例实施步骤

1. 页面设置

（1）新建 Word 文档。单击"文件"→"新建"菜单命令，在"模板"列表中选择"空白文档"选项，此时将新建一个名为"文档 1"的空白文档。

（2）页面设置。在"文档 1"中单击"布局"功能区，单击"页面设置"工具组右侧的按钮，打开"页面设置"对话框，单击"纸张"选项卡，设置纸张大小为 A4，单击"页边距"选项卡，设置图 4-95 所示的上、下、左、右页边距。

图 4-95　页面设置

2．制作版头

（1）输入发文机关"雅安职业技术学院办公室"并设置格式。在"文档 1"中输入文字"雅安职业技术学院办公室"，选中文字，单击"开始"选项卡，在"字体"组中设置字体为"方正小标宋简体"，字号为"60 磅"，颜色为"红色"。打开"字体"对话框，在"高级"选项卡中设置"缩放"为 66%。在"段落"组设置对齐方式为"居中"。

（2）输入发文字号。在"文档 1"中另起一段，然后输入文字"雅职院办〔2021〕3 号"，设置字体为"仿宋"，字号为"三号"，颜色为"自动"，设置字符间距的"缩放"为"100%"，"居中"对齐。

（3）插入红色分隔线。在"文档 1"中另起一段，然后单击"插入"功能区，在"插图"组中单击"形状"按钮，在打开的下拉列表中选择"直线"选项，按住 Shift 键的同时拖动鼠标左键，在发文字号下方绘制出一条直线。选中直线，在"绘图工具/格式"功能区中的"形状样式"组单击"形状轮廓"按钮，设置直线颜色为"红色"，粗细为"2.25 磅"，如图 4-96 所示。

图 4-96　插入红色分隔线

3．制作主体

（1）输入内容。在红色分隔线后的插入点处输入主体内容，如图 4-97 所示。

雅安职业技术学院办公室

雅职院办【2021】3 号

雅安职业技术学院办公室
关于印发《雅安职业技术学院科研管理办法》等文件的通知

学院各部门、系（部）：
《雅安职业技术学院科研管理办法》《雅安职业技术学院科研项目经费管理办法》《雅安职业技术学院科研成果奖励办法》等文件经过修订完善，并报院长办公会议通过，现印发给你们，请遵照执行。

雅安职业技术学院办公室
2021 年 3 月 20 日

图 4-97　输入主体内容

（2）设置格式。按要求设置字体和段落格式，要求如图 4-98 所示。

**雅安职业技术学院办公室
关于印发《雅安职业技术学院科研管理办法》
等文件的通知**

标题：字体为"方正小标宋简体"，字号为"二号"，字符间距为"缩放 100%"，居中对齐。

学院各部门、系（部）：
《雅安职业技术学院科研管理办法》《雅安职业技术学院科研项目经费管理办法》《雅安职业技术学院科研成果奖励办法》等文件经过修订完善，并报院长办公会议通过，现印发给你们，请遵照执行。

主送机关：字体为"楷体"，字号为"三号"，两端对齐。

正文：字体为"楷体"，字号为"三号"，两端对齐。首行缩进 2 字符。

雅安职业技术学院办公室
2021 年 3 月 20 日

署名和日期：字体为"楷体"，字号为"三号"，右对齐。

图 4-98　设置主体内容格式

4. 制作版记

（1）输入文字。在"文档 1"最后插入"分页符"，在第二页的底端输入文字"雅安职业技术学院办公室 2021 年 7 月 25 日印发"。

（2）设置格式。选中文字，设置图 4-99 和图 4-100 所示格式。

选中文字所在段落，设置"页面边框"中上、下边框。

选中文字，设置为仿宋、四号，颜色为"自动"，两端对齐。

雅安职业技术学院办公室　　　　　　　　　2021 年 7 月 25 日印发

图 4-99　输入版记内容并设置格式

5. 保存并设置密码保护

（1）保存。可单击"文件"→"保存"菜单命令，也可使用 Ctrl+S 组合键。

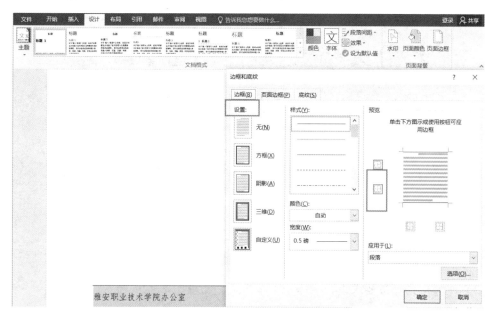

图 4-100　设置边框

（2）设置密码。在图 4-101 所示的对话框中单击"工具"按钮，在打开的下拉列表中选择"常规选项"选项，在打开的对话框中输入打开密码和修改密码，单击"保存"按钮。

图 4-101　保存并设置密码

同步训练

1. 打开"同步训练 2-1 样文.docx"，参考效果图 4-102 排版。

（1）打开素材文件"同步训练 2-1 样文.docx"。

（2）第一段标题"雅安职业技术学院计算机协会成立"设置为宋体、四号、加粗，"公告"设置为黑体、二号、加粗，段后间距一行，其余各段首行缩进 2 个字符，最后的落款单位和时间右对齐。

雅安职业技术学院计算机协会成立

公　告

雅安职业技术学院计算机协会，于 2019 年 3 月 6 日，经雅安职业技术学院研究批准正式成立。协会主席张三、副主席李四，计算机协会地址：第二教学楼 504 室，协会主要负责计算机技术交流，作品分享，应用推广等，欢迎同学们积极参与。协会的宗旨：遵守学院法规和政策；遵守社会道德风尚，为会员服务，为学院服务；维护会员合法权益；按"公正、团结、服务"的原则开展工作；在学院和计算机爱好者之间发挥桥梁和纽带作用，促进同学们计算机技术的提高。

在这里，感谢学院和各位同学的大力支持！

特此公告！

图 4-102　同步训练 2-1 样文效果

（3）图章的绘制。

1）单击"插入"→"形状"下拉按钮，选择基本形状"椭圆"，按住 Shift 键画一个正圆，将该圆的线条颜色设置为红色，填充颜色设置为无，线条粗细为 2.25 磅。

2）单击"插入"→"形状"下拉按钮，选择"星形"，将星形的填充颜色设置为红色，线条颜色设置为无色，将星形置于圆的正中。

3）单击"插入"→"艺术字"下拉按钮，插入艺术字"雅安职业技术学院计算机协会"，将艺术字的颜色设置为红色，利用工具栏将艺术字的形状设为"细上弯弧"后，调整艺术字的大小并置于正圆中的合适位置。

4）选中以上的正圆、艺术字和星形图形，单击绘图工具栏中的组合按钮，将三个图形组合为一个整体即可。

2．打开"同步训练 2-2 样文.docx"，参考效果图 4-103 排版。

（1）打开素材文件"同步训练 2-2 样文.docx"。

（2）在"板报"前插入符号📖（字体为 Wingdings）。

（3）选中第一行文字，设置底纹为"白色，背景 1，深色 25%"。

（4）选中"大学生活全记录"，设置艺术字格式：样式（第 2 行 2 列），文字效果（转换→弯曲→波形 1），环绕方式（上下型环绕）。

（5）在艺术字右边插入竖排文本框，为文本框设置红色虚线和阴影边框，四周型环绕。将本页面中的"青春宣言"段落移动到该文本框中，并设置标题文字"青春宣言"水平居中，前后均插入红色字符★，可适当增大字符间距。

（6）选中"张天蓝"设置居中对齐，并在文字前插入项目符号□。

（7）选中正文第一段，设置首字下沉（下沉两行，字体为华文行楷）。

（8）选中"初识大学"段落插入项目符号■。

（9）在正文中插入横排文本框，设置无轮廓，填充效果为图片"素材 2-2-1.jpg"，四周型环绕。将《丑奴儿—书博山道中壁》全诗移动到该文本框。

（10）在文档尾部插入"形状→星与旗帜→前凸带形"，设置形状样式为"第 4 行 4 列"，输入相应文字。

（11）为文档设置图片水印"素材 2-2-2.jpg"，冲蚀效果。

（12）设置页眉文字为"第一期"，居中对齐。

同步训练 2-2

图 4-103　同步训练 2-2 样文效果

案例三　Word 2016 长文档排版

案例描述

你是某出版社编辑，需要对收到的书稿"任务三计算机教材.docx"按要求进行排版。

案例分析

1. 长文档排版

在工作中我们常常会遇到长文档排版问题，如工作报告、宣传手册、论文、书稿等。在排版中常因这些文档内容多、纲目杂而排版困难，特别是序号、页码容易错乱，章节目录、页眉页脚制作也很烦琐。长文档排版包含的主要知识点有文档属性、样式、分页和分节、页眉和页脚、页码设置、插入目录等。

2. 长文档编辑步骤

（1）页面设置。修改文档的页边距，上、下为 2.54 厘米，左为 2.6 厘米，右为 2.2 厘米。

（2）文档分节。在每 1 章的结束处插入分页符。插入分节符将封面页、目录页和正文页分成三部分，封面页为第一节，目录为第二节，正文为第三节。

（3）设置各部分的标题级别。将正文的各标题设置成三个级别，分别是一级标题、二级标题、三级标题。

（4）在不同的节中分别设置页眉页脚。第一节无页眉页脚；第二节无页眉，页脚显示页码右对齐，页码格式设置为大写罗马字母，起始页码为"Ⅰ"；第三节偶数页页眉为"计算机教材"，奇数页页眉为章名，奇数页页脚显示页码右对齐，偶数页页脚显示页码左对齐，页码格式为数字，起始为"1"。

（5）添加目录。将 3 级标题生成三级目录，目录的每项要显示其所在页码。

（6）设置双面打印。

3. 操作流程图（图 4-104）

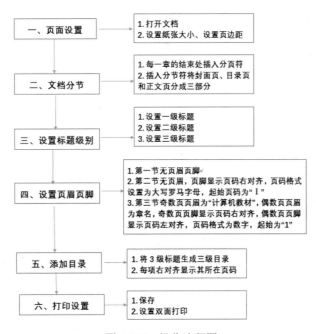

图 4-104 操作流程图

4. 效果图（图 4-105）

图 4-105 效果图

图 4-105　效果图（续图）

知识点分析

1. 应用样式

样式是用样式名表示的一组预先设置好的格式，如字符的字体、字形和字号、文本的对齐方式、行间距和段间距等，重复应用可以大大提高操作效率。样式分为字符样式和段落样式。字符样式用来定义字符的格式，如字体、字形、字号和字间距等；段落样式用来定义段落的格式，如缩进、对齐方式和行间距等。

应用样式

（1）应用样式。Word 2016 提供各种样式，既可以通过"开始"功能区的"样式"组来应用样式，又可以通过单击该区域右下角的"启动"按钮，打开"样式"任务窗格来应用样式。具体操作如下：选定所要设置的文字或段落，单击"开始"选项卡下的"样式"组对应的样式即可，如图 4-106 所示。

图 4-106　"样式"工具栏

（2）自定义样式。用户自定义样式既可以基于已经排版的文本创建样式，又可以使用"新建样式"对话框创建样式。

基于已排版的文本创建样式，可先选定已经排版的文本，再单击"样式"组右侧按钮，如图 4-107 所示。在打开的"样式"窗格中单击"新建样式"按钮，打开"根据格式设置创建新样式"对话框，输入新的样式名，按 Enter 键，即可将刚创建的样式名添加到"样式"列表。

图 4-107　创建样式

（3）修改样式。修改样式后，Word 2016 会自动更新整个文档中应用此样式的文本格式。

1）在"样式"窗格中选择一种要修改的样式名，单击右边的下拉启动按钮，选择"修改样式……"命令，出现"修改样式"对话框，如图 4-108 所示。

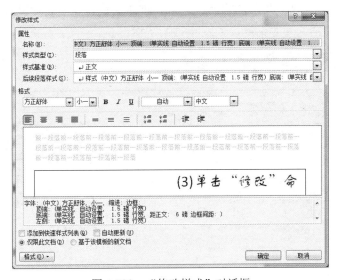

图 4-108　"修改样式"对话框

2）在"格式"选项组设置新的格式类型，单击"确定"按钮即可完成样式的修改。

2．分页符、分节符

在 Word 2016 中输入编辑文档时，当输入文字满一页后，系统会自动分页。如果需要在文本未满一页时强制性地在指定的位置上分页，可以使用分隔符（包括分行符、分页符、分节符和分栏符），常用的有分页符和分节符。

（1）插入分页符。

1）将插入点定位在要设置分页符的位置。

2）单击"布局"→"分隔符"按钮的下拉菜单，打开需要插入的分页符，包括分页符、分栏符、自动换行符三种，根据需要进行选择，如图 4-109 所示。要删除分页符，可在普通视图下，将插入点定位在要删除的分页符（普通视图下分页符为一条单虚线）上，按 Delete 键即可。

（2）Word 2016 提供了节的功能，用户可以以节为单位设置页眉页脚、段落编号或页码等内容。共有以下四种分节符（图 4-109）。

1）下一页：在当前位置插入一个分节符，强制分页，新节从下一页开始。

2）连续：在当前位置插入一个分节符，不强制分页，新节从本页的下一行开始。

3）偶数页：在当前位置插入一个分节符，强制分页，新节从下一个偶数页开始。

4）奇数页：在当前位置插入一个分节符，强制分页，新节从下一个奇数页开始。

插入和删除分节符的方法与插入和删除分页符的方法相似。分节符在普通视图下为一条双虚线。

3．脚注（尾注/批注）

我们经常在专业论文或著作中看到为文章添加的注释，即脚注和尾注。脚注是在页面底部添加的注释，尾注是在文档的末尾添加的注释。Word 2016 提供了插入脚注和尾注的功能，并且可对脚注和尾注进行自动编号。

（1）插入脚注或尾注。在文档中插入脚注或尾注操作步骤如下：

1）将光标定位在要插入注释引用标记处。

2）单击"引用"→"插入脚注"命令，输入脚注。也可单击脚注区域右下角的"启动"按钮，打开"脚注和尾注"对话框，如图 4-110 所示。

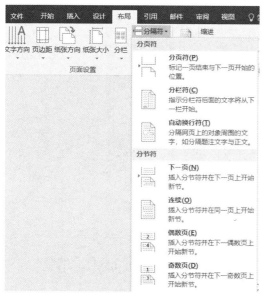

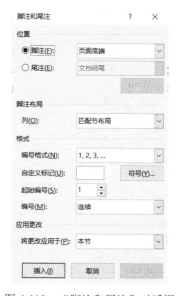

图 4-109　分隔符　　　　　　　　　图 4-110　"脚注和尾注"对话框

如果选中脚注，还要选择脚注的位置是"页面底端"或"文字下方"；如果选中尾注，还要选择尾注的位置为"文档结尾"或"节的结尾"。

3）在"格式"区对"编号格式""起始编号""编号方式"进行设置。

4）单击"插入"按钮，即可输入"脚注"或"尾注"文本。

（2）编辑脚注和尾注。完成了脚注或尾注的添加后，可以编辑脚注和尾注。

案例实施步骤

1．打开素材文档

在计算机中找到要打开的素材文件"任务三计算机教材.docx"并双击，在 Word 中打开文档。

2．页面设置

单击"布局"功能区，单击"页面设置"组右侧的启动器按钮，打开"页面设置"对话框，单击"页边距"选项卡，修改文档的页边距，上、下为 2.54 厘米，左为 2.6 厘米，右为 2.2 厘米。

3．插入分页符和分节符

插入分节符，将封面页、目录页和正文页分成三部分，封面页为第一节，目录为第二节，正文为第三节。在正文各章的结束处插入分页符。

（1）插入分页符。将光标定位到第一章结束的位置"第 2 章 Windows 操作系统"文字前，单击"布局"功能区中"页面设置"工具组内的"分隔符"下拉按钮，在打开的下拉列表中选择"分页符"命令，即在光标处实现分页操作。

（2）插入分节符。将光标定位到第一个页面的"目录"文字前，单击"布局"功能区中"页面设置"组内的"分隔符"下拉按钮，在打开的下拉列表中选择"分节符—下一页"命令，即在光标处实现分节操作，如图 4-111 所示。继续将光标定位到"第 1 章 计算机文化基础"文字前，插入"分节符—下一页"。

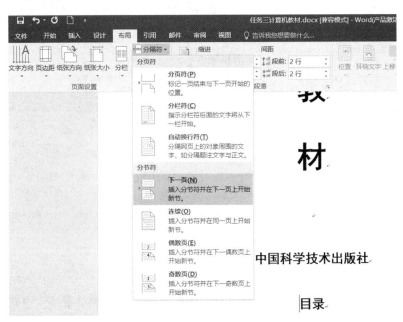

图 4-111　插入分节符

4．应用样式

将正文的各标题设置成三个级别，分别是一级标题、二级标题、三级标题。

（1）选中"第 1 章 计算机文化基础"，单击"开始"功能区"样式"组中"标题 1"样式，设置为一级标题，如图 4-112 所示。

（2）接着设置节名为二级标题，如"1.1　计算机概述"为"标题 2"。设置小节名为三级标题，如"1.1.1　计算机发展概况"为"标题 3"，如图 4-113 所示。

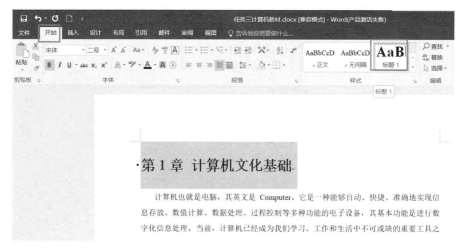

图 4-112　设置章名样式

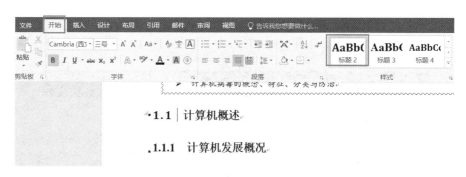

图 4-113　设置节名样式

5．在不同的节中分别设置页眉页脚

（1）第一节设置无页眉页脚。在第一节页脚位置双击进入页眉页脚编辑状态，在打开的"页眉和页脚工具"的"选项"组中单击"首页不同"选项。

（2）第二节设置无页眉，页脚显示页码右对齐，页码格式设置为大写罗马字母，起始页码为"Ⅰ"。

1）使用垂直方向滚动条将页面定位到目录页即第二节中，在页脚位置双击进入页眉页脚编辑状态，在打开的"页眉和页脚工具"中，单击"页眉和页脚"组中的"页码"下拉按钮，在列表中选择"页面底端-普通数字 3"选项，即在页脚右对齐的位置插入页码，如图 4-114所示。

2）再单击"页码"下拉列表中的"设置页码格式"命令，打开"页码格式"对话框，设置如图 4-115 所示。双击正文处，退出页眉页脚编辑状态。

（3）第三节偶数页页眉为"计算机教材"，奇数页页眉为章名，奇数页页脚显示页码右对齐，偶数页页脚显示页码左对齐，页码格式为数字，起始为"1"。

1）使用垂直方向滚动条将页面定位到正文页即第三节中，在页眉位置双击打开"页眉和页脚工具"，单击"链接到前一条页眉"按钮取消链接，勾选"奇偶页不同"选项，如图 4-116所示。

图 4-114　插入页码

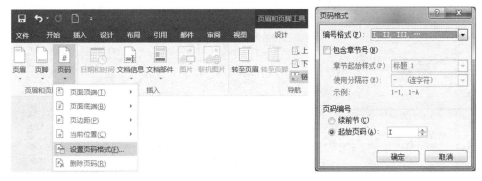

图 4-115　设置页码格式

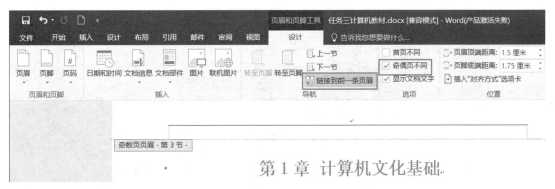

图 4-116　取消页眉链接

2）在奇数页页眉编辑状态下单击"插入"功能区，单击"文本"组中的"文档部件"下拉按钮，单击"域"选项，如图 4-117 所示。

图 4-117　插入域

3）打开"域"对话框，如图 4-118 所示，选择类别为"链接和引用"，域名为 StyleRef，样式名为"标题 1"。

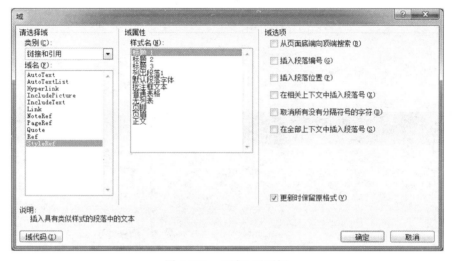

图 4-118　"域"对话框

4）单击"页眉和页脚工具"中的"转至页脚"按钮切换到奇数页页脚处，单击"链接到前一条页眉"按钮取消链接。

5）单击"页眉和页脚工具"中的"页码"下拉按钮中的"设置页码格式"命令，打开"页码格式"对话框，设置如图 4-119 所示。

图 4-119　"页码格式"对话框

此时该页页码变成"1",设置奇数页页码右对齐。

6）切换到第三节偶数页页眉处,输入文字"计算机教材",如图 4-120 所示。

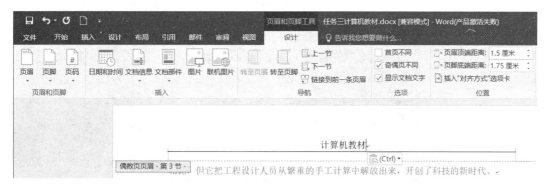

图 4-120　第三节偶数页页眉

7）切换到第三节偶数页页脚处,单击"页眉和页脚工具"→"页码"→"页面底端"→"普通数字 1"选项,如图 4-121 所示。单击"关闭页眉和页脚"退出页眉页脚编辑状态。

图 4-121　第三节偶数页页脚

6. 自动生成目录

将 3 级标题生成三级目录,目录的每项要显示其所在页码。

要成功添加目录,应该正确采用带有级别的样式,如"标题 1"～"标题 9"。

将光标定位到目录页面的"目录"文字后按 Enter 键,新增一个空白行,单击"引用"→"目录"→"自定义目录"命令,打开"目录"对话框,设置如图 4-122 所示,效果如图 4-123 所示。

7. 打印预览

单击"文件"→"打印"菜单命令,窗口的右边就会显示出文件实际打印效果,通过图中的打印窗格进行双面打印设置,如图 4-124 所示。

图 4-122 “目录”对话框

目录

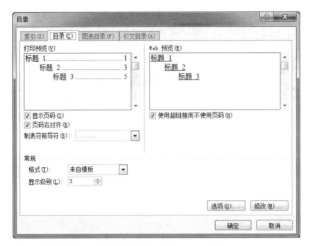

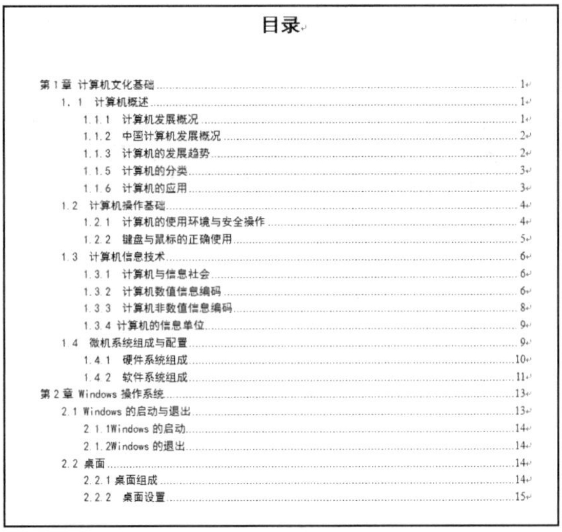

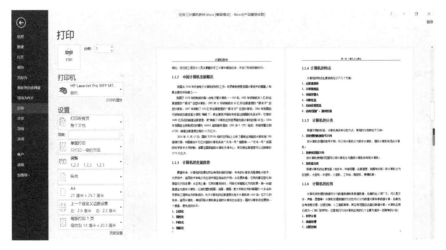

图 4-123 目录生成效果

图 4-124 打印预览

同步训练

1. 打开"同步训练 3-1 样文.docx",对该论文素材进行排版,效果如图 4-125 所示。

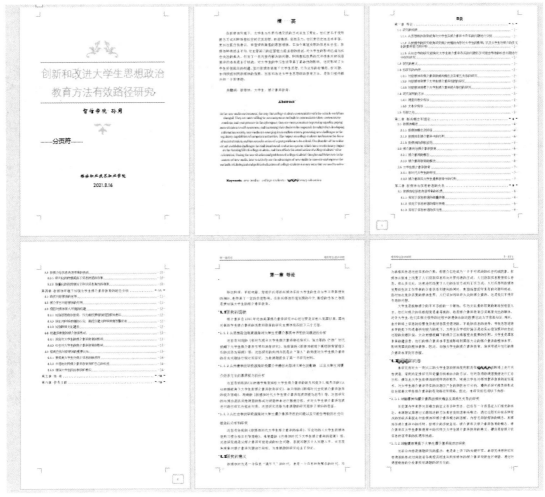

图 4-125　同步训练 3-1 效果

同步训练 3-1

（1）打开素材文件"同步训练 3-1 样文.docx"。

（2）毕业论文格式要求:

1）标题"摘要"两字为黑体、三号、居中,字间空两个字符,标题摘要
上、下各空一行。摘要正文字体为宋体、小四号,首行缩进两个字符,行距为 1.25。

关键词上空一行,"关键词"三个字为宋体、小四号、加粗,关键词为宋体、小四号,关键词之间用分号相隔。

2）标题 Abstract 为 Times New Roman,小三号、居中、加粗,标题 Abstract 上、下各空一行。Abstract 正文字体为 Times New Roman、小四号,每段开头空四个字母,行距为 1.25。

Key words 上空一行,"Key words"这两个单词为 Times New Roman、小四号、加粗,Key words 为 Times New Roman、小四号,Key words 之间用分号相隔。

3）一级标题首空两行，一级标题为黑体、三号、居中，一级标题下空一行。一级标题正文部分为宋体、小四号，行距为 1.25。

二级标题为黑体、四号、左对齐。二级标题正文部分为宋体、小四号，行距为 1.25。

三级标题为宋体、小四号、加粗、左对齐。三级标题正文部分为宋体、小四号，行距为 1.25。其他章节类似。

定义和定理按先后顺序排列，字体为宋体、小四号，定义和定理关键字加粗。

论文中图表、附注、参考文献、公式一律采用阿拉伯数字连续编号（或分章编号）；图序及图名置于图的下方；表序及表名置于表的上方；论文中的公式编号用括弧括起写在右边行末，其间不加虚线。

4）参考文献部分页首空两行。"参考文献"四字为黑体、三号、居中。"参考文献"下空一行。参考文献部分正文为宋体、五号。

5）致谢部分页首空两行。"致谢"两字为黑体、三号、居中、字间空两字。"致谢"下空一行。致谢部分正文为宋体、小四，首行缩进两个字符。

案例四　Word 表格处理

案例描述

在日常工作学习中常会用到各种类型和格式的表格，如考试成绩表、职工工资表、个人简历表、课程表、通讯录等。Word 2016 提供了丰富的表格处理功能，不仅可以快速地创建表格，而且可以对表格进行编辑、修改、表格与文本之间的相互转换和表格格式的自动套用等。这些功能极大地方便了用户。如我们在安排一场考试前，需要进行考生准考证制作，那么该如何完成呢？

案例分析

1．准考证的内容

本案例准考证首先以表格的形式出现，其内容包括准考证号、姓名、性别、照片、单位、证件类型、证件号码、报考单位、报考专业等。

2．准考证制作步骤

（1）建立和编辑表格。

1）建立一个行高 0.8 厘米、列宽 2.5 厘米的 7 行 5 列的表格，表格居中对齐。

2）通过合并和拆分单元格，调整单元格大小，制作出不规则表格。

（2）表格格式化。

1）表格内字体为宋体、小四号，"照片"为竖排文本。

2）表格内文字中部居中对齐。

3）"照片"单元格底纹为"茶色，背景 2，深色 25%"。

4）外框线为外粗内细双线，3 磅；内框线为单实线，0.5 磅。

5）第六行下框线为双实线，蓝色，1.5 磅。

3. 制作完成的效果图（图 4-126）

全国××××招生统一入学考试

准 考 证

准考证号	123418501234		照片
考生姓名	张三	性别	
学习工作单位			
证件类型			
证件号码			
报考单位（代码）			
报考专业（代码）			

图 4-126　效果图

知识点分析

1. 插入表格

按照表格的结构，可以将表格分为规则表格和不规则表格。通过插入表格先创建规则表格，再通过合并、拆分单元格等操作，把规则表格变为不规则表格。

2. 选定表格

要对表格进行操作，首先要选定表格对象：单元格、行、列及整个表格。

（1）选定单元格：鼠标指向单元格左侧，指针变成右向启动按钮时单击。

（2）选定行：鼠标指向行左侧，指针变成右向启动按钮时单击。

（3）选定列：鼠标指向列上边界，指针变成向下启动按钮时单击。

（4）选定整个表格：选定整行拖曳或者整列拖曳，或单击表格左上角的控制点。

3. 编辑表格

单击表格，在出现的"表格工具"下的"布局"选项卡中可设置表格行高、列宽、插行、删行、插列、删列等，如图 4-127 所示。

图 4-127　表格布局工具栏

4. 设置表格格式

表格编辑完成后，可以利用"表格工具"下的"设计"选项卡对表格进行设置和美化，如图 4-128 所示。

图 4-128　表格设计工具栏

案例实施步骤

1. 插入表格

（1）录入表格标题（图 4-129）。

全国××××招生统一入学考试
准 考 证

图 4-129　表格标题

（2）插入表格。将插入点定位在要插入表格的位置，单击"插入"→"表格"→"插入表格"命令，弹出"插入表格"对话框，设置如图 4-130 所示。

图 4-130　"插入表格"对话框

单击"确定"按钮，一个规则的 7 行 5 列固定列宽的表格就创建好了，见表 4-4。

表 4-4　7 行 5 列表格

注意：插入表格还有其他很多种方式，大家可以拓展学习一下。

2. 编辑表格

（1）选定整个表格，使用"表格工具/布局"→"高度"和"宽度"调整表格的行高和列宽，在"高度"栏输入 0.8 厘米，在"宽度"栏输入 2.5 厘米即可，如图 4-131 所示。

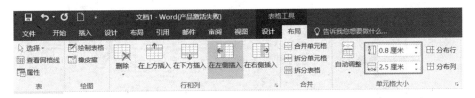

图 4-131　表格布局中的单元格大小

（2）选定整个表格，在"开始"功能区单击"居中"按钮，设置整个表格居中。

（3）依次选定单元格中需合并的区域，在"表格工具"的"布局"选项卡下，选择"合并单元格"和"拆分单元格"命令，将表格修改为图 4-132 所示。

图 4-132　表格布局

3. 设置表格格式

（1）在表格中输入文字，在"开始"功能区下设置文字为宋体、小四号，在"表格工具"的"布局"选项卡中设置文字中部居中对齐，照片单元格设置"文字方向"为"竖排文本"，宋体、小一号。

（2）选中整个表格，选择"表格工具/设计"→"边框"→"边框和底纹"选项，打开"边框和底纹"对话框，如图 4-133 所示。设置外框为外粗内细双线，3 磅；内框线为单实线，0.5磅。再选择第六行，重复上面步骤，设置六行底线为蓝色双线，0.3 磅。

也可以选择"表格工具/设计"→"边框"下拉菜单按钮直接设置，如图 4-134 所示。

（3）选中照片单元格，选择"表格工具/设计"→"底纹"→"金色，个性色 4，深色 25%"选项即可，如图 4-135 所示。

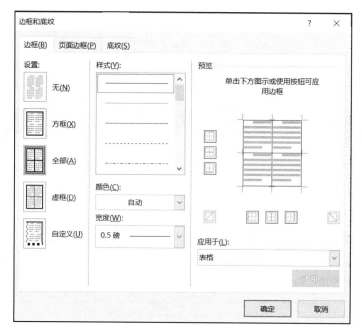

图 4-133 "边框和底纹"对话框

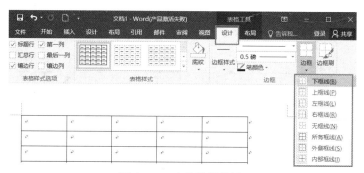

图 4-134 表格边框设置

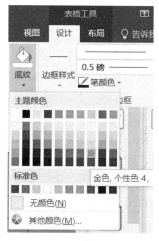

图 4-135 表格底纹设置

也可以选择"表格工具/设计"→"边框"→"边框和底纹"选项，打开"边框和底纹"对话框，单击"底纹"选项卡，完成底纹的设置，如图 4-136 所示。

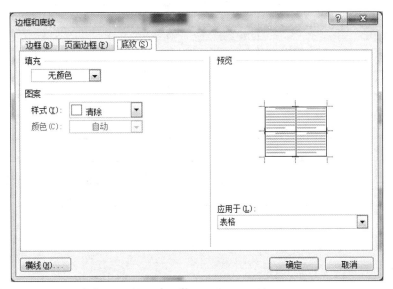

图 4-136　底纹设置对话框

4. 输入表格内容

将插入点移动到相应位置，输入表格内容，完成以后的表格如图 4-137 所示。

准考证号	123418501234			照 片
考生姓名	张三	性别		
学习工作单位				
证件类型				
证件号码				
报考单位（代码）				
报考专业（代码）				

图 4-137　准考证完成效果

同步训练

1. 制作表格式个人简历（图 4-138）。

个人简历

个人概况			
姓名		性别	
目前所在地		民族	
户口所在地		身高	
婚姻状况		出生年月	照片
邮政编码		联系电话	
通信地址			
E-mail			
求职意向及工作经历			
人才类型		应聘职位	
工作年限		职称	
求职类型		月薪要求	
个人工作经历			
教育背景			
毕业院校			
最高学历		毕业时间	
所学专业一		所学专业二	
受教育培训经历			
语言能力			
外语语种及能力			
国语水平		普通话水平	
专业能力及专长			
个人爱好及志趣			
详细个人自传			

图 4-138　表格式个人简历

操作步骤如下。

（1）打开 Word 文档，标题为"个人简历"。

（2）插入一个 27×4 的标准表格，并输入相应的内容。

（3）选中第一行所有单元格并右击，在弹出的快捷菜单中选择"合并单元格"命令，将所需合并的单元格合并，再选择需要拆分的单元格进行拆分。

（4）选择需要竖排文字的单元格，单击"表格工具/布局"→"文字方向"→"垂直"命令即可。

（5）设置需要 10% 灰底纹的单元格，再对表格的行高做相应处理即可。

2．制作大学生综合考核表（图 4-139）。

大学生综合考核表

姓名	学业业绩	思想道德	社会实践	自评总分	辅导员评分	总分	平均分
李华	89	85	82	86	80		
黄燕	84	86	75	81	76		
李梅	76	87	80	78	83		
王鸿	64	87	84	88	75		
毛雨	91	82	76	84	73		
合计	最后得分=∑（评分×权重）×100%						

图 4-139　大学生综合考核表

操作步骤如下。

（1）打开 Word 文档，录入标题"大学生综合考核表"。

（2）插入一个 7×8 的标准表格，见表 4-5，并输入相应的内容。

制作大学生综合考核表

表 4-5　7×8 的标准表格

姓名	学业业绩	思想道德	社会实践	自评总分	辅导员评分	总力	平均得分
合计							

（3）选择最后一行的 2、3、4 列并右击，在弹出的快捷菜单中选择"合并单元格"命令，然后输入文字"最后得分=∑（评分×权重）×100%"。

（4）选择整张表，单击"表格工具/设计"→"边框"命令，打开"边框和底纹"对话框，设置外框为外粗内细双线，2.5 磅；内框线为细线，其余选项为默认值。

（5）选择第一行，单击"表格工具/设计"→"边框"命令，打开"边框和底纹"对话框，设置选择区域的下框线为黑色双线，其余选项为默认值，按样文调整相应行高即可。

（6）计算出单元格中的总分和平均分。将光标插入点定位到要存放计算结果的单元格。单击"表格工具/布局"→"数据"→"公式"按钮，即可打开"公式"对话框，如图 4-140 所示。

打开"粘贴函数"下拉列表框，选择所需的计算公式。例如，选择 SUM 来求和，则在"公式"文本框内出现"=SUM()"（默认的求和公式是求一列数字的和，如果想求一行数字的和，将结果放在最右边的单元格中，则需要将公式改为=SUM(LEFT)）。在公式的括号中输入单元格引用，可引用单元格的内容。如果要对 B1、B2、B3 三个单元格中的数字求平均值，则输

入 "=AVERAGE(B1:B3)"。在 "数字格式" 列表框中选择一种数字格式，单击 "确定" 按钮完成操作。

图 4-140　"公式" 对话框

（7）将表格中的平均分按照降序方式排列表格。单击 "表格工具/布局" → "数据" → "排序" 按钮，如图 4-141 所示。

图 4-141　表格排序按钮

打开 "排序" 对话框，如图 4-142 所示。

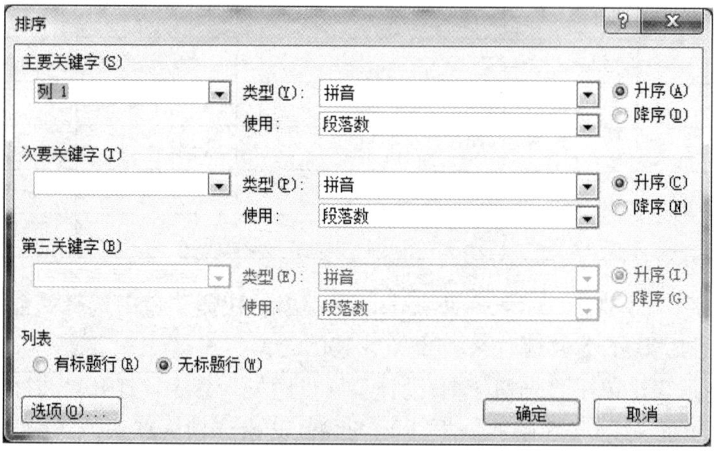

图 4-142　"排序" 对话框

在 "主要关键字" 下拉列表框中选择作为第一个排序依据的列名称，在 "类型" 下拉列表框中指定该列的数据类型（数字、拼音、日期或笔画），还可以确定排序结果的显示方式（递增或递减）。若想用多列数据作为排序依据，可以在 "次要关键字" 下拉列表框中选择作为排序依据的列名称。对于特别复杂的表格，还可以在 "第三关键字" 下拉列表框中选择作为排序依据的列名称。表格若有标题行，可在 "列表" 区中选择 "有标题行" 单选项，使 Word 2016 不对标题行的内容进行排序。单击 "确定" 按钮，完成排序操作。

3．制作学生学习成绩表（图 4-143）。

学生学习成绩表

	语文	数学	医学信息技术	英语	平均分
夏侯惇	91	92	95	96	**93.5**
张想	88	84	80	82	**83.5**
张傲	80	82	87	87	**84**
王明	83	88	78	80	**82.25**
小雨	90	80	70	70	**77.5**
段玉溪	84	83	82	85	**83.5**
薛星艺	84	84	83	84	**83.75**
郝新夹	85	83	84	82	**83.5**
赖晓峰	80	79	90	81	**82.5**

图 4-143　学生学习成绩表

操作步骤如下。

（1）打开 Word 文档，录入标题"学生学习成绩表"。

（2）插入一个 10×6 的标准表格，并输入相应的内容，"平均分"一列不输入，通过计算获得。

（3）光标移动到第二行最后一列，单击"表格工具/布局"→"数据"→"公式"按钮，在弹出的对话框中设置公式为=AVERAGE(LEFT)，单击"确定"按钮，即可计算出平均分。其余平均分也按相同方法计算。

（4）设置表格外框为 2.5 磅单实线，内框线为细线，第一行文字为四号、隶书、加粗，第一列文字为楷体、小四号、加粗，"平均分"列文字为红色、仿宋、加粗、10%灰色底纹。

4．制作客户记录表（图 4-144）。

客户记录表

客户编号		负责人		成立日期	年　　月　　日		
客户名称				资本额			
地址				电话			
营业类型				传真			
主要往来银行							
其他投资事业			平均每日营业额				
主要业务往来			付款方式	☐现金	☐支票	☐客票	☐其他
与本公司往来	自　年　月　日起		收款记录	☐优秀	☐良好	☐一般	☐很差

图 4-144　客户记录表

最近与本公司往来重要记录	
最近交易数据跟踪	
客户意见	
信用评定	

填表人：

图 4-144　客户记录表（续图）

案例五　邮件合并

案例描述

在日常办公中经常要制作准考证、荣誉证书、学生证、成绩通知单、奖状等。本案例中，我们要制作一批成绩通知单，通知单模板是相同的，区别是姓名和各科成绩不同。利用邮件合并功能可以非常方便地达到我们需要的效果，事半功倍。

案例分析

（1）成绩通知单的特点是大部分区域内容相同，只有部分区域内容不同，要快速制作成绩通知单，可利用邮件合并功能。

（2）邮件合并需要：①利用 Excel 先建立内容不同部分的数据源；②利用 Word 建立相同内容部分的文档模板；③合并邮件。

（3）效果图如图 4-145 所示。

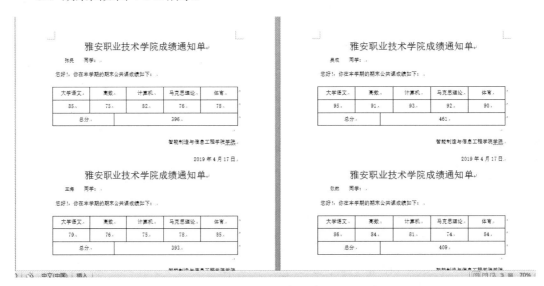

图 4-145　效果图

知识点分析

（1）准备数据源和邮件模板。

（2）"邮件"功能区→开始邮件合并→邮件合并分步向导→邮件合并→设置主文档，将文档连接到数据源→调整项列表→向文档添加占位符（邮件合并域）→预览并完成合并。

案例实施步骤

1．创建成绩通知单模板

利用 Word 的编辑功能，建立图 4-146 所示的成绩通知单模板。

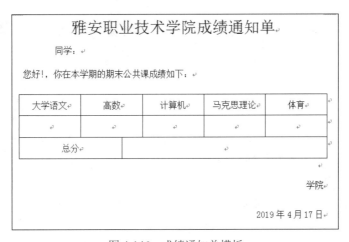

图 4-146　成绩通知单模板

（1）利用 Excel 建立学生基本信息的表格（数据源），如图 4-147 所示，保存在计算机中。

姓名	学院	大学语文	高数	计算机	马克思理论	体育
张民	智能制造与信息工程学院	85	75	82	76	78
王海	智能制造与信息工程学院	79	76	75	78	85
吴成	智能制造与信息工程学院	95	91	93	92	90
欣然	智能制造与信息工程学院	86	84	81	74	84
常梅	智能制造与信息工程学院	78	75	85	85	94
周天	智能制造与信息工程学院	84	83	75	78	88
徐红	智能制造与信息工程学院	94	85	91	94	79
王欣	智能制造与信息工程学院	87	76	78	81	86
胡艳	智能制造与信息工程学院	72	84	85	78	78
何龙	智能制造与信息工程学院	80	79	94	87	85

图 4-147　Excel 数据表

（2）回到刚才创建的成绩通知单模板，选择"邮件"→"开始邮件合并"→"邮件合并分步向导"命令，弹出邮件合并向导，如图 4-148 所示。

单击"下一步"按钮，弹出图 4-149 所示的窗口。

（3）选择"使用当前文档"单选项，单击"下一步：选择收件人"按钮，选取刚才创建的学生成绩信息表，单击"下一步，撰写信函"→"其他项目"按钮，将数据库域依次插入对应的位置，如图 4-150 所示。

（4）单击"下一步，预览信函"按钮，如果结果没有问题，继续单击"下一步，完成合并"按钮，完成邮件合并操作。可以通过"预览信函"预览结果，如图 4-151 所示。

图 4-148　邮件合并向导一　　　　　　　　　图 4-149　邮件合并向导二

图 4-150　插入数据域

图 4-151　邮件合并结果

同步训练

1．邮件合并制作奖状。

（1）建立一个 Excel 文档，输入图 4-152 所示的数据。

邮件合并制作奖状

姓名	奖励
张三	一等
王无	二等
孙四	二等

图 4-152　输入数据

（2）新建 Word 模板，排版如图 4-153 所示。

××同学：

　　祝贺你获得学校设计××奖！

特此鼓励！

图 4-153　Word 模板

（3）利用邮件合并功能完成 Excel 表格中四个同学的奖状制作。

2．制作邀请函。

邀请函模板如图 4-154 所示。

雅安职业技术学院创新创业交流会
邀请函

尊敬的×××老师：

　　您好！

　　校学生会定于 2021 年 5 月 18 日，在学院大礼堂举行"大学生创新创业交流会"，特邀请你参加本次会议并对工作进行指导。

　　谢谢你对学生会工作的大力支持！

雅安职业技术学院学生会

2021.4.12

图 4-154　邀请函模板

教师信息表格见表 4-6。

表 4-6　教师信息表

教师姓名	性别	所属系	所教专业
张宏	男	教育系	中文
李梅	女	机电系	计算机
王海	男	医学系	病理学
夏萧	男	教育系	思想政治

利用邮件合并功能完成 Excel 表格中四名教师的邀请函制作。

第 5 章 Excel 电子表格制作与处理

项目简介

Excel 是微软公司推出的 Microsoft Office 办公系列软件中的一个重要组成部分，具有强大的自由制表和数据处理等多种功能，广泛应用于管理、统计财经、金融等领域，是目前世界上最优秀、最流行的电子表格制作和数据处理的软件之一。利用该软件，用户不仅可以制作精美的电子表格，而且可以用来组织、计算和分析各种类型的数据，方便地制作复杂的图表和统计报表等。我们以 Excel 2016 为例讨论电子表格的应用。

能力目标

本项目以日常学习与工作中的应用需求作为任务案例，采用理论与实践结合的方式讲解 Excel 软件的常用功能，使学生通过本项目的学习，能熟练掌握 Excel 表格的制作方法，学会常用的公式和函数等计算功能以及常用的数据分析和统计功能。

案例名称	案例设计	知识点
数据表的初始化与格式化	创建"学生基本情况表"并进行格式化、页面设置与打印	数据的分类与输入，自动填充功能的使用，数据的编辑与修改，文件的保存；单元格格式、单元格样式、表格样式等格式设置；工作表的基本操作，页面设置与打印
Excel 表格中数据的计算	"学生成绩表"中数据的计算	公式的输入，相对地址和绝对地址的使用，常用函数的使用
Excel 中图表的制作与编辑	根据"附属医院人力资源管理"工作簿中的"临床科室职称统计表"中的数据生成图表	图表的创建和编辑
Excel 中数据的分析和统计	"产品销售情况表"中数据的分析和统计	自动筛选、高级筛选、排序、分类汇总和数据透视表
综合训练	"雅职院校园歌手大赛评分表"中数据的综合应用	数据的输入，格式化，统计，分析，汇总

案例一 数据表的初始化与格式化

案例描述

作为一名刚入学的大学生，你被选为课程小组的组长，教师请你搜集本小组同学的基本信息，制作一张小组基本情况表，并将其余各小组提交的表汇总为一张本班学生基本情况表，设置基本的格式进行美化，最后排版打印后交给教师，便于教师了解同学的基本情况。

案例分析

1. 学生基本情况表内容

学生基本情况表作为数据表，是基于工作簿文件存在的，内容包括学号、小组编号、姓名、出生日期、入学成绩、联系电话、联系地址等。

2. 学生基本情况表制作步骤

（1）输入数据。在 Excel 中新建工作簿文件并在工作表中输入本小组数据。

（2）保存合并数据。将其他小组的数据合并到当前工作表，将工作表重命名并保存工作簿文件。

（3）格式化工作表。更改表内部分行、列的高度和宽度并设置文本控制方式，进行合并居中、字体、字号、边框、底纹、条件格式等格式设置，具体要求如下。

- 在表中插入标题行，设置单元格合并居中，输入标题并设为黑体、14 磅。
- 适当增大"联系地址"列宽度并设置文本控制为"缩小字体填充"，缩小"小组编号""入学成绩"列的宽度并设置为"自动换行"方式。
- 将列标题区域设置为"白色，背景 1，深色 25%"底纹。
- 设置数据表内所有单元格内容水平居中。
- 设置数据表外边框为黑色粗实线，内边框为黑色细实线。
- 将"入学成绩"列大于或等于 380 的单元格设置为红色填充。

（4）页面设置。设置纸张大小、打印区域、页面对齐方式、打印预览等。具体要求为：将工作表的 A1:G10 设置为打印区域，纸张大小为 A4，水平和垂直均居中，并进行打印预览。

3. 操作流程图（图 5-1）

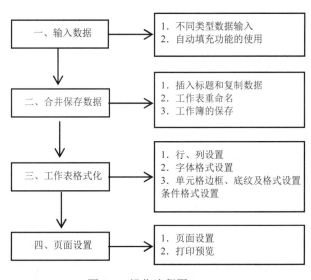

图 5-1　操作流程图

4. 效果图（图 5-2）

计算机应用技术2021-1班学生基本情况表						
学号	小组编号	姓名	出生日期	入学成绩	联系电话	联系地址
2021150101	1	王春光	2002/2/21	372	18080236777	雅安职业技术学院经开区清雅苑2304
2021150102	1	张小梅	2001/9/12	358	15883272390	雅安职业技术学院经开区清风苑1211
2021150103	1	李明达	2002/8/2	369	15883271234	雅安职业技术学院经开区清风苑1211
2021150104	1	刘定宏	1999/12/29	349	18091017678	雅安职业技术学院经开区清风苑1213
2021150105	2	苏敏	2001/6/12	381	18090212344	雅安职业技术学院经开区清风苑2301
2021150106	2	刘然	2002/2/3	365	18198661298	雅安职业技术学院经开区清风苑1210
2021150107	2	李知同	2001/9/12	372	18980189877	雅安职业技术学院经开区清风苑1210
2021150108	2	张礼让	2001/5/24	344	18312349089	雅安职业技术学院经开区清雅苑2301

图 5-2　效果图

知识点分析

1. Excel 2016 窗口介绍

启动 Excel 2016 后，就可看到图 5-3 所示的工作窗口，主要由标题栏、快速访问工具栏、功能区、编辑栏、工作区等、状态栏组成。

图 5-3　Excel 2016 的工作窗口

（1）标题栏。标题栏位于 Excel 2016 窗口的最上方，中间显示当前打开的应用程序名和当前正在编辑的文件名。

（2）快速访问工具栏。在标题栏控制菜单图标的右边是快速访问工具栏，它提供若干工具按钮用于快速执行一些常见操作，默认包括"撤消"和"保存"两个按钮，用户也可通过单击右边的"自定义快速访问工具栏"按钮▼向快速访问工具栏添加或删除工具按钮。

（3）功能区。功能区位于标题栏的下方，以选项卡的形式管理常用功能和命令，如图 5-4

所示。每个选项卡对应不同的功能区，每个功能区由若干组构成，每个组又由若干按钮和下拉列表组成。组的名称显示在功能区底部，不同组之间用分组线分隔。如果该组功能可以进一步设置，则该组右下角有一个启动器按钮，单击此按钮可弹出对话框。

图 5-4　选项卡和功能区

　　（4）编辑栏。编辑栏位于功能区下方，由名称框和数据编辑区组成。名称框中显示的是当前选中的单元格地址，它的内容显示在数据编辑区中。

　　（5）工作区。工作区即工作表窗口，是我们在 Excel 2016 中处理数据的基本工作环境，用于对当前工作表中数据进行编辑和管理，由行标签、列标签、全选按钮、工作表区域、滚动条和工作表标签栏组成，如图 5-5 所示。

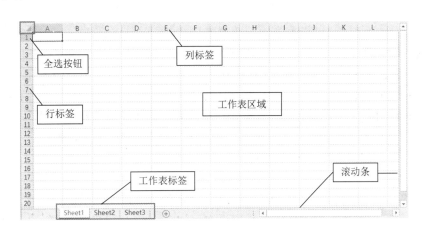

图 5-5　工作表窗口

　　（6）状态栏。状态栏位于 Excel 2016 窗口的底部，用于显示当前文档的编辑状态。

　　2. 工作簿、工作表与单元格的基本概念

　　在 Excel 2016 的使用过程中，我们的操作对象主要有工作簿、工作表和单元格，因此，我们先要弄清楚它们的相关概念及关系。

　　（1）工作簿。在 Excel 2016 中，用户储存和管理数据的文件称为工作簿文件，一个工作簿就是一个 Excel 格式的文件，Excel 2016 工作簿文件的扩展名为.xlsx。

　　早期 1997～2003 版本的 Excel 文件的扩展名为.xls，该类文件依然可以用较高的 Excel 2016 版本打开，有时会存在版本兼容问题，早期的很多应用系统只支持.xls 的文件导入或导出。

　　（2）工作表。在工作簿中，记录、使用与管理数据的区域称为工作表。Excel 2016 的一个工作簿文件理论上可以包含若干张工作表，它只受系统内存的限制。新建一个工作簿文件时，系统默认自动创建三张工作表：Sheet1、Sheet2、Sheet3。我们可在图 5-6 所示的工作表标签上进行工作表的查看、选择、移动、复制、删除、插入和重命名等操作。

图 5-6　工作簿、工作表和单元格

如果把工作簿文件看作一本笔记本，工作表则可以看作笔记本的每页。

（3）单元格。单元格是工作表中输入数据或公式的矩形格。在 Excel 2016 的每张工作表中，默认包含 1048576（行）×16384（列）个单元格。单元格的地址由列标在前、行标在后共同标识，垂直方向为列，由字母（A，B，C，…，XFD）命名；水平方向为行，由数字（1，2，3，…，1048576）命名。当前正在使用的单元格称为活动单元格，它的外围有绿色边框，每张工作表中只能有一个活动单元格，只有在活动单元格中才能输入和编辑数据。它的地址可通过名称框查看，如图 5-6 所示，名称框中显示的单元格地址为 A1，表示当前活动单元格位于第 1 行第 1 列。

3. 创建新工作簿

在 Excel 2016 中，创建工作簿的方法有多种，比较常用的有以下两种。

（1）打开 Excel 时系统自动新建。我们每次启动 Excel 时系统会自动创建一个新的工作簿文件，其文件名默认为"工作簿 1.xlsx"。

（2）利用"文件"按钮新建工作簿。单击"文件"→"新建"菜单命令，出现图 5-7 所示窗口，可单击"空白工作簿"按钮新建一个空的工作簿文件；也可选择 Excel 提供的模板或自己创建的模板建立新文件，利用模板可避免相似功能的重复劳动，提高效率。

利用 Ctrl+N 组合键或在"快速启动工具栏"添加"新建"按钮也可快速创建新的工作簿文件。

无论使用哪种方法，新建的工作簿文件都默认包含 3 张空白工作表，当前工作表默认为 Sheet1。

4. 工作表的数据输入

创建好新的工作簿文件后，我们就可以在其任一张工作表的单元格中录入数据了。Excel 将工作表中的数据分为文本型数据、数值型数据和日期和时间型数据，不同类型的数据各有特点和格式，通常系统能够根据我们录入的数据自动识别数据类型，我们也可根据需要改变输入数据的类型。

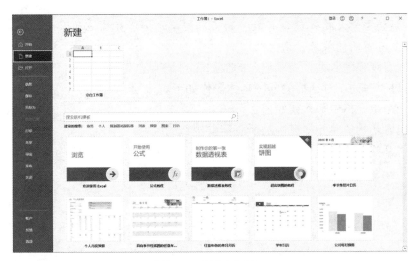

图 5-7　"新建"窗口

（1）文本型数据。文本型数据包括文字、字母、数字、空格和其他符号。只要单元格包含非数字字符的数据项，系统就会自动视作文本处理，默认左对齐。

有些数据虽然全部由数字组成，但并不需要进行数学运算（如电话号码、身份证号等），为了避免误操作，可以在输入的数字前加上一个英文单引号（'），Excel 就会把该数字自动作文本处理。

（2）日期和时间型数据。Excel 允许使用多种格式来输入日期。例如，要输入日期 2021 年 6 月 20 日，可以用下面的任何一种形式输入：

- 21-6-20
- 21/6/20
- 6-20-21
- 20-Jun-21

时间数据由"时:分:秒"的格式表示，如 8:45:30 表示 8 时 45 分 30 秒。

日期时间型数据默认右对齐。

（3）数值型数据。Excel 中的数值型数据只能包含下列字符：

0　1　2　3　4　5　6　7　8　9　+　-　(　)　$　%　.　,　E　e

其中$表示货币符号；E 用于科学记数法，如 2.8E-3 表示 2.8×10^{-3}；逗号表示分节号。数值型数据在单元格中默认右对齐。

5．自动填充数据

在输入数据时，有些相邻单元格的数据是相同的或有规律的，Excel 提供自动填充功能，以快速输入数据。

（1）相同数据的填充。在选定单元格或区域的右下角有一个小方块，称为填充柄，如图 5-8 所示。用鼠标左键拖动填充柄可以向相邻单元格填充相同的数据。

	学号	小组编号	姓名	出生日期	入学成绩	联系电话	联系地址
1							
2	2021150101		王春光	2002/2/21	372	1808023	雅安职业技术学院经开区清雅苑2304
3	2021150102		张小梅	2001/9/12	358	1588327	雅安职业技术学院经开区清风苑1211
4	2021150103			2002/8/2	369	1588327	雅安职业技术学院经开区清风苑1211
5	2021150104			99/12/29	349	1809101	雅安职业技术学院经开区清风苑1213
6							

填充柄

图 5-8　自动填充功能

注意：对数值型单元格或包含有数字的文本型单元格，直接拖动填充柄和在拖动填充柄时按下 Ctrl 键会有不同的效果，试试吧！

（2）输入有规律的数据。当要输入的数据序列是等差序列、等比序列或有规律的日期序列时，可以通过"序列"对话框输入，具体操作如下。

1）在第一个单元格中输入初始值。

2）选定包含初始值单元格在内的所有需要填充的区域。

3）单击"开始"→"填充"→"序列"命令，出现图 5-9 所示的"序列"对话框。

图 5-9　"序列"对话框

4）在"序列产生在"选项组中选择填充方向（按行或按列）。

5）在"类型"选项组中选择序列的类型。

6）在"步长值"文件框中输入步长，"步长"的意义与序列类型有关。

● 若是"等差序列"，则步长值为正值时为等差递增序列，步长值为负值时为等差递减序列。

● 若是"等比序列"，则步长表示比值，步长值大于 1 时为等比递增序列，步长值小于 1 时为等比递减序列。

● 若是"日期"，则建立日期的等差序列，步长值可分别表示年、月、日，可在右边的"日期单位"选项组中选择单位。

7）单击"确定"按钮，可在选中的区域内填入自己需要的数据序列。

（3）自动填充已定义的序列。Excel 还预先定义了一些常用的数据系列，用户只需在需要填充的第一个单元格内输入该序列中的某个数据并拖动填充柄，就可以在相邻单元格自动填充该系列的其他数据。

用户也可以根据需要自定义填充序列，具体方法如下。

1）选择"文件"→"选项"→"高级"→"常规"→"编辑自定义列表"菜单命令。

2）弹出"自定义序列"对话框，如图 5-10 所示，其中"自定义序列"列表框中列出了 Excel 已经定义好的填充序列。

3）在"自定义序列"列表框中选择"新序列"选项。

4）在"输入序列"编辑框中输入自定义的填充序列项，每项数据以 Enter 键结束。

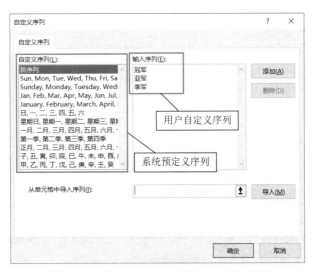

图 5-10　"自定义序列"对话框

5）单击"添加"按钮，新定义的填充序列将出现在"自定义序列"列表框中。

6）单击"确定"按钮。

添加好自定义序列后，我们就可与系统预定义序列一样进行填充了，如图 5-11 所示。

图 5-11　已定义序列填充效果

6. 单元格的编辑

对已经录入数据的工作表，我们可根据自己的需要编辑、修改数据，如移动、删除、复制单元格等。但无论对单元格进行何种操作，都要先选定单元格。

（1）单元格的选定。

1）选定一个单元格。单击单元格或在名称框中输入单元格地址都可选定一个单元格。

2）选定多个相邻的单元格。单击起始单元格，然后按住鼠标左键的同时将鼠标拖至需连续选定单元格的终点，即可选定从起点到终点的一个矩形单元格区域。

3）选定多个不相邻的单元格。单击选定第一个单元格，然后按下 Ctrl 键的同时依次单击所需单元格即可选定任意单元格。

4）选定整行或整列。在所需选定的行（或列）标签上单击或拖动鼠标，可以选定一行（列）或多行（列）。

5）选定整张工作表。要选定整张工作表，可单击行标签和列标签交汇处的"全选"按钮，也可使用全选快捷键 Ctrl+A。

（2）移动和复制数据。在编辑过程中，若要对单元格内容进行移动、复制等操作，可以利用"开始"选项卡上相应的"剪切""复制""粘贴"工具按钮或用对应功能的快捷键，或利用鼠标拖动实现。

1）使用"开始"选项卡中"剪贴板"组上的快捷按钮。

具体操作如下：

①选定要复制或移动的单元格。

②单击"开始"选项卡中"剪贴板"组上的"复制"或"剪切"（移动）按钮。

③选中要粘贴的目标单元格（若操作对象是一个区域，则只需选定目标区域的起始单元格即可），单击"粘贴"按钮。

在操作的过程中，被复制或剪切的单元格被一个闪动的虚线框包围，称为"活动选定框"，按 Esc 键或在任意位置处双击即可取消。

上述操作也可通过 Ctrl+C 组合键复制，Ctrl+X 组合键剪切，Ctrl+V 组合键粘贴来实现。它们都能在同一张工作表内或在不同工作表之间进行数据的复制和移动。

2）使用鼠标拖动实现同一张工作表内数据的移动和复制。

①选定要复制或移动的单元格。

②将鼠标移动到所选定的单元格或区域的边缘，鼠标指针由空心十字形状变成实心十字形。

③拖动鼠标指针到新位置后放开鼠标按键，完成移动操作；若要复制数据，则在拖动鼠标的同时按住 Ctrl 键。

3）填充。若想在相邻的若干单元格上复制相同的数据，也可以使用前面讲过的填充操作实现。

（3）数据的清除、删除与恢复。在 Excel 中，我们可以根据需要只清除数据的内容或格式，也可以删除行、列或单元格。

1）清除：指将选定单元格区域中的数据或格式取消，单元格区域仍保留在原处。具体操作如下。

①选定要清除的单元格区域。

②单击"开始"→"清除"按钮 清除，可选择 6 种清除方式，如图 5-12 所示。

图 5-12　"清除"功能列表

● 全部清除：从选定单元格中清除数据的内容、格式、批注及超级链接。

● 清除格式：清除选定单元格的数据格式使其恢复为默认的格式，即宋体、11 号，文本左对齐、数字和日期右对齐。

- 清除内容：清除选定单元格的数据内容，保留格式，功能与 Delete 键的相同。
- 清除批注：只清除选定单元格的批注。
- 清除超链接（不含格式）：清除所选单元格中的超链接，保留格式。

我们从中选择自己需要的操作即可。

2）删除。如果不仅要清除单元格或所选区域中的数据，而且要删除包含此数据的单元格或区域本身，则可用删除命令，具体操作如下。

①选定要删除的对象，可以是一个或多个单元格，也可以是整行或整列。

②选择"开始"→"单元格"→"删除"命令 删除 ，此时若选定的是整行或整列，则直接删除选定的行或列；若选定的是单元格区域，则会出现图 5-13 所示的"删除"对话框，可根据需要选择在删除选定单元格区域后，是"右侧单元格左移"还是"下方单元格上移"，或选择删除单元格所在的整行或整列。

③单击"确定"按钮完成删除操作。

3）撤消与恢复。如果在编辑操作过程中进行了错误的操作，可以使用"快速启动工具栏"中的"撤消"按钮 或 Ctrl+Z 组合键撤消最近的操作，将数据恢复到操作之前的状态。也可通过"快速启动工具栏"中"恢复"按钮 或 Ctrl+Y 组合键将数据或格式恢复到撤消之前的状态。

（4）行、列和单元格的插入。在操作过程中我们常遇到这种情况，在数据录入完毕以后，发现漏掉了行或列的数据，如何添加呢？Excel 遵循要多少就选多少的原则，在要增加行的下方或列的右边选定相同数量的行或列，然后右击，在弹出的快捷菜单中选择"插入"命令即可。当然也可选择"开始"→"单元格"→"插入"命令插入。如果要插入空白单元格，首先选择待插入位置所在处的单元格，用上面任一种方法选择插入命令后，出现图 5-14 所示的对话框，用户可选择插入新单元格后是"活动单元格右移"还是"活动单元格下移"或插入"整行"或"整列"。

图 5-13 "删除"对话框

图 5-14 "插入"对话框

插入空白区域的操作与插入单元格的类似，只是在选取插入位置时应注意要插入多大区域，就选择多大区域。

7．工作表的基本编辑

工作表是对数据进行组织和分析的区域，一个工作簿可包含若干张工作表，当打开一个工作簿文件时，它包含的所有工作表同时打开，工作表名均出现在 Excel 工作簿窗口下的工作表标签栏里。用户可以根据自己的需要增加、删除、移动、复制工作表或对工作表重新命名。

（1）工作表选定。要对一张或多张工作表进行操作，必须先选中（或称激活），使之成为当前工作表。操作方法如下。

- 单击工作表标签可选定一张工作表。
- 按住 Ctrl 键的同时逐一单击所要选择的工作表标签，可选择多张不相邻工作表。
- 单击第一个工作表标签，然后按住 Shift 键的同时单击要选择的最后一张工作表标签，可选择多张相邻的工作表。

（2）工作表的操作。工作表的常见操作包括移动、复制、删除、插入、重命名等，可以通过在工作表标签上右击，在弹出的快捷菜单（图 5-15）中选择相应的选项来实现。

图 5-15　工作表快捷菜单

8. 工作表的格式化

（1）文字格式的设置。在工作表中对不同单元格的数据使用不同的文字格式，可以达到突出重点、美化表格的目的。常用方法有以下两种，都要在选定要设置格式的单元格后进行设置。

- 使用"开始"选项卡下"字体"组中的相关按钮设置字符格式，如图 5-16 所示。

图 5-16　字体设置功能组

我们可以直接利用"字体"组中的按钮设置字符的字体、字号、字形、特殊效果和颜色等。

- 利用右键快捷菜单中的"设置单元格格式"命令，或单击"开始"选项卡下"格式"组启动按钮弹出的"设置单元格格式"对话框中的"字体"选项卡设置文字格式，如图 5-17 所示。

图 5-17　"设置单元格格式"对话框

（2）边框和底纹的设置。工作表窗口中显示的网格线是为用户输入、编辑方便而预设置的，在预览或打印时是无法看到的，因此需要手动给所需单元格区域添加边框线，也可为单元格设置底纹，两者操作相似，都有以下两种方法。

● 使用"开始"选项卡下"字体"组中的"边框"和"填充"按钮给所选单元格区域添加边框和底纹，如图 5-18 所示。

图 5-18　边框和填充效果设置按钮

● 使用右键快捷菜单中的"设置单元格格式"命令，或单击"开始"选项卡下"字体"组启动按钮弹出的"设置单元格格式"对话框中的"边框"和"填充"选项卡，分别设置边框（图 5-19）和底纹（图 5-20）。

（3）对齐方式。在 Excel 中，系统的默认对齐方式是文本型数据按左对齐方式显示，数值、日期和时间型数据按右对齐方式显示，用户也可以自定义单元格的对齐方式，常用方法有如下两种。

1）使用"开始"选项卡下"对齐方式"组中的相关按钮设置对齐方式，如图 5-21 所示。

● "垂直对齐方式"用于设置单元格内文字垂直方向上的对齐方式，常用顶端对齐、垂直居中和底端对齐三种方式。

● "水平对齐方式"用于设置单元格内文字水平方向上的对齐方式，常用左对齐、居中和右对齐三种。

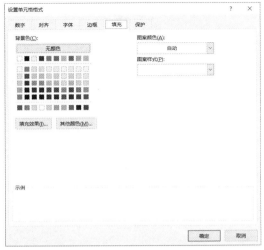

图 5-19　"边框"设置对话框　　　　图 5-20　"填充"设置对话框

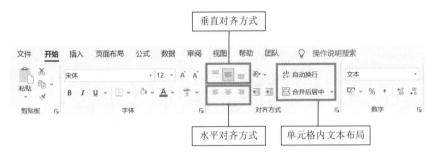

图 5-21　"对齐方式"功能组

- "自动换行"用于设置当单元格中数据超过单元格宽度时，数据自动在该单元格中换行显示。
- "合并后居中"用于合并当前选中的多个相邻单元格为一个单元格，并使内容在该单元格内水平居中。

2）利用右键快捷菜单中的"设置单元格格式"命令或单击"对齐方式"组启动按钮弹出的"设置单元格格式"对话框中的"对齐"选项卡设置文字格式，如图 5-22 所示。

"对齐"选项卡中各选项的功能如下。

- "水平对齐"：用于设置水平方向的对齐方式，有常规、靠左、居中、靠右、填充、两端对齐、跨列居中和分散对齐等选项。其中"填充"选项可使数据在一个或多个单元格中重复显示。
- "垂直对齐"：用于设置垂直方向的对齐方式，有靠上、居中、靠下、两端对齐和分散对齐等选项。
- "方向"：用于设置数据在单元格中的旋转角度。
- "缩进"：用于设置单元格边框与文字之间的边距。
- "自动换行"：选中该复选框，可以使单元格中的文本在超过单元格宽度时自动换行。

图 5-22　"对齐"选项卡

- "缩小字体填充"：选中该复选框，当文本超过单元格宽度时可以自动缩减单元格中字符的尺寸，使数据调整为与该单元格的列宽一致。
- "合并单元格"：选中该复选框，可以将选定的多个单元格合并为一个单元格。

（4）设置数值格式。可将 Excel 的数据设置为不同格式，包括常规、数值、货币、会计专用、日期、时间、百分比、分数、科学记数、文本、特殊、自定义等。若单元格从未设置过数据格式，则该单元格中的数据默认为常规格式，用户也可根据单元格数据的处理需要灵活设置。数值格式设置有以下两种常用方法。

1）使用"开始"选项卡下"数字"组中的下拉列表和按钮对选定单元格进行常见格式的设置，如图 5-23 所示。

图 5-23　数字功能组

2）单击"开始"选项卡下"数字"组右下角的启动按钮，在弹出的"设置单元格格式"对话框的"数字"选项卡下设置数字格式，该方式可对选中的格式进行详细设置，如图 5-24 所示。

（5）格式的复制。当格式化表格时，有些单元格格式是相同的，我们可以用格式刷快速复制格式，操作步骤如下。

1）选定已有格式的源单元格。

2）单击"开始"选项卡下"剪贴板"组中的格式刷按钮（图 5-25），此时鼠标指针变成刷子形状。

图 5-24   "数字"选项卡

图 5-25   "格式刷"按钮

3）鼠标指针移到目标区域的左上角，沿着要复制格式的单元格或单元格区域拖动鼠标左键，格式将自动复制到单元格上，放开鼠标后复制结束。

若在第 2）步双击"格式刷"按钮，可以连续使用格式刷在多个区域复制格式，此时若要结束复制格式的操作，按 Esc 键或者再次单击"格式刷"按钮即可。

（6）设置行高和列宽。新建工作表时，所有单元格具有相同的高度和宽度。若在单元格中输入过长的数据，超出部分就不能显示完整或显示为一串#符号。此时除了可以设置"自动换行"分行显示外，还可以调整列宽和行高，以使数据显示完整。使用鼠标或命令都能调整行、列的高度和宽度。

1）拖动鼠标改变行高或列宽。将鼠标指针指向某行号（列标）的边框线上，当鼠标指针变为双向十字箭头时，按住鼠标左键上下（左右）拖动可以改变行高（列宽）。

2）双击自动调整行高或列宽。将鼠标指针指向某行的下框线或某列的右边框线上，当鼠标指针变为双向十字箭头时双击，即可自动调整行高（或列宽）以显示该行（列）中最高（宽）的数据项。

3）利用菜单改变行高或列宽。可以按照下述步骤精确地设置行高或列宽。

①选定要调整的行或列。

②选择"开始"→"单元格"→"格式"→"单元格大小"组中的相关命令，调整"行

高"或"列宽",如图 5-26 所示,此方法可以输入精确的行高或列宽的数值。

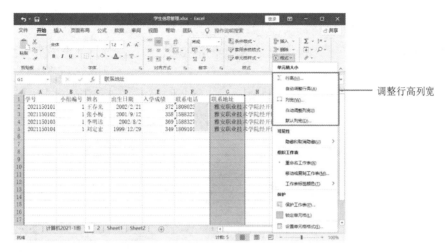

图 5-26　行高和列宽的调整

(7)条件格式。Excel 提供了条件格式功能,为选定区域内满足条件的单元格设置格式。方法如下:单击"开始"→"样式"→"条件格式"下拉按钮,弹出设置条件格式的下拉列表,如图 5-27 所示。

图 5-27　"条件格式"下拉列表

- "突出显示单元格规则":对满足约定条件(如大于、小于、介于等)的单元格设置格式。
- "最前/最后规则":对满足所占比例或项数的单元格设置格式。
- "数据条":用不同长度的数据条表示数值。
- "色阶":用双色或三色渐变的底纹表示数值。
- "图标集":用不同的形状表示数值。

以上选项中的条件和格式都是预设的,如果要定义个性化的条件格式,则可选择"新建规则"命令;如果要修改已设置好的条件格式,则可选择"管理规则"命令;如果要删除设置好的条件格式,则可选择"清除规则"命令。

(8)套用表格格式。为了快速格式化表格,Excel 为用户预设了许多表格方案,我们可以直接套用系统定义的各种格式来美化它，这就是 Excel 的套用表格格式功能。

操作步骤如下：

1）选定要套用格式的单元格区域。

2）选择"开始"→"样式"→"套用表格格式"命令，下拉列表中会显示当前预设好的各种表格样式，如图 5-28 所示。

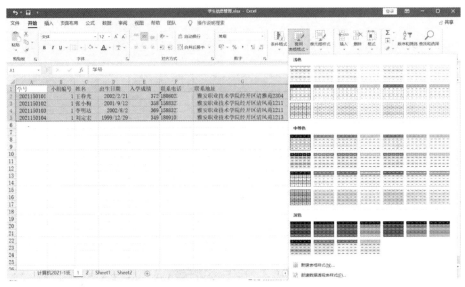

图 5-28　套用表格格式

3）在列表中单击选中的格式，该格式将立即应用于所选区域。Excel 允许用户自定义表样式，选择列表下方的"新建表样式"命令，弹出图 5-29 所示的对话框，在对话框中分别按需要设置各表元素的格式，然后单击"确定"按钮，该自定义样式就被添加到样式列表中了。

图 5-29　"新建表样式"对话框

9. 页面设置与打印

工作表建立好后，可以将它打印出来。在打印之前，我们应通过页面设置命令设置打印的版面效果，通过打印预览命令实现效果查看，最后通过打印操作将其打印。

（1）页面设置。页面设置是打印前的主要准备工作。一般来说，每次打印新表前都要进行页面设置。当工作表较大时，可能需要分页，并设置打印标题、行号、列标、页眉、页脚等。页面设置可通过对话框实现，单击"页面布局"选项卡下"页面设置"组的启动按钮，可打开图 5-30 所示的"页面设置"对话框。

图 5-30　"页面设置"对话框

在"页面设置"对话框中有以下四个选项卡。

1）页面。用于设置打印格式，其中常用选项的含义如下。

● "方向"：有"纵向"和"横向"两个单选项，"纵向"表从左到右按行打印，"横向"表将数据旋转 90°打印。

● "缩放比例"：用于设置打印的比例，范围为 10%～400%，一般采用 100%。

● "纸张大小"：用于设置打印纸张的规格，可从下拉列表框中选择，如 A4、A5 等。

● "打印质量"：设置打印效果，可从下拉列表框中选择，默认为 600 点/英寸，数字越大，质量越高。

● "起始页码"：设置打印开始的页码，可直接输入页码的值。

2）页边距。用于设置页面的上、下、左、右边距和页眉、页脚与纸边的距离以及打印的位置，如图 5-31 所示，常用选项功能如下。

● "页边距"：在打印工作表时，Excel 2016 将按默认值自动设定页边距，上、下各是 1.9cm，左、右各是 1.8cm，页眉、页脚各为 0.8cm。如果默认值不满足要求，则可重新输入或选择数值。

● "居中方式"：可勾选"水平"或"垂直"复选框，用于设置表格打印时在页面水平和垂直方向是否居中。

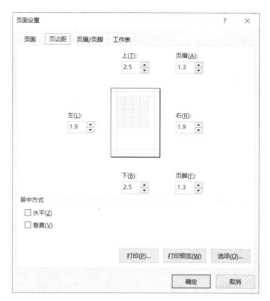

图 5-31　"页边距"选项卡

3）页眉/页脚（图 5-32）。设置页眉和页脚的内容以及页眉与页脚的相关选项。

图 5-32　"页眉/页脚"选项卡

4）工作表。用于设置打印参数，如图 5-33 所示，包括以下选项。

● "打印区域"：选择打印工作表的部分区域。

● "打印标题"：当工作表有多页时，如果要求每页均打印表头（顶标题或左侧标题），则可在"顶端标题行"/"从左侧重复的列数"编辑框中输入或选择标题所在的单元格地址。

● "打印"：可设置打印的相关参数。

● "打印顺序"：当表格太大，一页容纳不下（行、列都超出）时，可选择按"先列后行"或"先行后列"的顺序打印。

图 5-33　"工作表"选项卡

（2）打印预览。在打印之前，可利用"打印预览"功能查看各种设置是否合适，版面是否符合要求。通过下列方法可打开打印预览窗口。

- 选择"文件"→"打印"命令，右边可显示预览效果。
- 在"页面设置"对话框中单击"打印预览"按钮。

（3）打印工作表。在所有设置完成后，就可打印工作表了。执行打印命令的常用方法如下。

- 单击"文件"→"打印"→"打印"命令。
- 在"页面设置"对话框中单击"打印"命令按钮。

案例实施步骤

1. 初始化表格

（1）新建工作簿文件。单击"开始"→"所有程序"→Microsoft Office→Microsoft Excel 2016 命令，打开 Excel，系统自动新建名为"工作簿 1.xlsx"的空白工作簿文件。

（2）输入数据。选择默认的 Sheet1 工作表，在它的第一行从 A1 单元格开始依次输入各列标题；在第二行依次输入第一位学生的信息，输入时注意，在 F2 单元格输入联系电话时应先输入一个单引号，单引号的目的是将该数字作为文本型处理，也可以输入电话号码后设置单元格格式为"文本型"，如图 5-34 所示；输入出生日期时注意年月日的分隔符是"/"或"-"。

（3）使用自动填充功能。由于学号列的数据是有序的，不用一一输入，因此可以使用自动填充功能，将鼠标指向 A2 单元格右下角填充柄位置，当指针变成一个细实线的+形状时，按下 Ctrl 键的同时按住鼠标左键拖动至 A5 单元格，即完成学号列值的自动填充；小组编号列同理，在 B2 单元格右下角的填充柄位置拖动鼠标至 B5，自动填充相同的数字"1"；"联系地址"列的数据也可用此方法部分或全部复制。其余没有规律的数据则需逐个输入，如图 5-35 所示。

图 5-34　文本型数据的输入

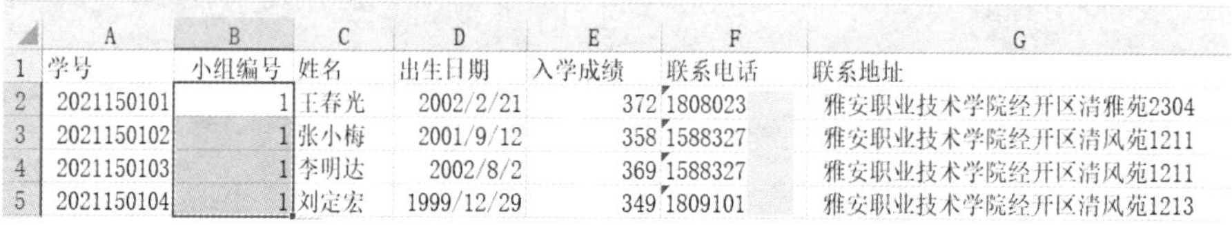

图 5-35　自动填充功能

（4）工作表重命名。在工作表标签 Sheet1 上右击，在弹出的快捷菜单中单击"重命名"命令，输入工作表新名字为本班班级名"计算机 2021-1 班"并按 Enter 键确认，如图 5-36 所示。

计算机2021-1班　Sheet2　Sheet3　⊕

图 5-36　工作表重命名

（5）保存文件。单击"文件"→"保存"命令，在弹出的"另存为"对话框中输入文件的新名字"学生信息管理"并单击"保存"按钮。

至此，第 1 小组的数据录入保存完毕，第 2 小组的数据用相同方法录入并保存。接下来，我们把其他小组（以第 2 小组为例）的数据合并到当前工作表中。

（6）打开文件复制数据。单击"文件"→"打开"命令，弹出"打开"对话框，如图 5-37 所示，找到第 2 小组提交的文件"第 2 小组学生信息.xlsx"，双击打开。

图 5-37　"打开"对话框

在新打开的文件中将鼠标从 Sheet1 工作表的 A2 拖动到 G5 选定数据区，单击"文件"→"剪贴板"→"复制"按钮或按 Ctrl+C 组合键复制数据区，如图 5-38 所示。

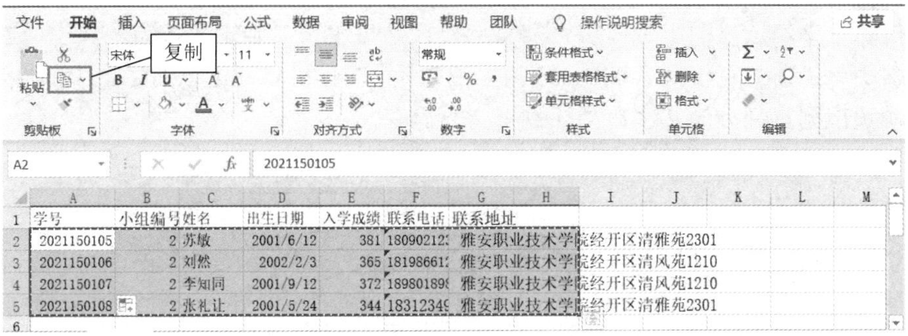

图 5-38　选择并复制源数据

然后单击"学生信息管理"文件的"计算机 2021-1 班"工作表的 G7 单元格，选择"文件"→"剪贴板"→"粘贴"命令或按 Ctrl+V 组合键粘贴数据，第 2 小组的数据合并完成，如图 5-39 所示，单击"文件"→"保存"命令保存修改后的内容。

图 5-39　数据合并完成

2. 表格行、列的调整

（1）插入表格标题。在工作表行标签 1 上右击，在弹出的快捷菜单中选择"插入"命令，数据表的上方插入一个空白行（数据表原第 1 行成为第 2 行）。

拖动鼠标选中 A1:G1，选择"开始"→"对齐方式"→"合并后居中"按钮，将多个单元格合并为一个，在该单元格内输入标题"计算机应用技术 2021-1 班学生基本情况表"并按 Enter 键，标题行插入完成，如图 5-40 所示。

（2）调整行高、列宽及单元格尺寸。增大"联系电话"和"联系地址"列的列宽：在列标签 F 的右边框上双击，"联系电话"列自动增大到能显示所有数字；拖动列标签 G 的右框线到合适位置放开，"联系地址"列增大到所需宽度，此时"联系地址"的内容仍然有部分溢出到 H 列（不将该列宽度增大到足够大，是为了后面打印时符合 A4 纸的宽度限制）。解决文字溢出的方法之一是拖动鼠标选中 G3:G10 单元格区域，单击"开始"选项卡下的"对齐方式"组的启动按钮 ，弹出"设置单元格格式"对话框，如图 5-41 所示。选择"对齐"选项卡，在"文本控制"中勾选"缩小字体填充"复选框，然后单击"确定"按钮，"联系地址"列的文字自动缩小至当前列宽恰好容纳所有文字。当然，我们也可以勾选该对话框中的"自动换行"复选框，使超出列宽部分的文字自动换到下一行。

图 5-40　插入表格标题行

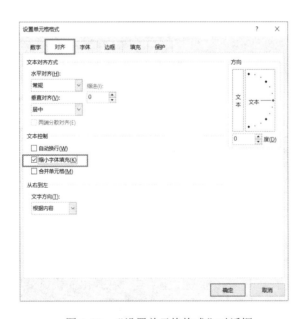

图 5-41　"设置单元格格式"对话框

缩小"小组编号"和"入学成绩"列宽度：依次分别拖动 B 列和 E 列列标签的右框线至原列宽一半，单击 B2 单元格，然后按下 Ctrl 键的同时单击 E2 单元格，此时 B2 和 E2 单元格被同时选中，单击"开始"→"对齐方式"→"自动换行"按钮 ，"小组编号"和"入学成绩"自动换为 2 行，如图 5-42 所示。

图 5-42　"自动换行"效果

3．格式化表格

（1）设置标题字体。单击 A1 单元格，选择"开始"→"字体"→"字体"→"黑体"
选项；选择"开始"→"字体"→"字号"→"14"选项（没有单独设置的单元格采用系统默
认的宋体，11 号）。

（2）设置底纹。拖动鼠标选中 A2:G2 单元格区域，单击"开始"→"字体"→"填充颜
色"下拉按钮，选中"白色，背景 1，深色 25%"选项。

（3）设置单元格内容居中方式。拖动鼠标选中 A2:G10 单元格区域，依次单击"开始"
→"对齐方式"→"垂直居中"按钮和"居中"按钮。

（4）设置数据区的边框。拖动鼠标选中 A2:G10 单元格区域，依次单击"开始"→"字
体"→"边框"下拉列表中的"所有框线"按钮和"粗外侧框线"按钮。

（5）将"入学成绩"列大于或等于 380 的单元格设置为红色底纹。拖动鼠标选定要设置
条件格式的单元格区域 E3:E10，选择"开始"→"样式"→"条件格式"→"新建规则"命令，
弹出对话框如图 5-43 所示，在"选择规则类型"列表框中选择"只为包含以下内容的单元格设
置格式"选项，"编辑规则说明"中依次选择"单元格值""大于或等于""380"选项，单击下
方的"格式"按钮，设置格式为"填充""红色"，设置完毕后单击"确定"按钮。

图 5-43　"新建格式规则"对话框

所有格式设置完成后效果如图 5-2 所示。

4．页面设置及打印预览

（1）打印区域设置。拖动鼠标选定 A1:G10 单元格区域，单击"页面布局"→"页面设

置"→"打印区域"下拉按钮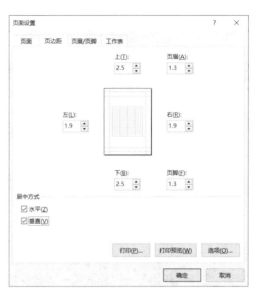打印区域▼，在下拉列表中单击"设置打印区域"选项。

（2）纸张设置。单击"页面布局"→"页面设置"→"纸张大小"下拉按钮纸张大小▼，在下拉列表中单击"A4"选项。

（3）居中方式设置。单击"页面布局"选项卡右下角的按钮，在"页面设置"对话框的"页边距"选项卡中勾选"居中方式"选项组中的"垂直"和"水平"复选框，如图 5-44 所示，单击"确定"按钮。

图 5-44　设置居中方式

（4）打印预览及打印。单击"文件"→"打印"命令，打开"打印"窗口，如图 5-45 所示，在左边工作区的"设置"下拉列表框中选择"打印选定区域"选项，右边即出现该区域打印预览效果，单击"打印"按钮即可开始打印。

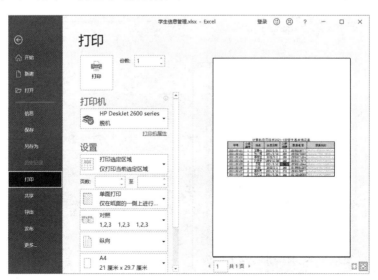

图 5-45　"打印"窗口

同步训练

1．建立图 5-46 所示的“员工档案管理”工作簿文件，并录入“公司人力资源情况表”的数据。

	A	B	C	D	E	F	G	H
1	公司人力资源情况表							
2	编号	部门	出生日期	性别	学历	职称	基本工资	奖金
3	101	销售部	1987/2/23	男	本科	工程师	3500	5800
4	102	销售部	1982/5/12	女	本科	高工	5500	4300
5	103	销售部	1985/8/26	男	本科	工程师	3500	3600
6	104	销售部	1985/1/1	男	本科	高工	5000	6700
7	201	培训部	1989/12/9	女	硕士	工程师	3500	2300
8	202	培训部	1991/3/4	男	硕士	工程师	3300	2100
9	301	开发部	1993/9/15	女	硕士	工程师	3500	5000
10	302	开发部	1988/5/6	男	博士	工程师	4500	6100
11	303	开发部	1990/11/12	男	硕士	工程师	3500	5800
12	304	开发部	1996/6/1	男	本科	助工	2500	4500

公司人力资源情况表　Sheet1　Sheet2　Sheet3

图 5-46　公司人力资源情况表

要求如下。

（1）数据原样录入，编号列按文本型输入。

（2）编号、部门、性别、学历、职称等列有连续相同或规律数据时，要求使用自动填充功能。

（3）将工作表改名为“公司人力资源情况表”，工作簿保存为“员工档案管理”。

2．对“员工档案管理”工作簿文件的“公司人力资源情况表”进行格式设置，如图 5-47 所示，并完成页面设置和打印预览。

	A	B	C	D	E	F	G	H	I	J	K
1	公司人力资源情况表										
2	编号	部门	出生日期	性别	学历	职称	基本工资	奖金	应发工资	工资等级	工资排名
3	101	销售部	1987年2月23日	男	本科	工程师	¥3,500	¥5,800			
4	102	销售部	1982年5月12日	女	本科	高工	¥5,500	¥4,300			
5	103	销售部	1985年8月26日	男	本科	工程师	¥3,500	¥3,600			
6	104	销售部	1985年1月1日	男	本科	高工	¥5,000	¥6,700			
7	201	培训部	1989年12月9日	女	硕士	工程师	¥3,500	¥2,300			
8	202	培训部	1991年3月4日	男	硕士	工程师	¥3,300	¥2,100			
9	301	开发部	1993年9月15日	女	硕士	工程师	¥3,500	¥5,000			
10	302	开发部	1988年5月6日	男	博士	工程师	¥4,500	¥6,100			
11	303	开发部	1990年11月12日	男	硕士	工程师	¥3,500	¥5,800			
12	304	开发部	1996年6月1日	男	本科	助工	¥2,500	¥4,500			

图 5-47　设置格式效果

要求如下。

（1）在原表中增加“应发工资”“工资等级”“工资排名”三列。

（2）标题行“公司人力资源情况表”合并居中，设置字体为楷体、字号为 14 号。

（3）A2:K12 单元格对齐方式设置为居中，字体设置为仿宋，字号为 12 号，外边框为红色粗实线，内边框为蓝色细实线，同时将“奖金”列的右框线设置为红色粗实线，列标题 A2:K2 单元格填充颜色为黄色。

（4）将“出生日期”列的格式改为“年月日”，基本工资和奖金列的格式改为货币型、不保留小数部分。

（5）用条件格式将“学历”列的值为“硕士”的单元格文字设置为红色、加粗效果。

（6）将表中 A2:H12 单元格区域设置为打印区域，水平和垂直居中，纸张大小为 A4，预览效果并打印。

案例二　公式与函数的使用

案例描述

2021 年秋季学期期末考试结束了，教师们提交了班级各科考试成绩，现在辅导员请你对“2021 秋季学期成绩表”中的原始成绩按要求进行统计计算，便于对班级考试情况进行分析总结。成绩表如图 5-48 所示，需完成阴影部分单元格的计算。

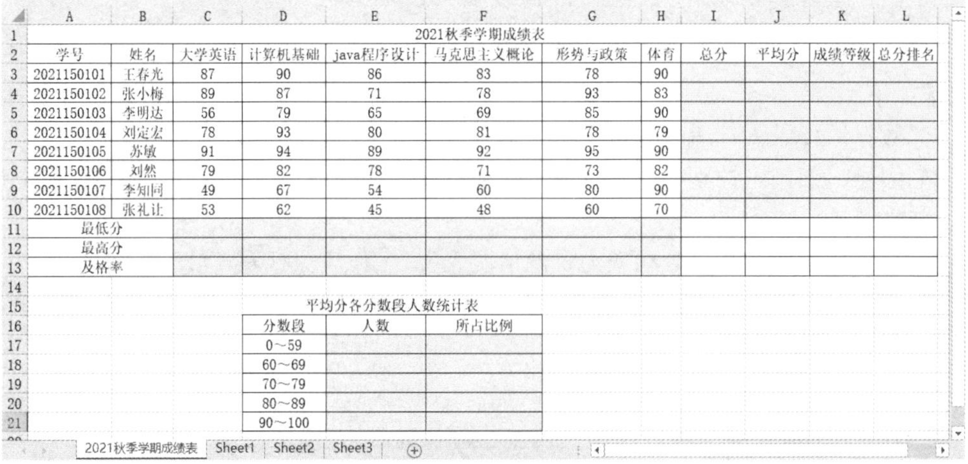

2021秋季学期成绩表

学号	姓名	大学英语	计算机基础	java程序设计	马克思主义概论	形势与政策	体育	总分	平均分	成绩等级	总分排名
2021150101	王春光	87	90	86	83	78	90				
2021150102	张小梅	89	87	71	78	93	83				
2021150103	李明达	56	79	65	69	85	90				
2021150104	刘定宏	78	93	80	81	78	79				
2021150105	苏敏	91	94	89	92	95	90				
2021150106	刘然	79	82	78	71	73	82				
2021150107	李知同	49	67	54	60	80	90				
2021150108	张礼让	53	62	45	48	60	70				
最低分											
最高分											
及格率											

平均分各分数段人数统计表

分数段	人数	所占比例
0～59		
60～69		
70～79		
80～89		
90～100		

图 5-48　成绩表

案例分析

1. 成绩表的内容设计

成绩表中已有 2021 秋季学期各科成绩的原始数据，现要求根据原始数据进行统计分析得到每位同学的总分、平均分、成绩等级、总分排名，以及每门课程的最高分、最低分和及格率，最后还要计算全班同学各分数段平均分的人数和该段所占比例，从而分析考试情况。

2. 成绩表制作步骤

（1）计算每位同学的总分、平均分及每门课程的最高分、最低分。

- 使用求和函数 SUM 计算每位同学的总分。
- 使用求平均函数 AVERAGE 计算每位同学的平均分。
- 使用最大值函数 MAX、最小值函数 MIN 计算每门课程的最高分和最低分。

（2）计算每门课程的及格率。及格率=及格人数/总人数，使用计数函数 COUNT 计算参加本课程考试的总人数，用条件计数函数 COUNTIF 统计本课程及格人数。

（3）计算每位同学的成绩等级和总分。

- 用条件函数 IF 计算成绩等级，其中 85 分及以上为 A，60～85 分为 B，60 分以下为 C，成绩有 3 段，要用到 2 个 IF 函数的嵌套。
- 用排名函数 RANK 按降序计算每位同学的总分排名。

（4）计算平均分各分数段人数和所占比例。

- 用条件计数函数 COUNTIF 计算平均分各分数段人数。
- 用自定义公式计算平均分各分数段所占比例，所占比例=该分数段人数/参加考试总人数。

3. 操作流程图（图 5-49）

图 5-49　操作流程图

4. 效果图（图 5-50）

2021秋季学期成绩表

学号	姓名	大学英语	计算机基础	java程序设计	马克思主义概论	形势与政策	体育	总分	平均分	成绩等级	总分排名
2021150101	王春光	87	90	86	83	78	90	514	85.67	A	2
2021150102	张小梅	89	87	71	78	93	83	501	83.50	B	3
2021150103	李明达	56	79	65	69	85	90	444	74.00	B	6
2021150104	刘定宏	78	93	80	81	78	79	489	81.50	B	4
2021150105	苏敏	91	94	89	92	95	90	551	91.83	A	1
2021150106	刘然	79	82	78	71	73	82	465	77.50	B	5
2021150107	李知同	49	67	54	60	80	90	400	66.67	B	7
2021150108	张礼让	53	62	45	48	60	70	338	56.33	C	8
最低分		49	62	45	48	60	70				
最高分		91	94	89	92	95	90				
及格率		63%	100%	75%	88%	100%	100%				

平均分各分数段人数统计表

分数段	人数	所占比例
0～59	1	12.50%
60～69	1	12.50%
70～79	2	25.00%
80～89	3	37.50%
90～100	1	12.50%

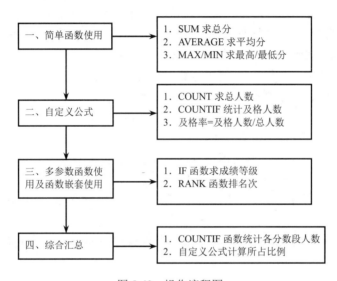

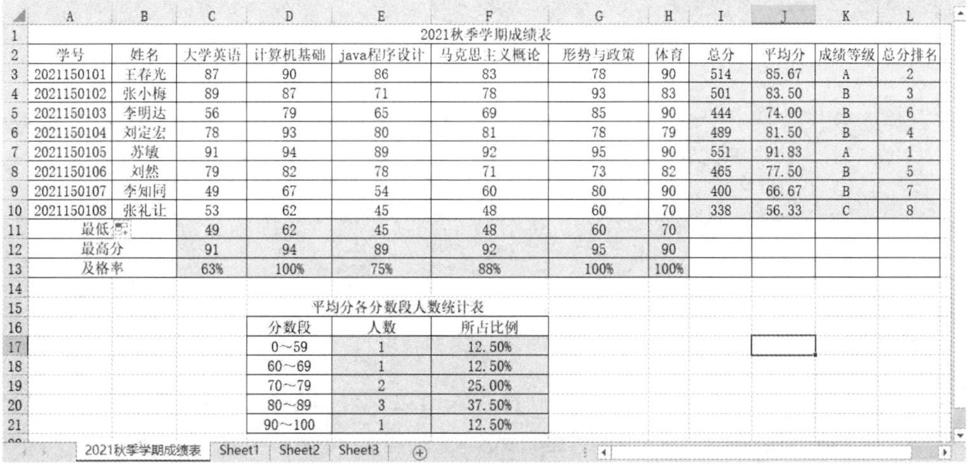

图 5-50　效果图

知识点分析

公式与函数作为 Excel 的重要组成部分，具有强大的计算功能，为用户建立、分析与处理数据提供很大方便。用户用 Excel 提供的运算符和函数创建公式，系统自动计算，并能根据源数据的改变自动更新结果，带来很好的用户体验。

1. 公式的输入

Excel 为我们提供了若干运算符，使我们可以自由地构造公式并计算单元格内的数据。

（1）运算符及优先级。在公式的使用中，会用到各种运算符，Excel 中的运算符有四类：算术运算符、比较运算符、字符运算符和单元格引用运算符。

1）算术运算符。算术运算符主要有+（加）、-（减）、*（乘）、/（除）、^（乘方）和%（百分数）。使用这些运算符进行计算时必须符合一般数学计算准则，即"先乘除，后加减"。

2）比较运算符。比较运算符主要有=（等于）、>（大于）、<（小于）、>=（大于或等于）、<=（小于或等于）和<>（不等于）。使用这些运算符可比较两个数据的大小，当比较条件成立时返回值为 TRUE（真），否则返回值为 FALSE（假）。

3）字符运算符（&）。字符运算符&用于连接两段文本，产生一段连续的文本。如"MS"&"OFFICE"，得到字符串"MS OFFICE"。

4）单元格引用运算符。引用运算符有冒号（:）和逗号（,）。

冒号（:）用于定义一个连续的单元格区域，如（A1:F4）表示从 A1 到 F4 的矩形区域。

逗号（,）是一种并集运算符，用于连接两个或多个区域，如（A1,F4）表示 A1 和 F4 两个单元格区域。

当在公式中用到了不同的运算符时，就要考虑运算符的优先级，下面按从高到低的顺序列出了常见运算符的优先级：

-（负号）、%、^、*和/、+和-、&、（=、>、<、>=、<=、<>）。

（2）公式的输入。如我们已有一张如图 5-51 所示的招生人数情况表，要求计算"增长比例"列的值 [增长比例=（2021 人数-2020 人数）/2020 人数]，最方便快捷的方法就是使用公式。

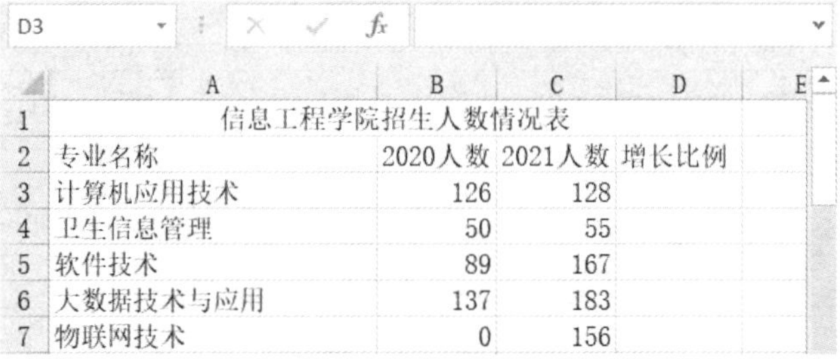

图 5-51　招生人数情况表

Excel 公式的格式为"=表达式"，其中表达式由运算符、常量、单元格地址、函数及括号等组成，不能包括空格。在工作表中创建公式，就是将公式输入单元格。图 5-51 所示案例我们计算如下。

1）选定单元格。单击将要输入公式的单元格 D3。

2）输入一个等号“=”。Excel 的公式必须以“=”开始。

3）输入公式。公式中的运算符通过键盘直接输入，而当公式中要引用单元格值时，可在该单元格上单击引用其地址或直接输入其地址，因此本例中 D3 单元格输入的公式为“=(C3-B3)/B3”，然后按 Enter 键确认，Excel 会自动根据公式进行计算并将结果填入当前单元格如图 5-52 所示。

	A	B	C	D
1	信息工程学院招生人数情况表			
2	专业名称	2020人数	2021人数	增长比例
3	计算机应用技术	126	128	1.59%
4	卫生信息管理	50	55	
5	软件技术	89	167	
6	大数据技术与应用	137	183	
7	物联网技术	0	156	

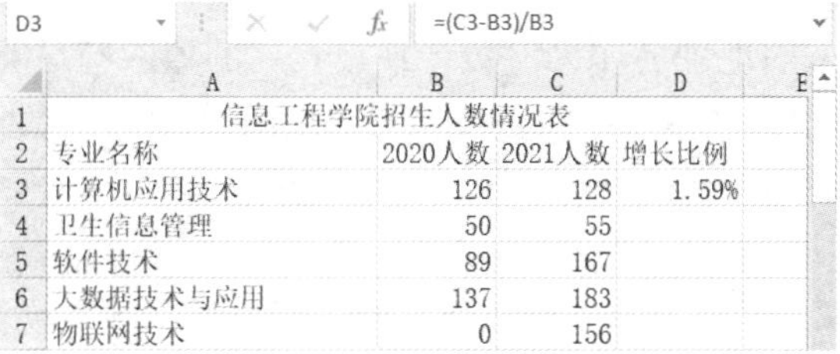

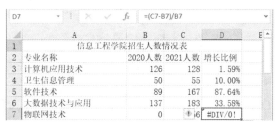

图 5-52　公式输入及计算结果

4）自动填充公式。D4:D7 单元格区域计算方法与 D3 的相同，因此可以采用填充方法，从 D3 单元格的填充柄位置拖动鼠标到 D7 单元格放开，公式自动填充，如图 5-53 所示。

	A	B	C	D
1	信息工程学院招生人数情况表			
2	专业名称	2020人数	2021人数	增长比例
3	计算机应用技术	126	128	1.59%
4	卫生信息管理	50	55	10.00%
5	软件技术	89	167	87.64%
6	大数据技术与应用	137	183	33.58%
7	物联网技术	0	56	#DIV/0!

图 5-53　公式自动填充

（3）公式使用中的错误信息。从图 5-53 中我们发现 D7 单元格的值不是有效数值，而是“#DIV/0!”的错误提示，但该单元格的公式“=(C7-B7)/B7”是没有问题的，出现错误的原因是计算时遇到了除数为零的错误（B7 单元格的值为 0）。当某个单元格的公式出现错误（如数据类型不相符、引用单元格已删除或者除数为零等）时，Excel 将无法计算公式的值，此单元格中将显示一个错误信息。表 5-1 列出了公式中的常见错误，仅供参考。当然，上例中的错误是由数据本身的特殊情况所致，只能手动修改，而大部分情况下，我们要考虑公式中单元格地址引用是否有误。

表 5-1　公式中的常见错误

错误	含义
#DIV/0!	表示在公式中出现了除数为零的错误
#N/A	表示没有可用的数值。在 Excel 中，空白单元格的默认值为零，当某单元格的内容没有用时，可标上“#N/A”，将确保不会在无意中引用空白单元格
#NAME?	表示 Excel 不能识别公式中使用的名字。这是由该名字拼写有错或未定义或已被删除引起的错误
#NUM	表示公式中的数字有问题。在要求使用数值参数的函数中使用了不可接受的参数；也可能是公式运算结果太大或太小，超出了 Excel 的范围

续表

错误	含义
#REF	表示公式引用了无效单元格。当引用单元格被删除时，将出现此错误值
#VALUE！	表示参数或操作数的类型有错，或在只需单个数值的参数处输入了区域就会出现此错误

2．公式中的地址引用

在公式中，把单元格的地址名作为参数，使单元格的值参与运算，称为单元格引用。在公式中引用单元格地址进行计算是非常方便的，当引用单元格中的数据发生变化时，公式的计算结果会自动更新。Excel 的地址引用分为以下四种情况。

（1）相对地址引用。在上面的招生人数情况表中，我们通过直接输入公式得到了计算机应用技术专业的增长比例，其他专业的增长比例我们采用拖动填充柄复制的方法，如果我们查看复制后的公式会发现 D4 单元格为"=(C4-B4)/B4"，D5 单元格为"=(C5-B5)/B5"，以此类推，复制后公式中单元格的引用地址并没有原样照搬，而是根据公式的原来位置和复制后的目标位置关系自动推算出公式中单元格引用地址相对原位置的变化，这种自动随公式复制的单元格位置变化而变化的地址引用称为相对地址引用。我们在公式中直接引用的地址系统都默认为相对地址。

（2）绝对地址引用。相对地址引用在很多时候是很方便的，但当遇到图 5-54 所示的问题时，相对引用就会导致错误的结果。表中"所占比例"列的值"=人数/总计"，我们先计算 C3 单元格的值，公式为"C3=B3/B7"，结果为 0.033613，但当我们将此公式复制到该列的其他单元格时，结果发生了"#DIV/0!"的错误。

绝对地址引用

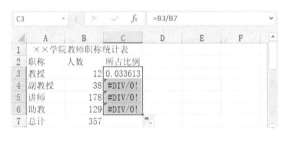

图 5-54　绝对地址引用示例

导致该错误的原因是该公式中引用的两个地址都是相对地址，复制时都会按目标地址的变化自动变化，所以复制后 C4 单元格公式中的分子从 B3 变为 B4，分母从 B7 变为 B8，由于分母 B8 单元格的值为空而导致除零的错误，其余单元格也是如此。因此在本例的公式复制中，我们希望分母始终引用 B7 单元格的值（总计），就要用到绝对地址。Excel 提供绝对地址引用来表示某个固定不变的地址，其表示形式是在相对地址的列标和行标前分别加"$"符号，如 $B$7 表示列固定为 B、行固定为 7 的绝对地址。若在本例中将 C3 的公式改为"=B3/$B$7"，那么复制到 C4 的公式为"=B4/$B$7"，C5 的公式为"=B5/$B$7"，如图 5-55 所示，以此类推，就不会出现上述错误了。

提示：利用功能键 F4，可以快速对单元进行绝对引用。

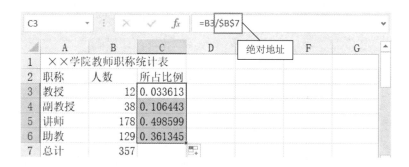

图 5-55　绝对地址引用示例

（3）混合引用。在公式中，除了相对引用和绝对引用外，还有混合引用。混合引用是指单元格引用的地址中，"行"为相对地址，"列"为绝对地址；或者"行"为绝对地址，"列"为相对地址的引用方式，例如$B7（列固定为 B，行为相对地址）、B$7（列为相对地址，行固定为 7）。在混合引用中，相对地址部分随公式复制后的目标地址变化而变化，绝对地址部分不随公式复制后的地址变化而变化。

（4）跨工作表的单元格地址引用。在同一工作簿中，当前工作表中的单元格可以引用其他工作表中的单元格，实现不同工作表之间的数据访问。引用格式是"<工作表>!<单元格>"。在不同工作簿和工作表中的单元格引用格式是"[<工作簿>]<工作表>!<单元格>"。

工作簿的引用需用方括号分隔，工作表与单元格之间用感叹号分隔，如公式"=[Book2]Sheet1!B2+[Book1]Sheet2!C3"表示将 Book2 工作簿的 Sheet1 工作表的 B2 单元格的值和 Book1工作簿的 Sheet2 工作表的 C3 单元格相加。

3．函数的使用

除了用运算符构造公式之外，Excel 还为我们提供了功能强大的函数，便于我们进行更复杂、更方便的运算。

函数可以理解为 Excel 预先定义好的公式。Excel 2016 提供 13 类函数，包括财务、日期与时间、数学与三角函数、统计、查找与引用、数据库、文本、逻辑、信息、工程、多维数据集、兼容性、Web，为了方便查找函数，Excel 还设计了常用和全部两个分类。

（1）函数的使用方法。可以直接在编辑栏输入函数，但由于函数种类多，参数不易记忆，因此我们常用编辑栏左边的"插入函数"按钮*f*或"公式"→"函数库"→"插入函数"按钮*fx*，如图 5-56 所示。

图 5-56　"插入函数"按钮

系统会弹出"插入函数"对话框，如图 5-57 所示，用户可以在对话框中方便地输入或选择函数并获得各种函数的形式、用途及使用说明，并在它的引导下输入或选择该函数参数（图5-58），从而完成函数的输入。

图 5-57　"插入函数"对话框

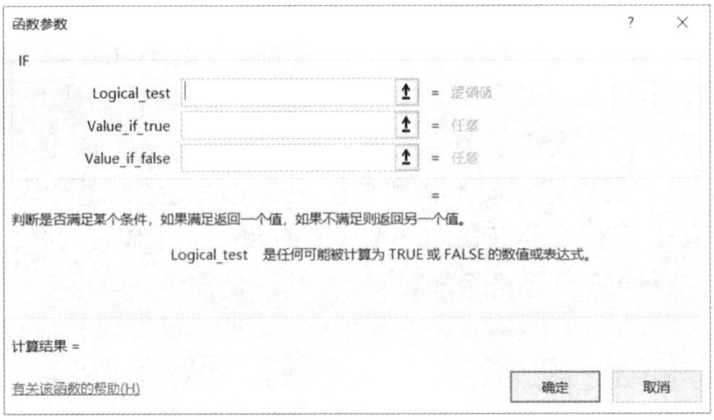

图 5-58　"函数参数"对话框

　　总的来说，函数调用的语法包括三个部分：=函数名（参数）。其中，函数计算以"="开头；"函数名"说明将要执行的运算；"参数"指定函数使用的数值或单元格。函数可以有一个或多个参数，也可以没有参数，但函数名后的一对圆括号是必需的。

　　（2）常用函数介绍。Excel 的函数有很多，下面介绍一些常用函数。

　　1）SUM(number1,number2,…)。

　　功能：求各参数之和。参数 number1、number2 等是用于求和的 1～255 个数值参数或单元格区域。

　　2）AVERAGE(number1,number2,…)。

　　功能：求各参数的平均值。参数及用法与 SUM 的相同。

　　3）MAX(value1,value2,…)/MIN(value1,value2,…)。

　　功能：MAX 求参数最大值，MIN 求参数最小值，参数及用法与 SUM 的相同。

　　4）COUNT(value1,value2,…)。

　　功能：计算参数区域中包含的数值型单元格数。参数 value 可以是 1～255 个包含任意类型数据的参数，但本函数只对数值型数据计数。

5）IF(logical_test,value_if_true,value_if_false)。

功能：根据条件表达式 logical_test 的值进行判断，若 logical_test 条件表达式的值为真，则函数返回 value_if_true 表达式的值；否则函数返回 value_if_false 表达式的值。

6）COUNTIF(range,criteria)。

功能：计算某个区域中满足给定条件的单元格数目。参数 range 是计数的范围，criteria 是计数的条件。

7）SUMIF(range,criteria,sumrange)。

功能：对满足条件的单元格数值求和。参数 range 是包含了条件区和求和区在内的计算范围；criteria 是求和的条件；sumrange 是实际求和的范围。

8）RANK (number,ref,order)。

功能：求一个数在一组数中相对于其他数值的排序。参数 number 为需要进行排序的数字；ref 是指定排序范围的一组数，可以是数字列表或对数字列表的引用，ref 中如果包含非数值型参数，则被忽略；order 用于指明排序的方式——升序或降序。

9）ROUND(number,num_digits)。

功能：按指定的位数对数值进行四舍五入。参数 number 是要四舍五入的数字；num_digits 是执行四舍五入时采用的位数，若为负，则四舍五入到小数点左边第 num_digits 位，若为 0，则四舍五入为最接近的整数。

10）VLOOKUP (lookup_value,table_array,col_index_num,range_lookup)。

VLOOKUP 函数使用

功能：搜索表区域首列满足条件的元素，确定待检索单元格在区域中的行序号，进一步返回选定单元格的值，默认表为升序排序。参数 lookup_value 为需要在数据表第一列中进行查找的数值，可以是数值、引用或文本字符串；table_array 为需要查找数据的数据表；col_index_num 为 table_array 中查找数据的数据列序号；range_lookup 为逻辑值,指明函数 VLOOKUP 查找时是精确匹配还是近似匹配,如果为FALSE 或 0，则返回精确匹配，如果 range_lookup 省略，则默认为模糊匹配。LOOKUP 函数可以用来核对数据，在多个表格之间快速导入数据。

案例实施步骤

1. 用求和函数 SUM 计算总分列

（1）选取存放总分的第一个单元格 I3。

（2）单击"插入函数"按钮 f_x ，弹出"插入函数"对话框（图 5-59），对话框上方函数输入搜索区，可直接输入函数名并通过"转到"按钮搜索。中间是函数分类列表框，显示函数类别及被选中类别的函数清单。对话框下方显示当前选中函数的格式及功能介绍。本例我们选择"常用函数"类中的求和函数 SUM（也可以在"搜索函数"文本框中输入 SUM 并单击"转到"按钮），此时，对话框下方显示出 SUM 函数的格式及功能介绍，单击"确定"按钮。

（3）在弹出的"函数参数"对话框（图 5-60）的参数文本框内输入参数，即求和的范围，本例只对一个区域求和，可在 Number1 文本框中直接输入求和范围 C3:H3，或在工作表中选取单元格区域 C3:H3，对话框下方显示出当前运算结果。如果求和区域有多个，就需要设置 Number2，Number3，……，最多可设置 255 个参数。

图 5-59 "插入函数"对话框

图 5-60 "函数参数"对话框

（4）核对无误后，单击"确定"按钮，计算结果自动显示在当前单元格中。其他单元格内容利用拖动 I3 单元格的填充柄至 I10 复制公式即可，运算结果如图 5-61 所示。

	A	B	C	D	E	F	G	H	I	J	K	L
1					2021秋季学期成绩表							
2	学号	姓名	大学英语	计算机基础	java程序设计	马克思主义概论	形势与政策	体育	总分	平均分	成绩等级	总分排名
3	2021150101	王春光	87	90	86	83	78	90	514			
4	2021150102	张小梅	89	87	71	78	93	83	501			
5	2021150103	李明达	56	79	65	69	85	90	444			
6	2021150104	刘定宏	78	93	80	81	78	79	489			
7	2021150105	苏敏	91	94	89	92	95	90	551			
8	2021150106	刘然	79	82	78	71	73	82	465			
9	2021150107	李知同	49	67	54	60	80	90	400			
10	2021150108	张礼让	53	62	45	48	60	70	338			
11	最低分											
12	最高分											
13	及格率											

图 5-61 SUM 函数运算结果

2. 用求平均函数 AVERAGE 计算每位同学的平均分

求平均分与前面求总分的方法相同，在"插入函数"对话框中选择求平均函数 AVERAGE 并设置参数，也可用 $\boxed{\Sigma\ \cdot}$ 按钮实现。

（1）选取存放平均分的第一个单元格 J3。

（2）单击"开始"→"编辑"→"快速求和"下拉按钮 Σ ▾，在下拉列表中选择"平均值"选项，如图 5-62 所示。

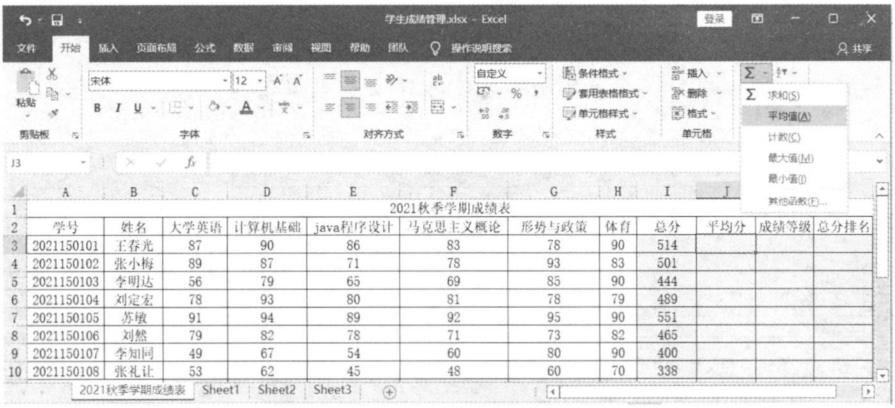

图 5-62　选择"平均值"选项

（3）J3 单元格中自动出现"=AVERAGE(C3:I3)"，它自动识别的是当前单元格左边的所有数值型单元格，多选了 I3 单元格的"总分"，我们从 C3 拖动鼠标一直到 H3 放开，重新选中求平均的区域"C3:H3"，如图 5-63 所示，按 Enter 键确定。

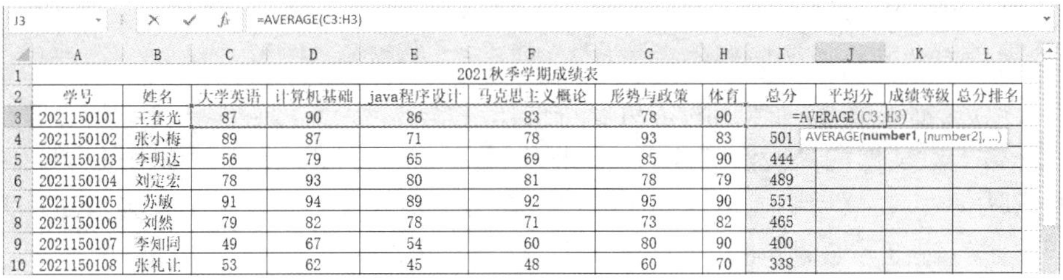

图 5-63　AVERAGE 函数参数的选择

（4）在 J3 单元格的填充柄位置向下拖动鼠标至 J10 单元格，自动填充单元格公式，结果如图 5-64 所示。

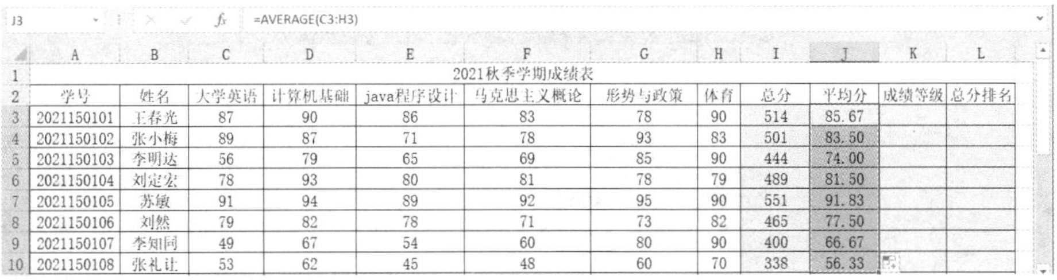

图 5-64　复制公式计算"平均分"列

3. 用最大值函数 MAX、最小值函数 MIN 计算每门课程的最高分和最低分

求最大值、最小值可以用前面求总分的方法，也可用快捷下拉按钮 Σ ▾ 实现，还可以直接输入函数，本例我们直接输入函数及参数。

（1）选取存放最低分的第一个单元格 C11。

（2）直接输入"=MIN(C3:C10)"，按 Enter 键确定，在 C11 单元格的填充柄位置向右拖动鼠标至 H11 单元格，自动填充单元格公式。

（3）选取存放最高分的第一个单元格 C12。

（4）直接输入"=MAX(C3:C10)"，按 Enter 键确定，在 C12 单元格的填充柄位置向右拖动鼠标至 H12 单元格，自动填充单元格公式，计算结果如图 5-65 所示。

C12			✕ ✓ fx	=MAX(C3:C10)							
	A	B	C	D	E	F	G	H	I	J	K	L
1					2021秋季学期成绩表							
2	学号	姓名	大学英语	计算机基础	java程序设计	马克思主义概论	形势与政策	体育	总分	平均分	成绩等级	总分排名
3	2021150101	王存光	87	90	86	83	78	90	514	85.67		
4	2021150102	张小梅	89	87	71	78	93	83	501	83.50		
5	2021150103	李明达	56	79	65	69	85	90	444	74.00		
6	2021150104	刘定宏	78	93	80	81	78	79	489	81.50		
7	2021150105	苏敏	91	94	89	92	95	90	551	91.83		
8	2021150106	刘然	79	82	78	71	73	82	465	77.50		
9	2021150107	李知同	49	67	54	60	80	90	400	66.67		
10	2021150108	张礼让	53	62	45	48	60	70	338	56.33		
11	最低分		49	62	45	48	60	70				
12	最高分		91	94	89	92	95	90				
13	及格率											

图 5-65　最低分和最高分的计算结果

4. 用计数函数 COUNT 和条件计数函数 COUNTIF 计算每门课程的及格率

每门课程的及格率=该课程及格人数/该课程总人数，课程及格人数用COUNTIF函数统计，课程总人数用 COUNT 函数计算。

（1）选取存放及格率的第一个单元格 C13。

（2）单击"插入函数"按钮 fx，可以直接在"常用"类中选择 COUNTIF 选项，也可以在"插入函数"对话框的"搜索函数"文本框中输入 COUNTIF（对于不知道分类的函数都可以用这种方法搜索），然后单击"转到"按钮，在"选择函数"列表框中找到 COUNTIF 函数并单击"确定"按钮，如图 5-66 所示。

图 5-66　选择 COUNTIF 函数

（3）在"函数参数"对话框中，在 Range 编辑框中输入或拖动鼠标选中 C3:C10，在 Criteria 编辑框中输入"＞=60"，如图 5-67 所示单击"确定"按钮。

图 5-67　设置 COUNTIF 函数参数

（4）在编辑栏中出现函数"=COUNTIF(C3:C10,>=60)"，表示统计 C3:C10 单元区域内值大于或等于 60 的单元格数即及格人数，在该函数的后面继续输入"/COUNT(C3:C10)"（COUNT 用于统计参加大学英语考试的总人数），结果即英语考试及格率，按 Enter 键确定。

（5）在 C13 单元格的填充柄位置向右拖动鼠标至 H13 单元格放开，自动填充该行剩余单元格，填充效果如图 5-68 所示。

C13				f_x	=COUNTIF(C3:C10,">=60")/COUNT(C3:C10)						
	A	B	C	D	E	F	G	H	I	J	K	L
2	学号	姓名	大学英语	计算机基础	java程序设计	马克思主义概论	求及格率的公式使用			平均分	成绩等级	总分排名
3	2021150101	王春光	87	90	86	83				85.67		
4	2021150102	张小梅	89	87	71	78	93	83	501	83.50		
5	2021150103	李明达	56	79	65	69	85	90	444	74.00		
6	2021150104	刘定宏	78	93	80	81	78	79	489	81.50		
7	2021150105	苏敏	91	94	89	92	95	90	551	91.83		
8	2021150106	刘然	79	82	78	71	73	82	465	77.50		
9	2021150107	李知同	49	67	54	60	80	90	400	66.67		
10	2021150108	张礼计	53	62	45	48	60	70	338	56.33		
11	最低分		49	62	45	48	60	70				
12	最高分		91	94	89	92	95	90				
13	及格率		62.50%	100.00%	75.00%	87.50%	100.00%	100.00%				

图 5-68　"及格率"行的填充效果

5. 用 IF 函数计算成绩等级

成绩等级划分标准为：平均分在 85 分及以上等级为 A，60～85 分为 B，60 分以下等级为 C。

一个 IF 函数只能针对一个条件成立与否（两种情况）返回不同值，而本例有三个成绩段，因此要用到两个 IF 函数的嵌套使用。

（1）单击选择 K3 单元格后，单击"插入函数"按钮 f_x，弹出"插入函数"对话框，选择"常用函数"类中的 IF 函数，如图 5-69 所示。插入函数的方法很多，下面案例我们直接选择其中一种使用。

（2）在弹出的"函数参数"对话框中，Logical_test 框输入"J3>=80"，Value_if_true 框中输入"A"，Value_if_false 框中输入"IF(J3>=60, "B","C")"，如图 5-70 所示，表示如果平均成绩 J3 大于或等于 80，则返回值为"A"，如果不满足，则判断 J3 的值是否大于或等于 60，如果是则返回"B"，否则返回"C"。单击"确定"按钮，第一条记录的成绩等级 A 计算完毕。

（3）在 K3 单元格的填充柄位置向下拖动鼠标到 K10 单元格复制公式，填充效果如图 5-71 所示。

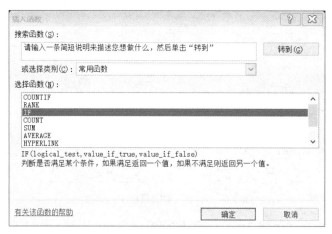

图 5-69　选择 IF 函数

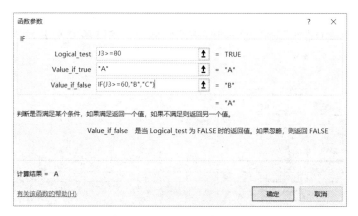

图 5-70　设置 IF 函数的参数

	A	B	C	D	E	F	G	H	I	J	K	L
1						2021秋季学期成绩表						
2	学号	姓名	大学英语	计算机基础	java程序设计	马克思主义概论	形势与政策	体育	总分	平均分	成绩等级	总分排名
3	2021150101	王春光	87	90	86	83	78	90	514	85.67	A	
4	2021150102	张小梅	89	87	71	78	93	83	501	83.50	A	
5	2021150103	李明达	56	79	65	69	85	90	444	74.00	B	
6	2021150104	刘定宏	78	93	80	81	78	79	489	81.50	A	
7	2021150105	苏敏	91	94	89	92	95	90	551	91.83	A	
8	2021150106	刘然	79	82	78	71	73	82	465	77.50	B	
9	2021150107	李知同	49	67	54	60	80	90	400	66.67	B	
10	2021150108	张礼让	53	62	45	48	60	70	338	56.33	C	
11	最低分		49	62	45	48	60	70				
12	最高分		91	94	89	92	95	90				
13	及格率		62.50%	100.00%	75.00%	87.50%	100.00%	100.00%				

图 5-71　"成绩等级"列的填充效果

6. 用 RANK 函数按成绩的降序求"总分排名"列的值

（1）选择要计算排名的第一个单元格 L3，单击"插入函数"按钮 f_x，弹出"插入函数"对话框，选择"全部"类中的 RANK 函数，如图 5-72 所示，"全部"类中包含 Excel 中的所有函数，并按字母顺序排列。

（2）在弹出的"函数参数"对话框中，在 Number 编辑框中输入或选择 I3（表示要排序的数），Ref 编辑框中输入或拖动鼠标选择 I3:I10（表示排序的范围），Order 编辑框中输入 0 或忽略（表示降序），如图 5-73 所示，单击"确定"按钮。

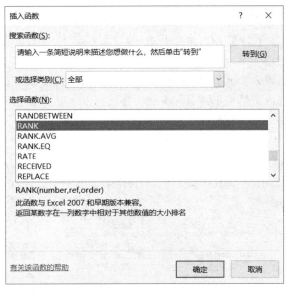

图 5-72　选择 RANK 函数

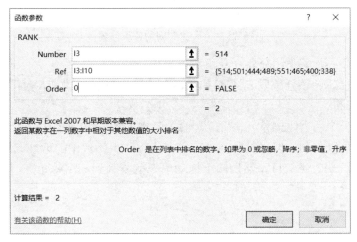

图 5-73　设置 RANK 函数的参数

（3）在将结果复制到其余单元格之前，将上面函数中第二个参数 Ref 的范围地址改为绝对地址$I$3:$I$9，表示排序范围不随复制改变。拖动填充柄向下填充到 L10 单元格，填充效果如图 5-74 所示。

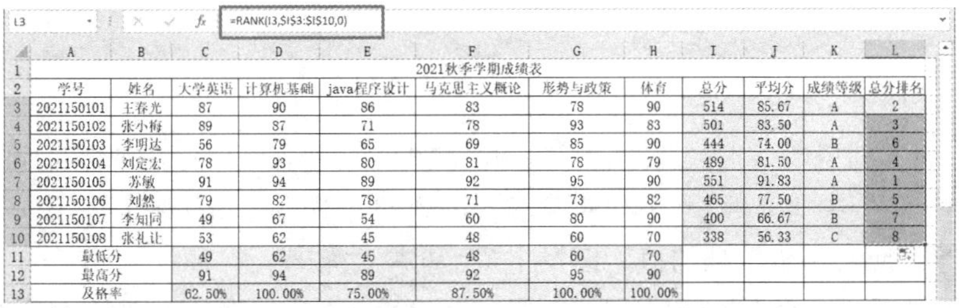

图 5-74　绝对地址的使用及"总分排名"列的填充效果

7. 用条件计数函数 COUNTIF 计算平均分各分数段人数

（1）选择存放第一个分数段（0～59）人数的单元格 E17，输入公式"=COUNTIF(J3:J10,"<60")"。

（2）在 E18 单元格输入公式"=COUNTIF(J3:J10,"<70")-COUNTIF(J3:J10,"<60")"（用 70 分以下的人数减去 60 分以下的人数等于 60～69 分数段的人数，以下同理）。

（3）依次分别在余下单元格输入公式。

E19："=COUNTIF(J3:J10,"<80")-COUNTIF(J3:J10,"<70")"，计算 70～79 分数段的人数；

E20："=COUNTIF(J3:J10,"<90")-COUNTIF(J3:J10,"<80")"，计算 80～89 分数段的人数；

E21："=COUNTIF(J3:J10,"<=100")-COUNTIF(J3:J10,"<90")"，计算 90～100 分数段的人数；

计算结果如图 5-75 所示。

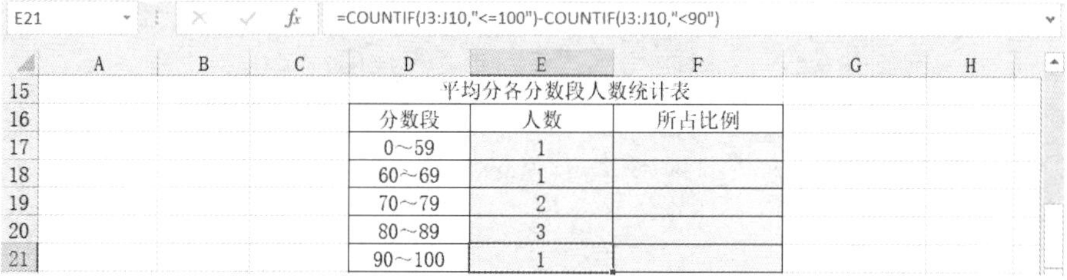

图 5-75 "人数"列的计算结果

8. 用自定义公式计算平均分各分数段所占比例

各分数段所占比例=该分数段人数/参加考试总人数，参加考试总人数可以用 SUM 函数对"人数"列进行求和。

（1）选定第一个所占比例单元格 F17，输入公式"=E17/SUM(E17:E21)"。

（2）该公式可以复制，但复制公式之前需要将 SUM 函数中的地址改为绝对地址，公式改为"=E17/SUM($E$17:$E$21)"，然后向下拖动填充柄复制到 F21 单元格，填充效果如图 5-76 所示。

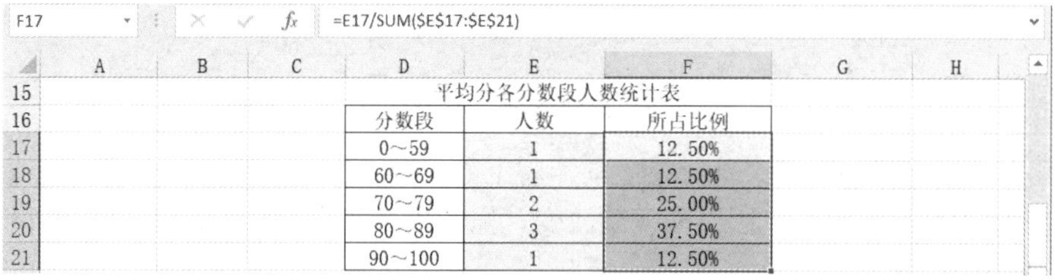

图 5-76 "所占比例"列的填充效果

同步训练

完成"公司人力资源情况表"中"应发工资""工资等级""工资排名"列的计算和子表"部分分类统计表"中"人数""平均应发工资"列的计算，样图如图 5-77 所示。

（1）计算"应发工资"列的值，应发工资=基本工资+奖金。

（2）计算"工资等级"列的值。应发工资>=9000，工资等级=3；7000<=应发工资<9000，工资等级=2；应发工资<7000，工资等级=1。

公司人力资源情况表

编号	部门	出生日期	性别	学历	职称	基本工资	奖金	应发工资	工资等级	工资排名
101	销售部	1987年2月23日	男	本科	工程师	¥3,500	¥5,800			
102	销售部	1982年5月12日	女	本科	高工	¥5,500	¥4,300			
103	销售部	1985年8月26日	男	本科	工程师	¥3,500	¥3,600			
104	销售部	1985年1月1日	男	本科	高工	¥5,000	¥6,700			
201	培训部	1989年12月9日	女	硕士	工程师	¥3,500	¥2,300			
202	培训部	1991年3月4日	男	硕士	工程师	¥3,300	¥2,100			
301	开发部	1993年9月15日	女	硕士	工程师	¥3,500	¥5,000			
302	开发部	1988年5月6日	男	博士	工程师	¥4,500	¥6,100			
303	开发部	1990年11月12日	男	硕士	工程师	¥3,500	¥5,800			
304	开发部	1996年6月1日	男	本科	助工	¥2,500	¥4,500			

部门分类统计表

部门	人数	平均应发工资
销售部		
培训部		
开发部		

图 5-77 “公司人力资源情况表”样图

（3）按“应发工资”的降序计算“工资排名”列的值。

（4）在“公司人力资源情况表”输入子表“部门分类统计表”，然后分别计算“人数”列和“平均应发工资”列的值。

效果图如图 5-78 所示。

公司人力资源情况表

编号	部门	出生日期	性别	学历	职称	基本工资	奖金	应发工资	工资等级	工资排名
101	销售部	1987年2月23日	男	本科	工程师	¥3,500	¥5,800	¥9,300	1	4
102	销售部	1982年5月12日	女	本科	高工	¥5,500	¥4,300	¥9,800	1	3
103	销售部	1985年8月26日	男	本科	工程师	¥3,500	¥3,600	¥7,100	2	7
104	销售部	1985年1月1日	男	本科	高工	¥5,000	¥6,700	¥11,700	1	1
201	培训部	1989年12月9日	女	硕士	工程师	¥3,500	¥2,300	¥5,800	3	9
202	培训部	1991年3月4日	男	硕士	工程师	¥3,300	¥2,100	¥5,400	3	10
301	开发部	1993年9月15日	女	硕士	工程师	¥3,500	¥5,000	¥8,500	2	6
302	开发部	1988年5月6日	男	博士	工程师	¥4,500	¥6,100	¥10,600	1	2
303	开发部	1990年11月12日	男	硕士	工程师	¥3,500	¥5,800	¥9,300	1	4
304	开发部	1996年6月1日	男	本科	助工	¥2,500	¥4,500	¥7,000	2	8

部门分类统计表

部门	人数	平均工资
销售部	4	9475
培训部	2	5600
开发部	4	8850

图 5-78 “公司人力资源情况表”效果图

案例三 Excel 图表的创建和编辑

数据表能比较客观地反映现实情况，而图表可直观、形象地说明问题。Excel 提供了功能强大且使用灵活的图表功能，用户可以借助此功能用图表的方式展示表格中的数据，更有利于数据分析和数据对比；而且 Excel 的图表与生成它们的工作表链接，当更改工作表数据时，图表会自动更新，保证了数据的一致性。

案例描述

你是附属医院人事部门的员工，现正统计医院临床各科室医生的职称情况，数据表“临床科室职称统计”已完成，为了让数据看起来更直观、生动，需要把原始数据转换成图表的形式，以立体的方式显示各科室不同职称的人员数量比例，如图 5-79 所示。

	A	B	C	D	E	F
1	附属医院临床科室职称统计表					
2	科室	主任医师	副主任医师	主治医师	住院医师	
3	内科	1	3	4	3	
4	外科	2	4	8	6	
5	口腔科	1	2	2	4	
6	耳鼻喉科	1	1	2	2	
7	妇产科	0	1	2	1	
8	中医骨伤科	0	1	3	2	
9	皮肤科	1	2	3	2	
10	儿科	1	2	3	3	

图 5-79　原始数据

案例分析

1. 图表基本内容

图表的数据来源于原始数据表，我们所需的图表数据需要临床各科室各职称的人数，并根据需要编辑图表。

2. 图表制作步骤

（1）打开素材文档。找到工作簿文件"附属医院人力资源管理.xlsx"并打开，选择工作表"临床科室职称统计表"。

（2）创建图表。选取"临床科室职称统计表"的"科室"列及职称（主任医师、副主任医师、主治医师和住院医师）建立"簇状三维柱形图"，x 轴上的项为科室（系列产生在"列"）。

（3）图表数据修改。修改图表的数据区域，在原数据表中增加一行"康复理疗科,0,1,3,3"，并新增行数据添加到图表中。

（4）更改图表布局和样式。将图表类型更改为"簇状柱形图"；在图表上方添加图表标题为"临床各科室职称统计图"；设置坐标轴及标题，设置横坐标标题为"科室"，纵坐标标题为"各职称人数"；设置图例位置为"顶部"；添加数据标签为显示"值"；设置图表区域填充为浅蓝色。

（5）调整图表的位置及尺寸。将图表移动到工作表的 F1:M14 单元格区域。

（6）保存文档。保存编辑完成的文档。

3. 操作流程图（图 5-80）

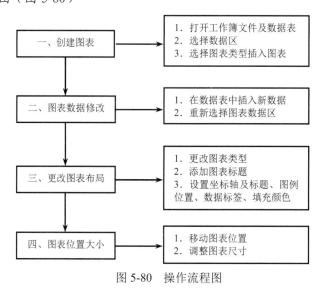

图 5-80　操作流程图

4．效果图（图 5-81）

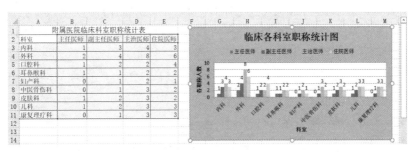

图 5-81　效果图

知识点分析

1．图表的创建

图表的创建步骤如下。

（1）在数据表内选择生成图表的数据区。

（2）选择"插入"→"图表"功能组，其中包含常用图表主类型，如图 5-82 所示。

图 5-82　插入图表

（3）单击任一主类型的下拉按钮，弹出该类型所有子类型的下拉菜单，单击所需类型，图表自动插入至在当前工作表的中心位置。

我们也可单击"图表"功能组右下角的对话框启动器按钮打开"插入图表"对话框，如图 5-83 所示，在"推荐的图表"或"所有图表"选项卡中选择图表类型并单击"确定"按钮插入图表。

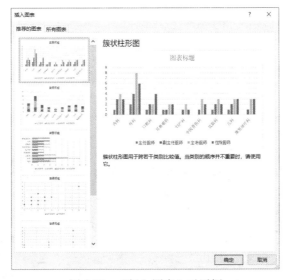

图 5-83　"插入图表"对话框

2. 图表的编辑

在生成图表以后，我们可能会根据实际需要对图表中的内容或格式进行修改或调整。Excel 对生成的图表提供了"图表设计"和"格式"两个图表工具选项卡供用户对生成的图表进行编辑。

（1）"图表设计"选项卡。"图表设计"选项卡（图 5-84）下的各功能组提供了对图表布局、图表样式、数据、类型及位置修改的选项。

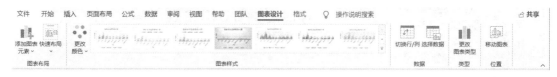

图 5-84 "图表设计"选项卡

1）"图表布局"组。

- 添加图表元素：设置"图表标题""坐标轴标题""图例""数据标签"等图表对象是否显示、显示时的位置及格式。
- 快速布局：用于选择模板快速设置图表各元素（如标题、图表、图例等）的位置布局。

2）"图表样式"组。用于快速从模板中选择图表样式。

3）"数据"组。

- 切换行/列：切换图表数据系列产生在行还是列。
- 选择数据：更改图表中包含的数据区域。如果生成的图表需要添加数据区域或删除数据区域，就要用到此按钮。

4）"类型"组。"类型"组提供了对当前所选图表类型更改的"更改图表类型"功能。

5）"位置"组。通过"移动图表"按钮将图表移动到其他工作表。

（2）"格式"。"格式"选项卡（图 5-85）用于设置图表中的所有对象（如文字、边框、填充背景等）的格式、排列方式与尺寸等。

图 5-85 "格式"选项卡

操作方法如下：在图表所需设置的对象上单击选定后，在"格式"功能区中对应的按钮上单击选定相应格式与效果。

3. 图表的缩放、移动、复制和删除

创建图表后，用户还可以按自己的需求对整个图表进行移动和改变尺寸。操作步骤如下：

（1）将鼠标移到图表区域内，在任意位置上单击选中图表，此时图表边界上出现了立体边框，表明该图表被选定。

（2）在图表边框控制块上拖动鼠标，可使图表缩小或放大；在图表区域内单击拖动图表，可使图表在工作表上移动位置；使用"开始"→"编辑"→"复制"/"粘贴"命令，可将图表复制到工作表的其他地方或其他工作表上；按 Delete 键可将选定的图表从工作表中删除。

4．Excel 的迷你图

迷你图是建立在一个单元格中的微型图表，能直观地显示出数据变化的趋势。

Excel 2016 提供了 3 种类型的迷你图，分别是折线图、柱形图和盈亏图，如图 5-86 所示，用户可根据需要进行选择。

图 5-86　迷你图

迷你图的建立步骤。

（1）选中存放"迷你图"的单元格，单击"插入"→"迷你图"功能组中的对应迷你图类型。

（2）弹出"创建迷你图"对话框，在"数据范围"下拉列表框中选择建立迷你图的数据区。

（3）单击"确定"按钮，迷你图即生成在目标单元格。

案例实施步骤

1．打开素材文档

在计算机中找到素材文件"附属医院人力资源管理.xlsx"并双击，在 Excel 中打开该文档，选择工作表"附属医院临床科室职称统计"。为了体验图表的各项常见操作，以下步骤会对图表初始数据及样式进行修改。

2．创建图表

选中"临床科室职称统计表"的 A2:E10 单元格区域，单击"插入"→"图表"→"柱形图"按钮，在下拉列表中选中"三维柱形图"中的"三维簇状柱形图"，如图 5-87 所示。

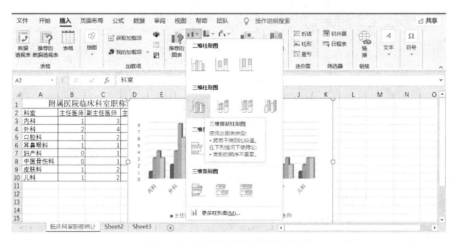

图 5-87　选择数据区和图表类型

此时，图表自动出现在工作表窗口的中间，如图 5-88 所示，图表创建完毕。

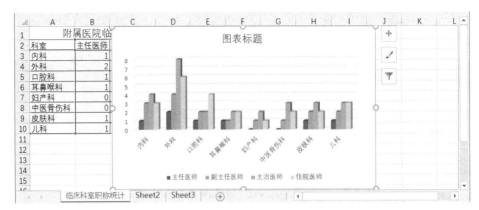

图 5-88　插入图表

如果此时需要切换图表的行或列，则需单击"图表设计"→"数据"→"切换行列"按钮，使 X 轴上的项为"列"上的"科室"或"行"上的"职称"，如图 5-89 所示。

图 5-89　切换行/列

图表插入后默认位于窗口的中间，我们可以通过拖动鼠标将它移动到窗口合适的位置，也可以通过拖动图表四周的八个控制框来改变图表尺寸，图表效果如图 5-90 所示。

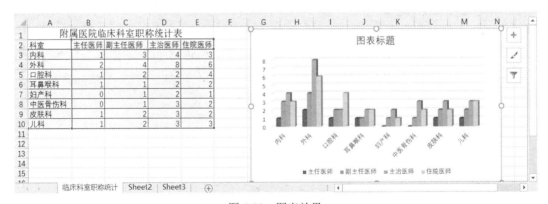

图 5-90　图表效果

3. 图表中的数据修改

（1）在数据表的 A11:E11 单元格区域输入相关数据"康复理疗科,0,1,3,3"。

（2）选中图表，单击"图表设计"→"数据"→"选择数据"按钮，在打开的"选择数据源"对话框中重新选择数据区域为 A2:E11，如图 5-91 所示。

数据区修改后的图表效果如图 5-92 所示。

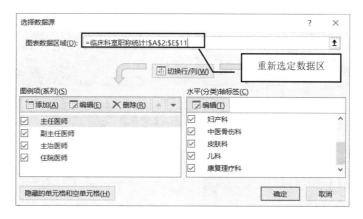

图 5-91　修改图表数据区域

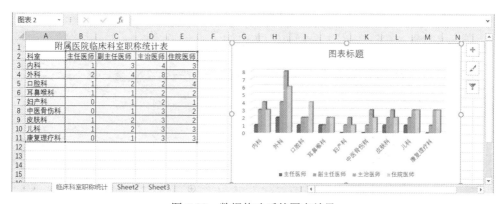

图 5-92　数据修改后的图表效果

4. 更改图表布局和样式

可以通过"图表设计"选项卡下的各功能组设置图表中的元素（如图表标题、坐标轴、图例等）。"图表设计"选项卡如图 5-93 所示。

图 5-93　"图表设计"选项卡

（1）图表类型更改为"簇状柱形图"。单击选定图表，单击"图表设计"→"类型"→"更改图表类型"按钮，在弹出的"更改图表类型"对话框中选择"柱形图"→"簇状柱形图"，如图 5-94 所示，单击"确定"按钮，图表类型更改成功。

（2）更改图表布局。布局修改主要用"图表设计"→"图表布局"→"添加图表元素"/"快速布局"按钮实现，如图 5-95 所示。

1）设置图表标题。单击"图表布局"→"添加图表元素"→"图表标题"→"图表上方"选项，自动在图表绘图区上方插入默认内容为"图表标题"的文本框，修改标题为"临床各科室职称统计表"，如图 5-96 所示。

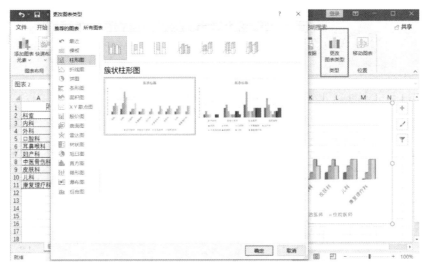

图 5-94　更改图表类型

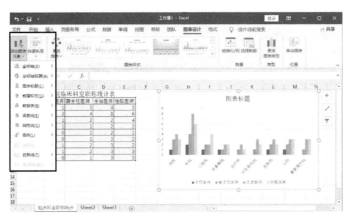

图 5-95　更改图表布局

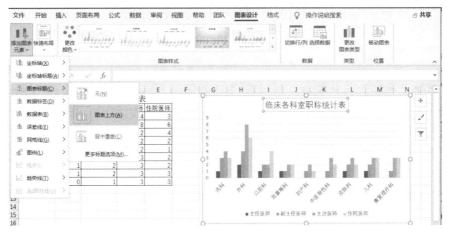

图 5-96　设置图表标题

2）设置坐标轴标题。单击"图表设计"→"添加图表元素"→"坐标轴标题"→"主要横坐标轴标题"选项，自动在横坐标下方插入默认内容为"坐标轴标题"的文本框，修改标题名称为"科室"；同理，设置纵坐标标题为"各职称人数"，效果如图 5-97 所示。

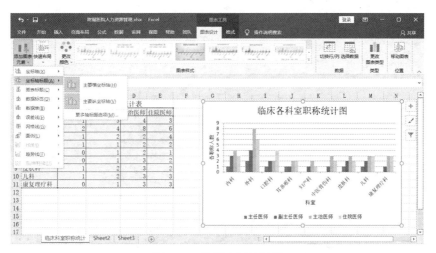

图 5-97　设置坐标轴标题

3）设置图例位置为"顶部"。单击"图表设计"→"添加图表元素"→"图例"→"顶部"命令，如图 5-98 所示。

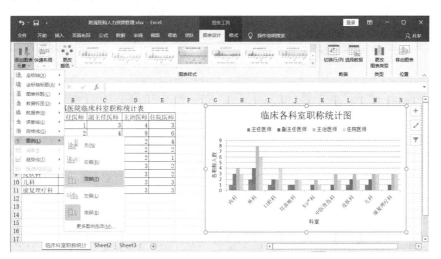

图 5-98　设置图例位置

4）设置数据标签为标签外显示值。单击"图表设计"→"添加图表元素"→"数据标签"→"数据标签外"命令，也可选择"其他数据标签选项"，打开"设置数据标签格式"对话框，如图 5-99 所示，在"标签选项"中勾选标签包括"值"，标签位置"数据标签外"，单击"确定"按钮。

5）设置图表区域填充为浅蓝色。单击选中图表区，选择"图表设计"→"形状样式"→"形状填充"→"浅蓝色"命令，填充效果如图 5-100 所示。如果要为中间的绘图区设置颜色，则必须先选中绘图区，再重复上面的步骤选中合适的颜色。

图 5-99 "设置数据标签格式"对话框

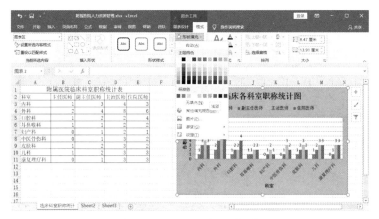

图 5-100 设置图表区域颜色

5. 调整图表的位置及尺寸

拖动图表，将它的左上角置于 F1 单元格，在图表右下角边角位置拖动鼠标，将该边角置于 M14 单元格内放开，效果如图 5-101 所示。

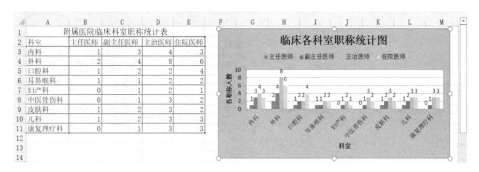

图 5-101 调整图表尺寸及位置

技巧：单击"开始"→"编辑"→"复制"和"粘贴"按钮，可将图表复制到工作表的其他地方或其他工作表上；按 Delete 键可将选定的图表从工作表中删除。

6．保存文档

保存编辑完成的文档。

同步训练

1．打开"同步训练 4-1 样文.xlsx"，按下列要求进行数据处理。

（1）使用 Sheet1 工作表中的数据创建一个二月产品销量的三维饼图。

（2）要求在饼图周围显示各产品销量所占的百分比，效果图如图 5-102 所示。

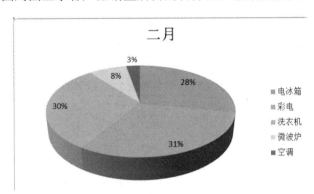

图 5-102　同步训练 4-1 效果图

2．打开"同步训练 4-2 样文.xlsx"，按下列要求进行数据处理。

（1）使用 Sheet1 工作表中的数据创建一个带平滑线散点图。

（2）横坐标为速度（m/s），取值范围 10～90，纵坐标为高度（m），取值范围 0～120，效果图如图 5-103 所示。

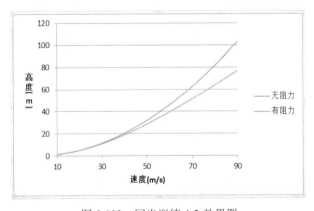

图 5-103　同步训练 4-2 效果图

案例四　Excel 中数据的分析和统计

Excel 提供了强大的数据分析和统计功能，可以对数据进行排序、筛选、分类汇总和创建数据透视表等操作。

案例描述

你是××公司的销售主管，公司有 3 家分店，现各分店已汇总本年度前 2 个季度的各产品销售情况，你需要根据提交的原始数据进行数据统计和汇总，便于进行业务分析和汇报，如图 5-104 所示。

	A	B	C	D	E	F	G	H
1	产品销售情况表							
2	分店名称	季度	产品型号	产品名称	单价（元）	数量	销售额（万元）	销售排名
3	第1分店	1	D01	电冰箱	2750	35	9.63	29
4	第1分店	1	D02	电冰箱	3540	12	4.25	35
5	第1分店	1	K01	空调	2340	43	10.06	28
6	第1分店	1	K02	空调	4460	8	3.57	36
7	第1分店	1	S01	手机	1380	87	12.01	22
8	第1分店	1	S02	手机	3210	56	17.98	11
9	第1分店	2	D01	电冰箱	2750	45	12.38	21
10	第1分店	2	D02	电冰箱	3540	23	8.14	32
11	第1分店	2	K01	空调	2340	79	18.49	8
12	第1分店	2	K02	空调	4460	68	30.33	3
13	第1分店	2	S01	手机	1380	91	12.56	20
14	第1分店	2	S02	手机	3210	34	10.91	25
15	第2分店	1	D01	电冰箱	2750	65	17.88	12
16	第2分店	1	D02	电冰箱	3540	75	26.55	4
17	第2分店	1	K01	空调	2340	33	7.72	33
18	第2分店	1	K02	空调	4460	24	10.70	26
19	第2分店	1	S01	手机	1380	65	8.97	31
20	第2分店	1	S02	手机	3210	96	30.82	2
21	第2分店	2	D01	电冰箱	2750	72	19.80	6
22	第2分店	2	D02	电冰箱	3540	36	12.74	17
23	第2分店	2	K01	空调	2340	54	12.64	19
24	第2分店	2	K02	空调	4460	37	16.50	13
25	第2分店	2	S01	手机	1380	73	10.07	27
26	第2分店	2	S02	手机	3210	43	13.80	15

图 5-104　原始数据

案例分析

1. 分析汇总基本内容

对包含大量数据的销售情况表，我们可以通过对它通过排序、筛选、分类汇总和建立数据透视表等方式进行统计和分析。为使各操作相互不影响，我们建议将数据表复制 3 次，4 张表内容完全相同，表名分别为“上半年产品销售情况表 1”“上半年产品销售情况表 2”“上半年产品销售情况表 3”和“上半年产品销售情况表 4”。

2. 统计汇总操作步骤

（1）打开素材文档“××公司销售统计汇总.xlsx”。

（2）数据排序。选择“上半年产品销售情况表 1”工作表，对数据表的内容按主要关键字“产品名称”的降序次序和“分店名称”的升序次序排序。

（3）自动筛选。选择“上半年产品销售情况表 2”工作表，对数据表的内容进行自动筛选，条件依次为第 2 季度，第 1 分店或第 3 分店，销售额大于或等于 15 万元。

（4）高级筛选。选择“上半年产品销售情况表 3”工作表，对数据表的内容进行高级筛选（在数据清单前插入三行，条件区域设在 A1:H2，将筛选条件写入条件区域的对应列上）。条件如下：产品名称为“电冰箱”且销售额排名在前十名。

（5）分类汇总。将排序后的数据表“上半年产品销售情况表 1”以“产品名称”为分类字段，对“销售额”求和进行分类汇总，汇总结果显示在数据下方。

（6）数据透视表。选择"上半年产品销售情况表 4"工作表，对数据表的内容建立数据透视表，按行为"分店名称"、列为"产品名称"、数据为"销售额（万元）"求和布局，并置于现工作表的 A41:E46 单元格区域。

（7）保存文档。保存编辑完成的文档。

3. 操作流程图（图 5-105）

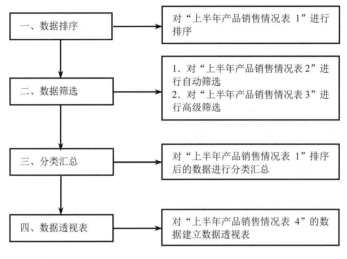

图 5-105 操作流程图

4. 效果图

效果图见后文内容。

知识点分析

1. 数据排序

为了查询数据或以某种顺序显示数据表，需要对数据表中的数据按某字段值进行排序。排序依据的字段称为关键字，关键字可以有多个，其中第一个关键字作为排序的主要依据，称为"主要关键字"，其余的称为"次要关键字"。除了主要关键字外，其余关键字都是在前一个关键字的值相同的情况下采用的排序依据。按数值从小到大排称为升序，反之则为降序。

我们可以单击"数据"→"排序和筛选"→"排序"按钮进行排序，也可单击 按钮对当前单元格所在列升序排列，或单击 按钮实现降序，如图 5-106 所示。

图 5-106 "排序"按钮

2. 数据筛选

有时数据表的数据量比较大，我们只希望查看满足条件的记录，此时可用 Excel 的筛选操作只显示出满足指定条件的数据行。

Excel 2016 提供了两种筛选数据的方法："自动筛选"和"高级筛选"。

（1）自动筛选。自动筛选可对一列或多列指定筛选条件，显示满足条件的记录。它可以按值或按自定义条件进行筛选。

单击"数据"→"排序和筛选"→"筛选"按钮可以实现一列或多列上给定条件的自动筛选，如图 5-107 所示。

图 5-107　"自动筛选"按钮

（2）高级筛选。自动筛选使用非常简便，但无法处理一些较复杂的筛选条件，如多列条件为"或"关系的筛选，因此，Excel 还提供了高级筛选，能够更自由地定义筛选条件进行筛选。

高级筛选必须首先手动输入筛选条件，然后通过"数据"→"排序和筛选"→"高级"按钮实现，如图 5-108 所示。筛选过程中必须选定筛选源数据区、筛选条件区域以及筛选结果的显示区域。

图 5-108　"高级筛选"按钮

3. 分类汇总

Excel 提供了分类汇总功能统计数据表，便于大量数据的分析和管理。

要对数据表中的数据进行分类汇总操作，首先必须在分类列上进行排序，然后使用"数据"→"分级显示"→"分类汇总"按钮实现，如图 5-109 所示。分类汇总时需在数据表中指定要进行分类汇总的数据区域及分类汇总所用的函数，如求和、求平均值、计数等，Excel 将自动进行分类汇总，给出统计结果，并且可以对分类汇总后不同类别的明细数据进行分级显示。

图 5-109　"分类汇总"按钮

4. 数据透视表

对于一张包括众多数据、数据间关系又比较复杂的工作表，快速地理顺数据间的关系是非常重要的。数据透视表提供了一种简便方法，可以随时按照用户的不同需要，对多种来源（包括 Excel 的外部数据）的数据进行分类和统计。

案例实施步骤

1. 打开素材文档复制工作表

在计算机中找到要打开的素材文件"××公司销售统计汇总.xlsx"并双击，在 Excel 中打开该文档，双击"上半年产品销售情况表"标签，重命名为"上半年产品销售情况表 1"，按下 Ctrl 键的同时向后拖动"上半年产品销售情况表 1"工作表标签复制工作表，将复制后的"上半年产品销售情况表 1（2）"工作表重命名为"上半年产品销售情况表 2"。用相同方法复制生成"上半年产品销售情况表 3"和"上半年产品销售情况表 4"。

2. 数据排序

选择"上半年产品销售情况表 1"工作表，在数据区任意单元格单击选中该数据表，选择"数据"→"排序和筛选"→"排序"命令，弹出"排序"对话框，先在"主要关键字"列表框中选择"产品名称"选项，次序为"降序"，单击"添加条件"按钮添加次要关键字，在"次要关键字"列表框中选择"分店名称"选项，次序为"升序"，单击"确定"按钮，排序完成，如图 5-110 所示。

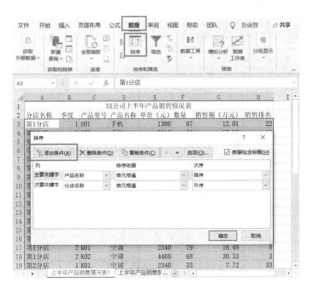

图 5-110　数据排序

3. 自动筛选

单击"上半年产品销售情况表 2"工作表，在数据区任意单元格单击选中该表，单击"数据"→"自动筛选"按钮，此时所有列标题右侧均显示出"筛选"按钮，通过筛选按钮可对一列或多列指定筛选条件，显示满足条件的记录。本任务要进行三次筛选。

（1）"季度"列的筛选。单击"季度"列的"筛选"按钮，在下拉列表框字段值中勾选"2"复选框，如图 5-111 所示。

（2）"分店名称"列的筛选。单击"分店名称"列的"筛选"按钮，可直接勾选"第 1 分店"和"第 3 分店"复选框，也可在下拉菜单中选择"文本筛选"→"自定义筛选"选项，在打开的"自定义自动筛选方式"对话框中设置条件分店名称等于第 1 分店或等于第 3 分店，如图 5-112 所示，单击"确定"按钮。

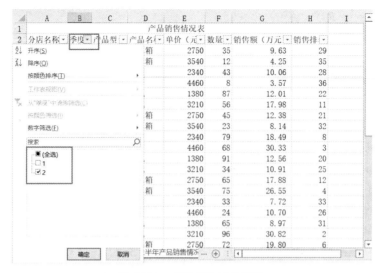

图 5-111　"季度"列的筛选

图 5-112　"分店名称"列的筛选

（3）"销售额（万元）"列的筛选。单击"销售额（万元）"列的"筛选"按钮，在下拉菜单中选择"数字筛选"→"大于或等于"选项，在打开的"自定义自动筛选方式"对话框中设置条件销售额大于或等于 15 万元，如图 5-113 所示，单击"确定"按钮。

在自动筛选中，不同列的筛选顺序不分先后，条件之间是"与"的关系，表示各条件要同时满足。以上筛选完成后，结果如图 5-114 所示。

技巧：取消筛选结果有两种情况：如果只取消某列上的筛选，只需在该列名右边"筛选"按钮的下拉列表中选择"从'××（列名）'清除筛选"选项即可。如果要取消当前表中的所有自动筛选，则只需单击"数据"→"筛选"按钮，取消选中状态，所有数据将会全部显示出来。

图 5-113　"销售额"列的筛选

	A	B	C	D	E	F	G	H	I
1				产品销售情况表					
2	分店名称▼	季度▼	产品型▼	产品名▼	单价（元▼	数量▼	销售额（万元▼	销售排▼	
8	第1分店	1	S02	手机	3210	56	17.98	11	
11	第1分店	2	K01	空调	2340	79	18.49	8	
12	第1分店	2	K02	空调	4460	68	30.33	3	
27	第3分店	1	D01	电冰箱	2750	66	18.15	10	
28	第3分店	1	D02	电冰箱	3540	45	15.93	14	
30	第3分店	1	K02	空调	4460	76	33.90	1	
32	第3分店	1	S02	手机	3210	57	18.30	9	
34	第3分店	2	D02	电冰箱	3540	64	22.66	5	
36	第3分店	2	K02	空调	4460	42	18.73	7	

图 5-114　自动筛选结果

4. 高级筛选

本筛选可以用自动筛选完成，也可以使用高级筛选完成。

（1）单击"上半年产品销售情况表 3"工作表，在行标签上拖动鼠标选中数据表的前三行，在行号上右击选择"插入"命令，即在当前数据表前方插入空白的 3 行（用于手动输入条件的区域）。在 D1 单元格输入"产品名称"，在 H1 单元格输入"销售排名"（可在该行的任意单元格输入），在对应标题的下方输入条件，即在 D2 单元格输入"电冰箱"，在 H2 单元格输入"<=10"，如图 5-115 所示。

	A	B	C	D	E	F	G	H	I
1				产品名称				销售排名	
2				电冰箱				<=10	
3									
4				产品销售情况表					
5	分店名称	季度	产品型号	产品名称	单价（元）	数量	销售额（万元）	销售排名	
6	第1分店	1	D01	电冰箱	2750	35	9.63	29	
7	第1分店	1	D02	电冰箱	3540	12	4.25	35	
8	第1分店	1	K01	空调	2340	43	10.06	28	
9	第1分店	1	K02	空调	4460	8	3.57	36	
10	第1分店	1	S01	手机	1380	87	12.01	22	
11	第1分店	1	S02	手机	3210	56	17.98	11	

图 5-115　高级筛选的条件输入

（2）单击"数据"→"排序与筛选"→"高级"按钮 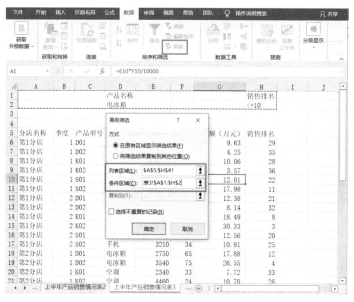 高级，出现图 5-116 所示的"高级筛选"对话框。

图 5-116　"高级筛选"对话框

（3）在"方式"选项组中选择筛选结果的显示位置，可在原区域显示也可将结果复制到其他区域，我们选择"在原有区域显示筛选结果"单选项。

（4）在"列表区域"栏中指定筛选操作的源数据区域，可以直接输入，也可以在表中选择。本例中我们的数据区域是系统默认选择的"$A$5:$H$41"。

（5）在"条件区域"栏中用相同方法选择或输入自定义的筛选条件所在的区域，本例中我们的条件区域是"$A$1:$H$2"。

（6）如果前面我们选择"将筛选结果复制到其他位置"单选项，则我们还要输入"复制到"的目标区域，重新指定筛选结果显示的区域，否则筛选结果显示在数据表原区域，隐藏不满足条件的记录。我们也可通过勾选"选择不重复的记录"复选框去除重复的记录。

（7）单击"确定"按钮即可完成筛选，效果如图 5-117 所示。

	A	B	C	D	E	F	G	H	I
1				产品名称				销售排名	
2				电冰箱				<=10	
3									
4				产品销售情况表					
5	分店名称	季度	产品型号	产品名称	单价（元）	数量	销售额（万元）	销售排名	
19	第2分店	1	D02	电冰箱	3540	75	26.55	4	
24	第2分店	2	D01	电冰箱	2750	72	19.80	6	
30	第3分店	1	D01	电冰箱	2750	66	18.15	10	
37	第3分店	2	D02	电冰箱	3540	64	22.66	5	

图 5-117　"高级筛选"效果

技巧：自动筛选使用非常简便，但无法处理一些较复杂的筛选条件，如多列条件为"或"关系的筛选，因此，这些情况下需要使用高级筛选，更自由地定义筛选条件进行筛选。

高级筛选需要用户构造筛选条件，条件区域在数据表的前或后，中间至少要有一个空行，条件的输入要求各条件相关的列名在同一行，条件值在对应列名的下方输入。

"与"关系的条件必须在同一行输入，而"或"关系的条件不能在同一行输入。

如要取消当前的高级筛选，单击"数据"→"排序与筛选"→"清除"按钮清除即可。

5. 分类汇总

分类汇总必须首先在分类字段上排序，前面我们已经在"上半年产品销售情况表1"中的"产品名称"列做过了排序，因此可以继续在该表中操作了。

单击"上半年产品销售情况表 1"工作表数据区任意单元格，选择"数据"→"分级显示"→"分类汇总"命令，打开"分类汇总"对话框，在"分类字段"下拉列表框中选择要分类汇总的字段"产品名称"，在"汇总方式"下拉列表框中选择要分类汇总的函数"求和"，在"选定汇总项"列表框中指定要汇总的项目"销售额（万元）"，勾选"汇总结果显示在数据下方"复选框，单击"确定"按钮，单击每个分类左侧的折叠按钮，只显示汇总结果，效果如图 5-118 所示。

图 5-118　分类汇总效果

技巧：使用分类汇总功能前必须对分类字段进行排序。

在分类汇总窗口的左侧，我们还可通过"折叠/展开"按钮或"层次"按钮显示或隐藏数据项（隐藏以后只显示汇总结果）。

查看完分类汇总的结果后，如果想使数据恢复为原来的数据清单，只需在"分类汇总"对话框中单击"全部删除"按钮即可。

6. 数据透视表

（1）打开"上半年产品销售情况表 4"，单击数据区内的任意单元格，此操作会让系统自动选取建立数据透视表的源数据区域。

（2）单击"插入"→"表格"→"数据透视表"按钮，弹出"来自表格或区域的数据透视表"对话框，用于生成数据源来自表格或指定区域的数据透视表。若数据源来自外部，则需选择"数据透视表"按钮的下拉列表中的"来自外部数据源"。

（3）对话框上方的"选择表格或区域"用于指定建立数据透视表的数据源的位置，本例中的数据源是系统根据数据表区域自动生成的；对话框下方用于选择放置数据透视表的位置，可新建一张表放置，也可指定放置在现工作表内的某区域内，本例我们选择"现有工作表"，位置中我们可直接输入或选择 A41:E46 区域，如图 5-119 所示。若不清楚透视表大小，可以只指定起始单元格如 A41。

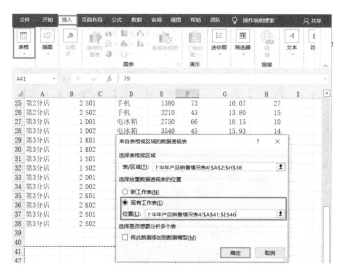

图 5-119　数据透视表创建

（4）单击"确定"按钮后，在当前工作表指定位置显示出一个空的数据透视表区域和"数据透视表字段"列表，这是建立数据透视表最重要的一个环节。在"字段"列表中列出了当前工作表的所有字段名，我们可以根据需要选中它们中的一个或多个（采用系统默认布局）或将字段拖到下方的"报表筛选""列标签""行标签""数值"的位置上（用户自定义布局），表示该字段将会在表中出现的位置。这里我们需要将"分店名称"拖放到行标签，将"产品名称"拖放到列标签，将"销售额"拖放到数值区域，效果如图 5-120 所示。

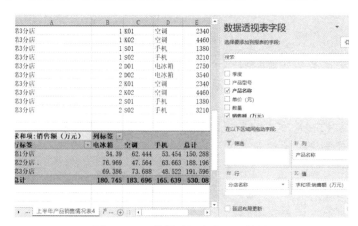

图 5-120　数据透视表布局及效果

技巧：对生成的数据透视表，我们可在新增的"数据透视表工具"的"选项"功能区中用各功能按钮设置格式和效果。

7. 保存文档

保存编辑完成的文档。

能力拓展：合并计算

合并计算

有时我们的数据清单的内容来自多张表，需要进行合并汇总。Excel 提供数据合并功能将多表的数据合并到一张表，进行合并计算的工作表要满足如下条件。

- 要合并的每个数据区域都采用列表格式：每列都有列标题，列中包含相应的数据，并且列表中没有空白的行或列。
- 每个区域分别置于单独的工作表中，不能将任何数据区域放在需要放置合并结果的工作表中。
- 每个区域都具有相同的布局。

例如，我们有两张工作表 Sheet1 和 Sheet2，分别统计的是某公司一季度和二季度各产品的销售情况，如图 5-121 所示（两表数据顺序可以不同）。现需要将两张表合并生成一张汇总表，统计该公司上半年的销售情况。

	A	B	C	D
1	品名	一月	二月	三月
2	显示器	13	20	12
3	鼠标	45	34	56
4	内存条	34	41	21
5	硬盘	23	12	12
6	键盘	123	134	89
7	网卡	12	8	34
8	显卡	14	6	18

	A	B	C	D
1	品名	四月	五月	六月
2	显卡	12	21	7
3	鼠标	54	43	65
4	显示器	34	42	25
5	键盘	23	12	12
6	硬盘	43	50	38
7	网卡	12	8	34
8	内存条	45	62	81

图 5-121　第一、二季度各产品销售情况

操作步骤如下。

（1）选择存放汇总结果的工作表，单击放置汇总结果的起始单元格。这里我们选择一张新工作表 Sheet3 的 A1 单元格。

（2）单击"数据"→"数据工具"→"合并计算"按钮，弹出图 5-122 所示"合并计算"对话框。

图 5-122　"合并计算"对话框

（3）在"函数"下拉列表框中选择所需的函数，函数可对有重复关键字的数据进行运算，本例我们选择"求和"选项。

（4）在"引用位置"文本框输入或选择待合并区域的位置，每选择一个区域，都要单击"添加"按钮，将引用位置添加到下面的"所有引用位置"列表框内。引用位置可来自本工作簿文件的工作表，也可来自其他工作簿文件。本例添加两张表的全部数据清单区域。

（5）"标签位置"选择合并后的表应用的行标题或列标题，可选择"首行"或"最左列"，本例两个选项都选。

（6）单击"确定"按钮，合并结果如图 5-123 所示。

	A	B	C	D	E	F	G
1	品名	一月	二月	三月	四月	五月	六月
2	显示器	13	20	12	34	42	25
3	鼠标	45	34	56	54	43	65
4	内存条	34	41	21	45	62	81
5	硬盘	23	12	12	43	50	38
6	键盘	123	134	89	23	12	12
7	网卡	12	8	34	12	8	34
8	显卡	14	6	18	12	21	7

图 5-123　数据合并结果

同步训练

1．打开"同步训练 4-3.xlsx"，按下列要求进行数据处理。

（1）对"计算机专业成绩单"工作表中的"班级"列进行升序排序。

（2）按分类字段为"班级"，汇总方式为"平均值"，汇总项为各科成绩，汇总结果显示在数据下方，效果如图 5-124 所示。

	A	B	C	D	E	F	G	I
1	学号	姓名	班级	数据库原理	操作系统	体系结构	平均成绩	
2	011023	张磊	1班	67	78	65	70.00	
3	011027	张在旭	1班	50	69	80	66.33	
4	011028	金翔	1班	91	75	77	81.00	
5	011029	扬海东	1班	68	80	71	73.00	
6	011022	王文辉	1班	70	67	73	70.00	
7	011021	李新	1班	78	69	95	80.67	
8	011030	黄立	1班	77	53	84	71.33	
9	011024	郝心怡	1班	82	73	87	80.67	
10	011025	王力	1班	89	90	63	80.67	
11	011026	孙英	1班	66	82	52	66.67	
12			1班 平均值	73.8	73.6	74.7		
13	012011	王春晓	2班	95	87	78	86.67	
14	012017	张平	2班	80	78	50	69.33	
15	012016	高晓东	2班	52	91	66	69.67	
16	012020	李新	2班	84	82	77	81.00	
17	012013	姚林	2班	65	76	67	69.33	
18	012014	张雨涵	2班	87	54	82	74.33	
19	012012	陈松	2班	73	68	70	70.33	
20	012019	黄红	2班	71	76	68	71.67	
21	012015	钱民	2班	63	82	89	78.00	
22	012018	李英	2班	77	66	91	78.00	
23			2班 平均值	74.7	76	73.8		
24	013007	陈松	3班	94	81	90	88.33	
25	013003	张磊	3班	68	73	69	70.00	
26	013011	王文辉	3班	82	84	80	82.00	
27	013010	李英	3班	76	51	75	67.33	
28	013005	张在旭	3班	52	87	78	72.33	
29	013008	张雨涵	3班	78	80	82	80.00	
30	013004	王力	3班	75	65	69	69.00	
31	013006	扬海东	3班	86	63	73	74.00	
32	013009	高晓东	3班	66	77	69	70.67	
33			3班 平均值	75.2222222	73.44444444	75.8888889		
34			总计平均值	74.5517241	74.37931034	74.7586207		

图 5-124　同步训练 4-3 效果

2．打开"同步训练 4-4.xlsx"，按下列要求进行数据处理。

用"自动筛选"功能筛选出亚运村店第 2 季度销量为 300 以上的记录，效果如图 5-125 所示。

	A	B	C	D	E	F	G	H
1	店铺	季度	商品名称	销售量				
31	亚运村店	2季度	台式机	315				
47	亚运村店	2季度	鼠标	619				
63	亚运村店	2季度	键盘	553				
79	亚运村店	2季度	打印机	424				

图 5-125　同步训练 4-4 效果图

3．打开"同步训练 4-5.xlsx"，按下列要求进行数据处理。

用"高级筛选"功能筛选出上地店第 4 季度的记录或销售量为 400～500 的记录，并将筛选结果放在以 A88 单元格开始的区域，效果如图 5-126 所示。

	A	B	C	D	E	F	G	H
88	店铺	季度	商品名称	销售量				
89	上地店	4季度	笔记本	280				
90	中关村店	4季度	台式机	416				
91	上地店	4季度	台式机	293				
92	上地店	4季度	鼠标	700				
93	上地店	4季度	键盘	711				
94	西直门店	2季度	打印机	443				
95	西直门店	3季度	打印机	430				
96	上地店	2季度	打印机	428				
97	上地店	4季度	打印机	597				
98	亚运村店	1季度	打印机	406				
99	亚运村店	2季度	打印机	424				
100	亚运村店	3季度	打印机	462				

图 5-126　同步训练 4-5 效果图

4．打开"同步训练 4-6.xlsx"，按下列要求进行数据处理。

使用 Sheet1 工作表中的数据创建一个数据透视表，放在新工作表中并命名为"透视分析"，要求针对各类商品比较各门店每个季度的销售额之和，效果如图 5-127 所示。

	A	B	C	D	E	F	G	H	I	J	K	L
1	季度	(全部)										
2												
3	求和项:销售量	列标签										
4	行标签	上地店	西直门店	亚运村店	中关村店	总计						
5	笔记本	820	900	960	1050	3730						
6	打印机	2073	1961	1869	2282	8185						
7	键盘	2509	2493	2643	2847	10492						
8	鼠标	2618	2419	2282	2544	9863						
9	台式机	1055	1242	1385	1426	5108						
10	总计	9075	9015	9139	10149	37378						

图 5-127　同步训练 4-6 效果图

案例五　Excel 综合训练

Excel 的功能十分强大，我们在前面的任务中学习了一些常用功能，需要不断地练习才能灵活掌握，下面对前面所学内容进行综合训练。

案例描述

你是校园歌手大赛的计分员，要求在 Excel 中将各评委对每位选手的打分输入"校园歌手大赛评分表"并计算每位选手的平均分、名次、等级，根据参赛选手所在的学院制作子表——
"分院参赛情况统计"，统计出每个分院的参赛人数及平均分，以便颁发团体奖，并使用两张
表数据进行筛选、分类汇总，建立图表和数据透视表，如图 5-128 所示。

	A	B	C	D	E	F	G	H	I	J	K	L
1	雅安职业技术学院校园歌手大赛决赛得分统计表											
2	歌手编号	分院	性别	1号评委	2号评委	3号评委	4号评委	5号评委	平均分	名次	等级	
3	1	智信	男	9	9.4	9.2	9.1	9.3				
4	2	师范	女	6.2	6.8	5.9	6	6.9				
5	3	护理	女	8	7.5	7.3	7.4	7.9				
6	4	经管	女	8.6	8.2	8.9	9	7.9				
7	5	药检	男	8.2	8.1	8.8	8.9	8.4				
8	6	智信	男	8	7.6	7.7	7.5	7.9				
9	7	基础医学	女	9	9.2	8.5	8.7	8.9				
10	8	师范	女	9.6	9.5	9.4	8.9	8.8				
11	9	临床医学	男	9.2	9	8.8	8.8	9				
12	10	护理	女	8.8	8.6	8.9	8.7	9				
13												
14	各分院参赛情况统计											
15	分院	基础医学	护理	药检	师范	经管	智信	基础医学				
16	参赛人数											
17	平均分											

图 5-128　原始数据

案例分析

1. 评分表内容

本评分表分为两部分，一部分为选手得分统计表，是对选手计分和评奖的；另一部分为
分院参赛情况统计表，主要统计以分院为单位的参赛情况。

2. 评分表制作步骤

（1）按要求输入表内原始数据。

（2）按标准计算选手的平均分、名次、等级，要求如下。

1）平均分计算时要去掉一个最高分，去掉一个最低分。

2）名次按平均分的降序计算。

3）等级按名次评定：第 1 名一等奖，第 2~4 名二等奖，其余三等奖。

（3）统计参赛人数和平均分。

（4）按图 5-130 格式设置表内格式。

（5）表格数据的图表建立、筛选、汇总、数据透视表，要求如下。

1）选择"各分院参赛情况统计"表的"分院"和"平均分"行建立"簇状柱形图"，系
列产生在"行"，添加图表标题为"各分院参赛选手平均分"，设置坐标轴主要刻度单位为"0.3"，
为 y 轴添加"次要网格线"，将图表放在 B19:G31 单元格区域内，效果如图 5-131 所示。

2）用"自动筛选"筛选出平均分为 8~9 分的女同学，效果如图 5-132 所示。

3）用"高级筛选"筛选出分院为"护理"或性别为"男"的记录，效果如图 5-133 所示。

4）用分类汇总统计出每个分院的参赛人数，效果如图 5-134 所示。

5）选择"选手得分表"的数据建立一张新的数据透视表，行为"分院"，列为"性别"，
值为"平均分"，计平均值，效果如图 5-135 所示。

3. 操作流程图（图 5-129）

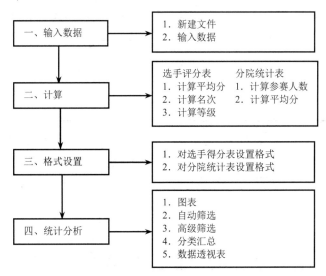

图 5-129　操作流程图

4. 效果图（图 5-130 至图 5-135）

	A	B	C	D	E	F	G	H	I	J	K
1	雅安职业技术学院校园歌手大赛决赛得分统计表										
2	歌手编号	分院	性别	1号评委	2号评委	3号评委	4号评委	5号评委	平均分	名次	等级
3	1	智信	男	9	9.4	9.2	9.1	9.3	9.20	2	二等奖
4	2	师范	女	6.2	6.8	5.9	6	6.9	6.33	10	三等奖
5	3	护理	女	8	7.5	7.3	7.4	7.9	7.60	9	三等奖
6	4	经管	女	8.6	8.2	8.9	9	7.9	8.57	6	三等奖
7	5	药检	男	8.2	8.1	8.8	8.9	8.4	8.47	7	三等奖
8	6	智信	男	8	7.6	7.7	7.5	7.9	7.73	8	三等奖
9	7	基础医学	女	9	9.2	8.5	8.7	8.9	8.87	4	二等奖
10	8	师范	女	9.6	9.5	9.4	8.9	8.8	9.27	1	一等奖
11	9	临床医学	男	9.2	9	8.7	8.8	9	8.93	3	二等奖
12	10	护理	女	8.8	8.6	8.9	8.7	9	8.80	5	三等奖
13											
14	分院参赛情况统计										
15	分院	基础医学	护理	药检	师范	经管	智信	基础医学			
16	参赛人数	1	2	1	2	1	2	1			
17	平均分	8.87	8.20	8.47	7.80	8.57	8.47	8.87			

图 5-130　表格初始化、计算及格式化效果

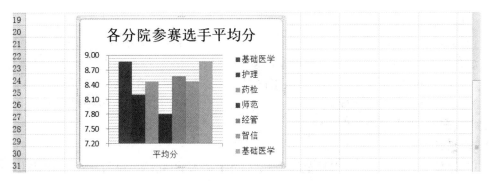

图 5-131　图表效果

歌手编	分院	性别	1号评	2号评	3号评	4号评	5号评	平均分	名次	等级
4	经管	女	8.6	8.2	8.9	9	7.9	8.57	6	三等奖
7	基础医学	女	9	9.2	8.5	8.7	8.9	8.87	4	二等奖
10	护理	女	8.8	8.6	8.9	8.7	9	8.80	5	三等奖

图 5-132　自动筛选效果

歌手编号	分院	性别	1号评委	2号评委	3号评委	4号评委	5号评委	平均分	名次	等级
1	智信	男	9	9.4	9.2	9.1	9.3	9.20	2	二等奖
3	护理	女	8	7.5	7.3	7.4	7.9	7.60	9	三等奖
5	药检	男	8.2	8.1	8.8	8.9	8.4	8.47	7	三等奖
6	智信	男	8	7.6	7.7	7.5	7.9	7.73	8	三等奖
9	临床医学	男	9.2	9	8.7	8.8	9	8.93	3	三等奖
10	护理	女	8.8	8.6	8.9	8.7	9	8.80	5	三等奖

图 5-133　高级筛选效果

歌手编号	分院	性别	1号评委	2号评委	3号评委	4号评委	5号评委	平均分	名次	等级
护理 计数	2									
基础医学 计数	1									
经管 计数	1									
临床医学 计数	1									
师范 计数	2									
药检 计数	1									
智信 计数	2									
总计数	10									

图 5-134　分类汇总效果

平均值项:平均分	列标签		
行标签	男	女	总计
护理		8.20	8.20
基础医学		8.87	8.87
经管		8.57	8.57
临床医学	8.93		8.93
师范		7.80	7.80
药检	8.47		8.47
智信	8.47		8.47
总计	8.58	8.24	8.38

图 5-135　数据透视表效果

案例实施步骤

1. 数据输入

（1）新建文件，在 Sheet1 表内对照图 5-128 中的原始数据内容，在对应单元格输入相应内容，注意"歌手编号"列的内容可以通过按下 Ctrl 键的同时拖动填充柄进行自动填充。

（2）双击 Sheet1 工作表标签，输入工作表名"校园歌手大赛评分表"并按 Enter 键确认。

（3）选择"文件"→"保存"命令，在弹出的"另存为"对话框中输入文件名"雅职院校园歌手大赛"，单击"确定"按钮。

2. 数据计算

（1）计算"平均分"列（去掉最高最低分）。单击 I3 单元格，输入公式"=(SUM(D3:H3)-MAX(D3:H3)-MIN(D3:H3))/3"，按 Enter 键确认，在 I3 单元格右下角填充柄位置拖动鼠标至

I10，所有平均分填充完成。

（2）计算"名次"列。单击 J3 单元格，输入公式"=RANK(I3,$I$3:$I$12)"（将排序范围改为绝对地址$I$3:$I$12 是为了后面复制公式），按 Enter 键确认，在 J3 单元格右下角填充柄位置拖动鼠标至 J10，所有名次填充完成。

（3）计算"等级"列。单击 K3 单元格，输入公式"=IF(J3=1,"一等奖",IF(AND(J3>=2,J3<=4),"二等奖","三等奖"))"，按 Enter 键确认，在 K3 单元格右下角填充柄位置拖动鼠标至 K10，所有等级填充完成。

说明：本公式要求第 1 名是一等奖，第 2～4 名为二等奖，其余是三等奖，使用要注意以下两点。

1）本公式用到了嵌套的 IF 函数，外层的 IF 首先判断当前选手名次是否为 1，如果是，返回值为"一等奖"；否则继续进行内层 IF 的判断。

2）在内层 IF 中用到了逻辑与 AND 函数，AND(J3>=2,J3<=4)表示条件要同时满足当前单元格的值大于或等于 2、小于或等于 4 两个条件。

（4）计算分院"参赛人数"行。单击 B16 单元格，输入公式"=COUNTIF ($B$3:$B$12,B15)"（将条件计数范围改为绝对地址$B$3:$B$12 是为了后面复制公式），按 Enter 键确认，在 B16 单元格右下角填充柄位置拖动鼠标至 H16，所有参赛人数填充完成。

（5）计算分院"平均分"。单击 B17 单元格，输入公式"=SUMIF($B$3:$I$12,B15,$I$3:$I$12)/B16"（将条件求和范围改为绝对地址是为了后面复制公式），按 Enter 键确认，在 B17 单元格右下角填充柄位置拖动鼠标至 H17，所有平均分填充完成。

本例中用到的 SUMIF 函数用于条件求和，求该分院的所有参赛选手的平均分之和，该函数有三个参数，本例中第一个参数"$B$3:$I$12"包含条件区和求和区的所有范围；第二个参数是条件，由于本例分院表的列标题恰好是对应列的求和的条件，因此第二个参数是 B15，它会随复制自动变为 C15,…,H15；第三个参数是实际求和的范围，本例为选手得分表的"平均分"列"$I$3:$I$12"。

3．工作表的格式化

（1）拖动鼠标选中 A1:K1 单元格区域，单击"开始"→"对齐方式"→"合并后居中"按钮，A1:K1 单元格合并为一个，内容水平居中，选择"开始"→"字体"→"字体"→"黑体"选项，选择"开始"→"字体"→"字号"→"14"选项，选择"开始"→"字体"→"字体颜色"→"红色"选项。

（2）拖动鼠标选中 A2:K12 单元格区域，单击"开始"→"对齐方式"→"垂直居中"按钮，单击"开始"→"对齐方式"→"居中"按钮，单击"开始"→"字体"→"边框"→"所有框线"按钮。

（3）拖动鼠标选中 A2:K2 单元格区域，单击"开始"→"字体"→"填充颜色"→"白色，背景 1，深色 25%"选项，单击"开始"→"字体"→"边框"→"其他边框"选项，在弹出的"设置单元格格式"对话框中选择图 5-136 所示的"线条样式"和边框范围，列标题行设置完成。

（4）参照效果图 5-130，用相同方法设置"分院参赛情况统计"子表的标题、对齐方式和框线格式。

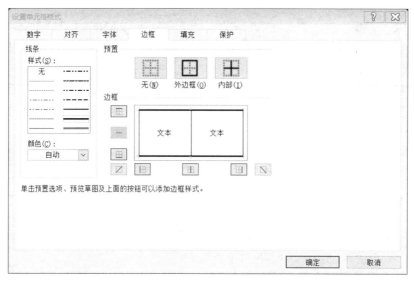

图 5-136　设置特殊框线

4. 统计分析

（1）复制数据表。为了避免不同操作相互干扰，我们对数据表进行复制，每种操作用一张数据表。在"校园歌手大赛评分表"标签上右击，在弹出的快捷菜单中选择"移动或复制"命令，在弹出的"移动或复制工作表"对话框中选择将选定工作表移至 Sheet2 工作表之前，勾选"建立副本"复选框，如图 5-137 所示，单击"确定"按钮，复制成功，生成一张名为"校园歌手大赛评分表（2）"的工作表。在该工作表上右击，在弹出的快捷菜单中选择"重命名"选项，重新输入新表名"图表"并按 Enter 确认，用相同方法将此表再复制 3 次，分别命名为"自动筛选""高级筛选""分类汇总"和"数据透视表"。

（2）建立图表。选择"图表"工作表，拖动鼠标选中 A15:H15 单元格区域后按下 Ctrl 键的同时拖动鼠标选中 A17:H17 单元格区域，单击"插入"→"图表"→"柱形图"按钮，在下拉列表中选中"二维柱形图"→"簇状柱形图"选项，图表插入成功。单击"图表工具"→"设计"→"数据"→"切换行列"按钮，单击"图表设计"→"图表布局"→"添加图表元素"下拉按钮，在下拉菜单中选择"图表标题"→"图表上方"选项，在自动插入的标题文本框中修改标题为"各分院参赛选手平均分"。选定图表左边的纵坐标数字区后右击，在弹出的快捷菜单中选择"设置坐标轴格式"选项，在弹出的"设置坐标轴格式"对话框的"坐标轴选项"选项组中，选择"单位"为"大"，值为"0.3"，如图 5-138 所示，单击"关闭"按钮。选定图表左边的纵坐标数字区后右击，在弹出的快捷菜单中选择"添加次要网格线"选项，将图表拖动到左上角 B19 单元格后放开，将鼠标指向图表右下角边角位置，拖动鼠标将图表右下角置于 G31 单元格内放开，图表操作完成。

（3）自动筛选。选择"自动筛选"工作表并在数据区内任意单元格单击，单击"数据"→"排序和筛选"→"自动筛选"按钮 🔽，单击"性别"列右边的筛选按钮 ⏷，在弹出的下拉列表下方的复选框中只勾选"女"。单击"平均分"列右边的筛选按钮 ⏷，在弹出的下拉列表中选择"数字筛选"→"介于"选项，在弹出的"自定义自动筛选方式"对话框中的平均分"大于或等于"后输入 8，"与""小于或等于"后输入"9"，单击"确定"按钮完成筛选。

图 5-137　"复制工作表"对话框设置

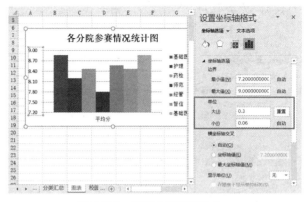

图 5-138　设置主要刻度单位

（4）高级筛选。选择"高级筛选"工作表，在行标签 14 上拖动鼠标至 17 并右击，在弹出的快捷菜单中选择"删除"命令，删除此次筛选不用的"各分院参赛情况统计"表所在行。在 B14 单元格输入"分院"，在 C14 单元格输入"性别"，在 B15 单元格输入"护理"，在 C16 单元格输入"男"（"护理"和"男"不在同一行，表示两个条件是或者的关系）。单击"数据"→"排序与筛选"→"高级"按钮，弹出"高级筛选"对话框，按图 5-139 设置各参数，单击"确定"按钮完成筛选。

图 5-139　高级筛选参数设置

（5）分类汇总。选择"分类汇总"工作表，删除不用的 14～17 行（分院参赛情况统计表操作同前），并在数据区内"分院"列任一单元格单击，单击"数据"→"排序和筛选"→"升序"按钮，数据表按"分院"列的升序排序。单击"数据"→"分级显示"→"分类汇总"按钮，在弹出的对话框中，分类字段选择"分院"，汇总方式选择"计数"，选定汇总项为"分院"，单击"确定"按钮，分类汇总完成。可以单击每个汇总项左边的"折叠"按钮，隐藏该汇总项的源数据，只保留汇总结果。

（6）数据透视表。选择"校园歌手大赛评分表"工作表，并在"选手得分统计表"数据区任一单元格内单击，选择"插入"→"表格"→"数据透视表"→"数据透视表"选项，在弹出"创建数据透视表"对话框中按图 5-140 所示设置参数。选择系统自动生成的新表进行数据透视表的布局，将"分院"拖到行标签，"性别"拖到列标签，"平均分"拖到值，如图 5-141 所示，单击"值"字段项默认的"求和"下拉按钮，选择"值字段设置"命令，在弹出的对话框中选择计算类型为"平均值"，如图 5-142 所示，数据透视表建立完成。

图 5-140　数据透视表参数设置

图 5-141　数据透视表布局

图 5-142　值字段设置

第 6 章　PowerPoint 演示文稿制作

项目简介

PowerPoint 2016 是 Office 2016 办公软件中的一个重要成员，也是一款专业实用的演示文稿制作工具。使用它可以轻松制作直观、明了、多用途的演示文稿，比如课件、讲义、宣传片、作品介绍等。

能力目标

本案例以演示文稿的制作过程为主线，学习演示文稿的制作方法，包括基本对象的插入、幻灯片外观的设计、幻灯片母版的使用、动画效果的添加以及幻灯片放映方式的设置等内容。制作的作品遵循形象直观、简洁明了、重点突出的原则，多采用图片、图形、图表、声音、动画和视频等，以增强演示文稿的表达效果。通过对本案例的逐步实践，读者能够由浅入深、从易到难掌握幻灯片制作的方法与设计的技巧。

案例名称	案例设计	知识点
学生干部竞聘演讲稿制作	你是刚刚进入校园的大一新生，非常乐意为大家服务。为了能在即将到来的学生干部竞聘中取得成功，你精心制作了竞聘演讲稿	演示文稿的创建、打开、关闭与保存；演示文稿视图的使用，幻灯片的基本操作（版式、插入、移动、复制、删除）与基本制作（文本、图片、艺术字、形状、表格等插入及其格式化）；演示文稿母版的应用
营养早餐	你是一家医院办公室领导，为了给病人做一次关于营养早餐的讲座而准备了一个名为"营养早餐.pptx"的演示文稿。普及营养早餐知识利国利民，有益全民健康，是医者的神圣使命	演示文稿主题与幻灯片背景设置；母版设置；演示文稿放映设计（动画、放映方式、切换效果）；音频设置；打印设置

案例一　学生干部竞聘演讲稿制作

案例描述

小明在今年高考中考上了他梦寐以求的大学——西康医科大学。作为一名新生，他积极追求进步，愿意在大学中尽力为教师、同学服务。因此，小明提前做了准备，并报名参与学生会干部的竞选。下面小明即将使用 PowerPoint 2016 制作演讲稿"学生干部竞聘演讲稿.pptx"，并合理设置演示文稿格式。

案例分析

1."学生干部竞聘"演讲稿的内容

该演讲稿内容包括封面、竞选优势、工作规划、结束。

2."学生干部竞聘"演讲稿的制作步骤

（1）制作一张封面幻灯片。

（2）制作一张幻灯片，自我介绍，强调本次竞聘的岗位。

（3）制作一张幻灯片，讲述自己竞选的目的。

（4）制作一张幻灯片，讲述自己的竞选优势。

（5）制作一张幻灯片，讲述自己竞选成功后的工作构想。

（6）制作一张幻灯片，表示态度：竞选成功与否的态度。

（7）制作一张幻灯片，感谢聆听，演讲结束。

3. 操作流程图（图 6-1）

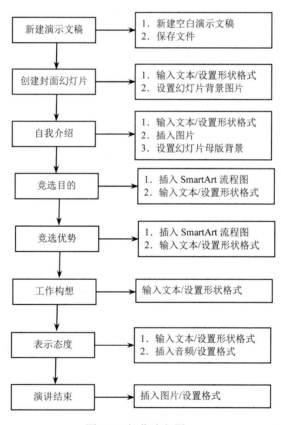

图 6-1　操作流程图

4. 效果图（图 6-2）

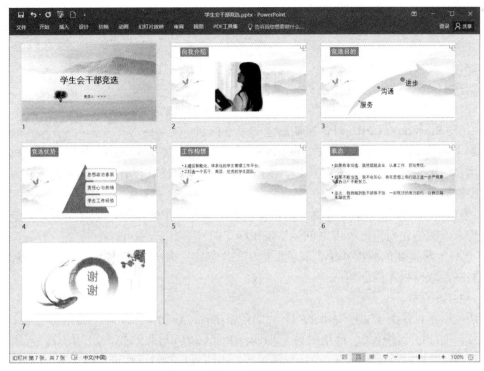

图 6-2　效果图

知识点分析

1. PowerPoint 2016 工作界面
PowerPoint 2016 工作界面如图 6-3 所示。

PowerPoint 2016
工作界面

图 6-3　PowerPoint 2016 工作界面

新建演示文稿的方法

2．新建演示文稿的方法

新建演示文稿一般有以下两种方法。

（1）创建空白演示文稿。使用 PowerPoint 2016 创建空白演示文稿有以下三种方法：

1）单击"文件"→"新建"命令，在窗口中间单击"空白演示文稿"按钮，就新建了一个空白演示文稿。

2）可通过单击快速访问工具栏中的"新建"按钮创建空白演示文稿。

3）启动 PowerPoint 2016 时，默认新建一个空白演示文稿。

（2）使用模板创建演示文稿。PowerPoint 2016 为用户提供了风格各异的主题模板。这些模板为用户提供了文本信息、背景图片、字体格式、动画等格式设置。根据主题模板创建演示文稿的步骤如下：

1）单击"文件"→"新建"命令，在窗口中间有各种主题模板，单击其中任一个主题模板按钮进入模板创建窗口，单击"创建"按钮即可。

2）选择一种需要的模板并单击右侧面板中的"创建"按钮即可。如果是初次使用该模板，则需要联网下载模板才能创建成功。

3．幻灯片母版

母版是用于设置演示文稿中每张幻灯片的预设格式，包括每张幻灯片的标题、正文文字位置和字号、项目符号的样式、背景图案等。PowerPoint 2016 母版的样式分为幻灯片母版、标题版式母版、标题加内容版式母版、节标题母版等，不同版式的幻灯片可以设置不同的母版效果。

幻灯片母版可以用来统一整个演示文稿的格式与内容，使其具有一致外观。它控制着除使用"标题版式"以外的所有幻灯片的标题和文本样式、背景图案等的设置。标题版式母版仅控制演示文稿中使用"标题幻灯片"版式的幻灯片。

在编辑幻灯片过程中都可以设置文字格式、插入图片以及设置背景格式。但是要想达到格式统一、便捷的设计效果，针对标题格式和背景的设置可通过幻灯片母版高效地进行设计。选择"视图"选项卡，在"母版视图"组中单击"幻灯片母版"按钮，系统自动进入幻灯片母版编辑状态。

在母版中插入的对象会出现在所有相同版式的幻灯片中，反之，如果在普通视图下插入对象，则只能出现在当前幻灯片中。

4．占位符

在幻灯片编辑区带有虚线边框的编辑框称为占位符。标题占位符中可输入标题文本，文本框占位符中可输入正文文本，内容占位符中可插入图片、表格、图表等对象。不同的幻灯片版式，占位符的类型和位置不同。

5．视图模式

PowerPoint 2016 提供了备注视图、批注视图、普通视图、幻灯片浏览视图、阅读视图和幻灯片放映视图等视图模式。其中，普通视图是 PowerPoint 2016 默认的视图模式，主要用于制作演示文稿；在幻灯片浏览视图中，幻灯片以缩略图的形式显示，从而方便用户浏览所有幻灯片的整体效果；阅读视图是以窗口的形式查看演示文稿的放映效果；幻灯片放映视图用来从选定的幻灯片开始，以全屏形式放映演示文稿中的幻灯片。新建一张幻灯片以及对幻灯片的复制、移动、删除等编辑操作都在普通视图和浏览视图中完成。

6．保存、保护演示文稿

为了保存已经创建或编辑的演示文稿，PowerPoint 2016 提供了演示文稿保存功能。当选择演示文稿保存的类型为"PowerPoint 演示文稿"时，系统默认该文件的扩展名为".pptx"。PowerPoint 2016 的文件保存分为新文件和旧文件两种情况。

（1）新文件的保存。

1）单击快速访问工具栏中的"保存"按钮 或选择"文件"→"保存"命令，弹出图 6-4（a）所示的"另存为"窗口。

2）在"另存为"窗口中单击"浏览"按钮，弹出图 6-4（b）所示的"另存为"对话框，设置演示文稿保存的位置、名称和类型后，单击"保存"按钮即可保存新建演示文稿。

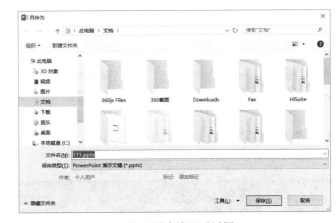

（a）"另存为"窗口　　　　　　　　　　　（b）"另存为"对话框

图 6-4　"另存为"窗口和对话框

（2）旧文件的保存。对于已打开的文件，在进行了各种编辑之后，若不需要更改文件的保存地址、文件名和保存类型，则直接单击快速访问工具栏中的"保存"按钮 或选择"文件"→"保存"命令保存旧文件，让已修改的文件替换原来的文件。

有时为了不让已修改的文件替换原始文件，会在保存时更改文件的保存地址、文件名或保存类型三个要素中的一个。选择"文件"→"另存为"命令，在打开的"另存为"窗口和对话框中修改原文件的保存地址、文件名或保存类型，再单击"保存"按钮即可保存旧文档。

（3）演示文稿的保护。有时演示文稿内容需要保密，我们可以为演示文稿添加密码。与Word 2016 相同，演示文稿密码也有打开权限密码和修改权限密码两种。选择"文件"→"另存为"命令，单击"浏览"按钮，在打开的"另存为"对话框中单击"工具"按钮，在其弹出的列表中选择"常规选项"选项，打开"常规选项"对话框，如图 6-5 所示，设置权限密码。

7．编辑演示文稿内容

演示文稿的内容包括表格，图像（来自文件的图像、剪贴画、屏幕截图、相册），插图（形状、SmartArt、图表），文本（文本框、页眉页脚、艺术字、日期时间、幻灯片编号、对象），符号（公式、符号），媒体（视频、音频）等。单击"插入"选项卡，即可在下面的功能区中选择相应的工具按钮插入相应的内容。

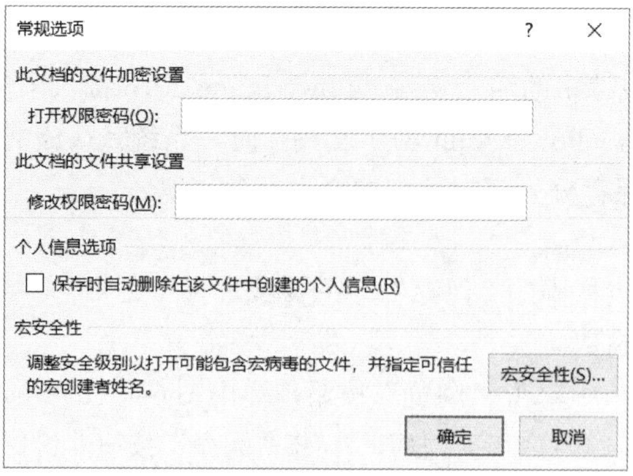

图 6-5　"常规选项"对话框

文本是幻灯片上最常见的内容。在幻灯片中添加文本，可以由用户单击幻灯片上的文本占位符，从键盘输入。若需要输入文本的地方没有文本框，则单击"插入"→"文本"→"文本框"按钮，如图 6-6 所示，单击"横排文本框"或"竖排文本框"按钮，在幻灯片上进行拖放操作，此时会在幻灯片上生成一个文本框，然后向文本框内输入文本即可。只是这种文本框不是来自模板，没有任何格式，需要自己设置文本内容的所有格式。幻灯片上文本内容的编辑方法与 Word 2016 中的文本编辑方法类似。用户可以选中需要编辑格式的文本，单击"开始"→"字体"/"段落"组中的相应工具按钮进行设置。

图 6-6　"插入"幻灯片的内容

也可以单击幻灯片内容占位符插入一部分内容。如在标题和内容版式的内容部分就可以插入表格、图表、SmartArt、图像、剪贴画和媒体。

案例实施步骤

1. 新建演示文稿文件，创建第一张幻灯片

（1）启动 PowerPoint 2016，创建一个空白演示文稿。

（2）第一张幻灯片为标题幻灯片版式，在标题占位符内输入"学生会干部竞选"，并设置字体为"等线 light（标题）"，60 号，加粗，阴影；在副标题占位符内输入"竞选人：×××"，并设置字体为"等线（正文）"，24 号。

（3）单击"设计"→"自定义"→"设置背景格式"按钮，选择"填充"→"图片或纹理填充"选项，单击"文件…"按钮，选择提供的图片素材"01.jpg"，即封面幻灯片配置了背景。

（4）单击视图切换按钮"备注"切换到备注视图，将演讲中的主要内容输入备注窗口，以备演讲前熟悉，以后各张幻灯片的备注窗口均根据需要输入内容。第一张幻灯片效果如图 6-7 所示。

图 6-7　第一张幻灯片效果

2. 利用母版统一设置"标题和内容"版式幻灯片的背景效果

（1）选择"视图"选项卡，单击"母版视图"→"幻灯片母版"按钮，系统自动切换到"幻灯片母版"选项卡。

（2）在打开的"幻灯片母版视图"中，在左侧窗格选择名为"标题和内容"版式的幻灯片，单击功能按钮区"背景"→"设置背景格式"按钮，选择"填充"下的"图片或纹理填充"选项，单击"文件…"按钮，选择提供的图片素材"02.jpg"，将透明度调整为 20%，即此类版式的幻灯片配置了统一背景，如图 6-8 所示。

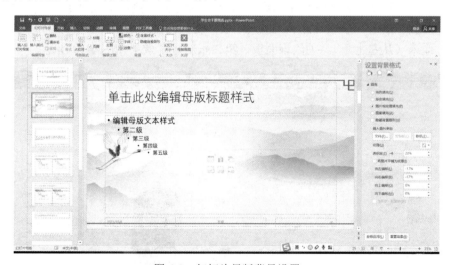

图 6-8　幻灯片母版背景设置

3. 新建第二张幻灯片

（1）选择"开始"选项卡，在"幻灯片"组中单击"新建幻灯片"下拉按钮，在下拉列表中选择"标题和内容"选项，插入一张新幻灯片。如果想更改该幻灯片的布局，也可改换版式，单击该组中的"版式"下拉按钮，打开"Office 主题"列表进行选择，常见的版式有"标题幻灯片"版式、"标题和内容"版式、"两栏内容"版式、"空白"版式等，如图 6-9 所示。

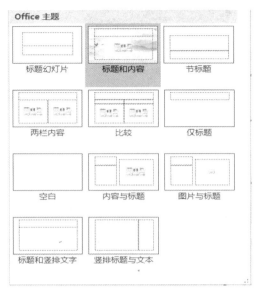

图 6-9　"Office 主题"列表

（2）步骤（1）中已将母版设置的背景格式应用到新幻灯片上。在标题占位符内输入"自我介绍"，在内容区域的图形占位符中单击"图片"按钮，在弹出的"插入图片"对话框中选择提供的素材图片"02.jpg"，单击"插入"按钮。

（3）选择"自我介绍"所在的文本框，设置文字字体为"等线（正文）"，白色。在功能选项卡区域的"绘图工具"→"格式"→"大小"组，设置高度为 2.2 厘米，宽度为 7 厘米；在形状样式组，将形状填充和形状轮廓设置为"主题颜色-蓝色，个性色 1"。单击"大小"组的"大小和设置"按钮，打开设置形状格式面板，设置位置，水平位置 2.2 厘米（从左上角），垂直位置 1 厘米（从左上角）。关闭该面板，第二张幻灯片效果如图 6-10 所示。

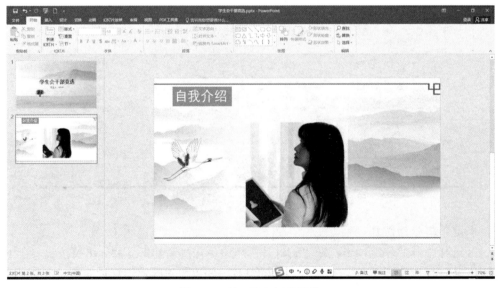

图 6-10　第二张幻灯片效果

4. 新建第三张幻灯片

（1）在普通视图下，在左侧幻灯片缩略图窗口右击第二张幻灯片，在弹出的快捷菜单中选择"复制幻灯片"命令，即生成第三张幻灯片。选择第三张幻灯片，将标题内容"自我介绍"改成"竞选目的"，删除幻灯片上的图片。

（2）单击幻灯片内容部分图形占位符的"插入 SmartArt 图形"，选择"流程"→"向上箭头"选项，如图 6-11 所示。

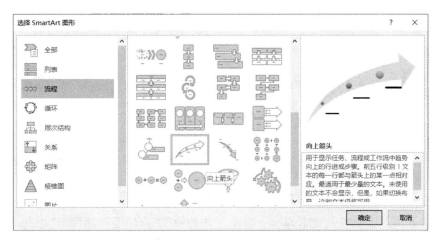

图 6-11　插入 SmartArt 图形

（3）从下到上依次输入文本内容"服务""沟通""进步"，设置文本字体为"等线（正文）"，字号大小为 48，并修改备注窗口内容为竞选目的对应的演讲词，第三张幻灯片效果如图 6-12 所示。

图 6-12　第三张幻灯片效果

5. 新建第四张幻灯片

（1）在普通视图下，在左侧幻灯片缩略图窗口右击第三张幻灯片，选择"复制幻灯片"命令，即生成第四张幻灯片。选择第四张幻灯片，将标题内容改成"竞选优势"，删除幻灯片上的图片文字。

（2）单击幻灯片内容部分图形占位符的"插入 SmartArt 图形"，选择"棱锥图"→"棱锥型列表"选项，如图 6-13 所示。

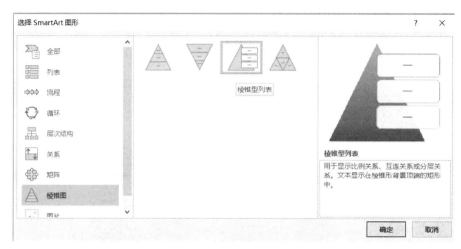

图 6-13　插入 SmartArt 图形

（3）从下到上依次输入文本内容"学生工作经验""责任心与热情""思想政治素质"，设置文本字体为"等线（正文）"，字号大小为 32，并修改备注窗口内容为竞选优势对应的演讲词，第四张幻灯片效果如图 6-14 所示。

图 6-14　第四张幻灯片效果

6. 新建第五张幻灯片

（1）在普通视图下，在左侧幻灯片缩略图窗口右击第四张幻灯片，选择"复制幻灯片"命令，即生成第五张幻灯片。选择第五张幻灯片，将标题内容改成"工作构想"，删除幻灯片上的图片文字。

（2）单击幻灯片内容区域文本占位符，在文本框中输入两段文字"1.建设智能化、体系化的学生管理工作平台。""2.打造一个实干、高效、优秀的学生团队。",设置文本字体为"等线(正文)",字号大小为 28,设置段落格式为项目编号样式,并修改备注窗口内容为竞选优势对应的演讲词,第五张幻灯片效果如图 6-15 所示。

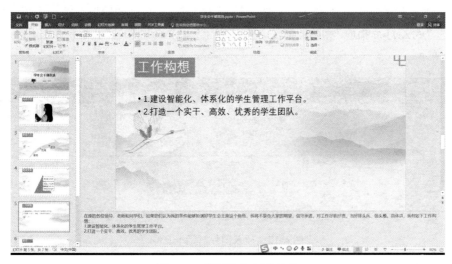

图 6-15 第五张幻灯片效果

7. 新建第六张幻灯片

(1)在普通视图下,在左侧幻灯片缩略图窗口右击第五张幻灯片,选择"复制幻灯片"命令,即生成第六张幻灯片。选择第六张幻灯片,将标题内容改成"表态",删除幻灯片上的图片文字以及备注窗口的内容。

(2)单击幻灯片内容区域文本占位符,在文本框中输入三段文字"如果有幸当选,我将兢兢业业,认真工作,担当责任。""如果不能当选,我不会灰心,将在思想上和行动上进一步严格要求自己,不断努力。""总之:我将做到胜不骄败不馁,一如既往地努力前行,让自己越来越优秀",设置文本字体为"等线(正文)",字号大小为 28,设置段落格式为项目符号样式,第六张幻灯片效果如图 6-16 所示。

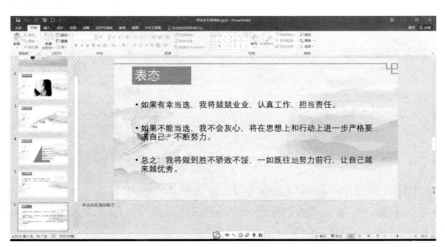

图 6-16 第六张幻灯片效果

（3）单击"插入"→"媒体"→"音频"→"PC 上的音频"按钮，在弹出的"插入音频"对话框中选择提供的素材"wait.mp3"，单击"插入"按钮，即在幻灯片上出现了"声音"图标，选中该图标，下面浮动出现音频控制条。单击窗口上方选项卡区域的"音频工具"→"播放"→"音频选项"→"音量"按钮，设置为"低"；在"开始"下拉列表框中"自动"选项，勾选"跨幻灯片播放""循环播放，直到停止""放映时隐藏""播完返回开头"复选框，如图 6-17 所示。

图 6-17　插入图片对话框音频

8. 新建第七张幻灯片

（1）在普通视图下，单击"开始"→"新建幻灯片"按钮，选择"空白"版式，即生成第七张幻灯片。单击"插入"功能区"图片"按钮，在弹出的"插入图片"对话框（图 6-18）中，选择提供的素材图片"04.jpg"，单击"插入"按钮，即将图片插入幻灯片。

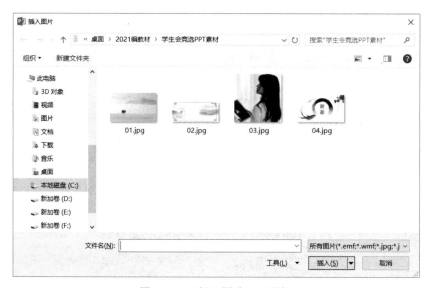

图 6-18　"插入图片"对话框

（2）选中插入的图片，在窗口上方选项卡区域单击"图片工具"→"格式"→"调整"→"重新着色"下第三行第二列的"蓝色，个性色 1，浅色"选项。输入备注窗口的内容为结束演讲时对应的演讲词，如图 6-19 所示。

图 6-19　设置图片颜色

9. 保存演示文稿

保存创建的演示文稿。单击"保存"按钮，打开"另存为"窗口，单击"浏览"按钮，打开"另存为"对话框，设置好保存文件的位置，文件名为"学生会干部竞选"，保存类型采用默认的"PowerPoint 演示文稿（*.pptx）"，单击"保存"按钮，如图 6-20 所示。

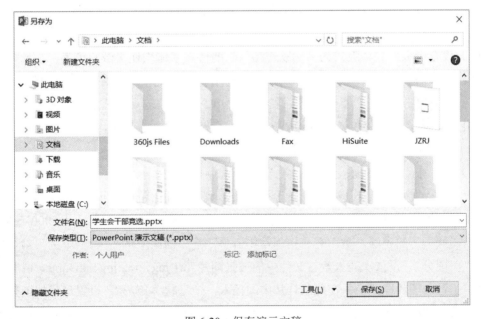

图 6-20　保存演示文稿

同步训练

按下列要求制作完成图 6-21 所示的幻灯片。

图 6-21　练习效果图

（1）新建一个演示文稿并保存在桌面上，文件名为 ex1.pptx。该演示文稿由四张幻灯片组成，第一张幻灯片版式为标题幻灯片，第二至第四张幻灯片版式为标题和内容。所有幻灯片使用"环保"模板。

（2）设置母版格式。版式为"标题幻灯片"的格式字体均使用微软雅黑，字号采用默认设置。"标题和内容"版式幻灯片字体均采用微软雅黑。在幻灯片左侧插入竖排艺术字。艺术字样式选择第一排第三列"填充-白色，轮廓-着色 1，阴影"选项，艺术字内容为"扬子江心水，蒙山顶上茶"，艺术字文本字体设置为"华文行楷，32 号，加粗，阴影"。艺术字位置为水平-0.4 厘米，自左上角；垂直 2 厘米，自左上角。

（3）第一张幻灯片标题文本为"蒙山记忆"，副标题文本为"中国四川雅安蒙顶山"。第二张幻灯片标题文本为"景区简介"，内容部分文本为"蒙顶山位于四川省雅安市名山县境内，又名蒙山，山体长约 10 公里，最高峰上清峰，海拔 1456 米，这里常年雨量达 2000 毫米以上，古称'西蜀漏天'的说法，蒙山之名也因常年云雾茫茫、烟雨蒙蒙而来。"第三张幻灯片标题文本为"美图分享"，依次插入素材文件中的三张图片 m1.jpg、m2.jpg、m3.jpg。调整每张图片尺寸、位置、图片样式，并在此幻灯片中间插入一个形状"矩形"，设置形状的填充和轮廓为蓝色，效果如图 6-22 所示。第四张幻灯片标题文本为"景区特色"，内容插入 SmartArt 图形中的"环状蛇形流程"，添加足够的形状并在形状里输入相应的文本。设置流程图里面的文字字体为微软雅黑，字号为 20 号，加粗，效果如图 6-23 所示。

图 6-22　第三张幻灯片效果

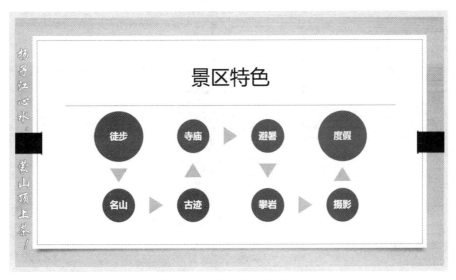

图 6-23　第四张幻灯片效果

案例二　营养早餐

案例描述

　　你是一所医院的领导，分管医院宣传工作。为了给病房的病人做一次关于营养早餐的讲座，需准备了一个名为"营养早餐.pptx"的演示文稿。

　　一顿营养的早餐，犹如雪中送炭，能使激素分泌很快进入正常直达高潮，给嗷嗷待哺的脑细胞提供满满的能量，给亏缺待摄的身体补以必需的营养，一下子带给人们身体精力、活力和健康。因此普及营养早餐知识利国利民，有益全民健康，是医者的神圣使命。

案例分析

1. "营养早餐"演示文稿的内容

内容包括封面部分、目录部分、关于营养早餐的六个小点、结束部分。

2. 制作步骤

（1）封面部分：设计简单明了的封面幻灯片，输入标题文字"营养早餐"。

（2）目录部分：根据讲解的内容制作目录幻灯片，将六个小点放到目录上。

（3）结束部分：配以视频文字结束本次讲座。

3. 操作流程图（图 6-24）

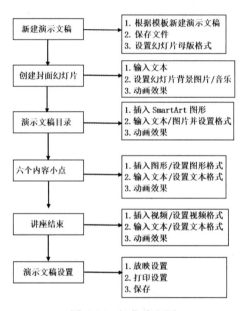

图 6-24　操作流程图

4. 效果图（图 6-25）

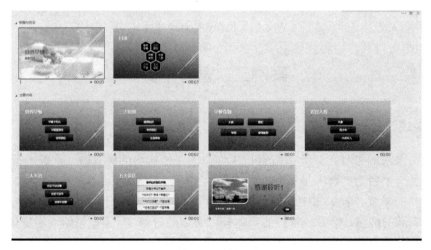

图 6-25　效果图

知识点分析

1. 幻灯片对象的插入

在幻灯片的"插入"选项卡中可以添加多种元素，包括表格、图像、插图、加载项、链接、批注、文本、符号、媒体，它们的添加方法与 Word 和 Excel 中相应元素的添加方法相同。下面简单介绍幻灯片中常见对象的添加与设置。

（1）添加文本。在 PowerPoint 2016 中添加文本最常用的方法是在文本框或者文本占位符中输入文字，除此之外，还可以在幻灯片中添加各种"艺术字"效果，或者在各种绘制的"形状"中添加文字。PowerPoint 自带的文字效果是有限的，如果想添加更多的文字效果，可以从网上下载并安装。

（2）添加图片。图片是幻灯片中的常见元素，常见图片格式有 BMP、JPG、PNG、WMF 等，在以上这些格式中，WMF 是矢量图，其他格式的图片是位图。两者的区别在于位图放大后会变模糊，而矢量图可以任意放大。所以在幻灯片中插入图片时要注意清晰度，不要插入模糊不清的图片影响效果。

插入图片后，要想让图片呈现好的视觉效果，需要注意图片的剪裁、排列及形状设置等。在"图片工具"→"格式"→"调整"组中，可以通过"更正"下拉列表设置图片的"亮度"和"对比度"；也可以根据幻灯片整体的风格，通过"颜色"下拉列表为图片"重新着色"。在"图片样式"组可以为幻灯片中的图片添加各种边框效果、更改各种形状，也可以添加各种投影立体效果等；在"排列"组，可以设置多张图片的放置位置，也可以调整图片的方向。在图片"大小"组，可以对图片设置具体的宽度和高度，也可以裁剪图片多余的边缘。如果还需要进行精确设置，可以通过"大小"组右下角的"大小和位置"按钮打开"设置图片格式"面板。

（3）添加 SmartArt 图形。SmartArt 图形是各种图形组合的概念图，包括列表、流程、循环、层次结构、关系、矩阵、棱锥图等。在幻灯片中插入 SmartArt 图形能帮助观众以可视化的方法了解少量文本或数据之间的关系。创建好 SmartArt 图形后，可以在图形上的"文本框"中输入文本，也可以在图形旁边显示的"文本窗格"中输入文字。

（4）添加表格。使用表格可以将琐碎的数据有规律地罗列出来，使用表格时，用户可以在幻灯片中插入表格，也可以将 Word 或 Excel 中的表格直接复制粘贴过来。在对表格的美化过程中，用户可以具体设置表格文字、背景、样式、布局等。

（5）添加图表。图表可以使数据直观化、形象化。它包括柱形图、条形图、折线图、饼图等 14 种图表，还可以组合构造复合图表。用户可以根据观众和场合的不同选择性地显示这些元素。如果引用其他参考资料的数据，还要标明资料的来源，以体现出数据的严谨性。

（6）添加媒体。可以在 PowerPoint 2016 演示文稿中插入 MPG、MPEG、ASF、WMV、AVI、MKV、MTS 等类型的视频文件和 MP4 等格式的音频文件。如果要调整视频窗口的尺寸，先要选择该视频，再拖动边框边角上的句柄，拖动时不要只调整一个方向上的尺寸使图片失真，一定要拖动边角上的选择句柄。若视频放大之后想重设原来的视频大小，可以在视频上右击，在弹出的快捷菜单中选择"大小和位置"选项，打开"大小和位置"面板，单击"大小"区域上的"重设"按钮。

2. 幻灯片设计模板

对于已经选择好版式的幻灯片来说，如果要为每张幻灯片设置背景、文本格式，则将大大降低用户的工作效率。PowerPoint 2016 为用户提供了更加丰富的幻灯片设计模板，使用户的编辑工作效率大大提高。幻灯片设计模板的设置方法如下：打开演示文稿，在"设计"功能区单击"主题"组提供的相应模板，更改演示文稿模板，如图 6-26 所示。

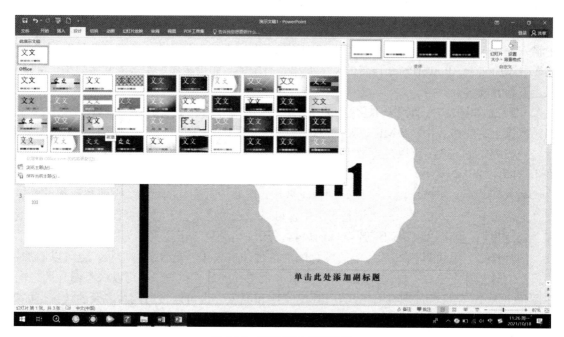

图 6-26　更改演示文稿模板

对于一些演示文稿，如果已经选择了某个设计模板，那么在默认方式下，每张幻灯片都自动使用该模板为背景。如果要改变幻灯片的背景，重新选择设计模板是最快、最省时的方法。

打开"设计"选项卡，在"主题"选项组中单击选择需要的主题样式模板，此时当前窗口中的所有幻灯片都会设置成该样式。如果只需要设置某张幻灯片为该样式，其他幻灯片不变，则需要右击该主题模板，在弹出的快捷菜单中选择"应用于选定幻灯片"选项。

3. 幻灯片背景

幻灯片的背景颜色通常是在创建幻灯片时由所选模板确定的。默认状态下，一个演示文稿的所有幻灯片的背景颜色都是由所选的设计模板决定的。若没有选择设计模板，则默认状态下所有幻灯片背景均为空白。有时用户需要改变演示文稿中某张幻灯片的背景颜色来达到与众不同的效果。更换当前幻灯片背景颜色的步骤如下：选择需要设置背景的幻灯片，在"设计"功能区单击"自定义"→"设置背景格式"按钮，打开"设置背景格式"面板，如图 6-27 所示，可以详细设置所选幻灯片的背景。

4. 设置幻灯片切换效果

幻灯片切换是指放映演示文稿时两张连续的幻灯片之间的过渡效果，即从上一张幻灯片转换到下一张幻灯片时放映屏幕呈现的效果。下面介绍添加幻灯片切换效果的方法。

图 6-27　设置背景格式

　　打开一个演示文稿，选中需要设置切换效果的幻灯片，单击"切换"选项卡，可以在"切换到此幻灯片"组看到系统提供的各种切换方式按钮，如图 6-28 所示。

图 6-28　"切换到此幻灯片"组

　　单击"切换到此幻灯片"组的"其他"按钮可以看到展开的工具按钮库。在展开的工具按钮库中选择合适的切换方式，如"立方体"，则为当前幻灯片设置了"立方体"效果的切换方式，如图 6-29 所示。

　　设置好幻灯片的切换方式后，还可以设置发生切换时的其他效果，如切换时的声音效果、持续时间、换片方式等。在"切换至此幻灯片"组中单击"效果选项"按钮，在展开的下拉列表中选择适当的选项，可以看到幻灯片切换动画效果。

图 6-29　选择切换方式

幻灯片的切换默认状态下是"单击鼠标时"完成。如果需要自动切换，则必须设置幻灯片的切换时间。可以为所有幻灯片同时设定切换效果，也可以为单张幻灯片设定单独的切换效果。

设置幻灯片切换声音效果。单击"切换"→"计时"→"声音"下拉按钮，在展开的下拉列表中选择一项，即可为幻灯片切换配上声音，如图 6-30 所示。

图 6-30　设置幻灯片切换时的声音效果

设置动画持续时间。可以在"计时"组中的"持续时间"编辑框中设置切换动画持续的时间，单击右边的微调按钮即可调整，同时可以设置幻灯片切换时是手动切换还是自动按时间

切换。若每张幻灯片切换效果相同，则可以单击"计时"→"全部应用"按钮，设置如图 6-31
所示。

设置动画效果

图 6-31　幻灯片切换时的持续时间设置

5. 设置动画效果

在 PowerPoint 2016 中，动画效果可以应用于幻灯片中的不同对象。若给幻灯片中的各对
象设置了动画效果，则在放映时幻灯片中的各对象不是一次全部显示，而是按照设置的顺序以
动画的方式依次显示。幻灯片上的每个对象可以有四类动画效果：进入时效果、强调效果、退
出时效果和动作路径效果，如图 6-32 所示。这四类效果并不是每个对象必须具备的，用户可
以根据实际需要为每个对象选择性添加合适的效果。

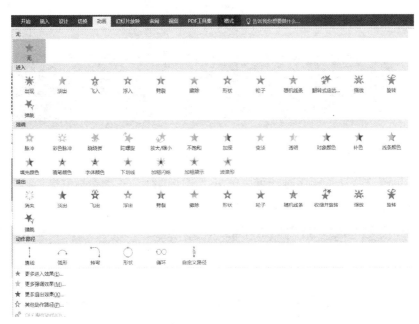

图 6-32　设置动画效果

（1）添加动画。用户可以为幻灯片上的每个对象设置多个动画效果。操作方法如下：选
中已经设置动画效果的对象，单击"动画"→"高级动画"→"添加动画"按钮，为该对象再
次添加动画效果，如图 6-33 所示。

（2）设置动画。幻灯片上的任何对象只要设置了动画效果，就可以再次选中该对象，进
一步设置动画效果。操作方法如下：选中已设置动画效果的对象，单击"动画"→"计时"组
的按钮可以设置动画开始时间、持续时间和延迟时间。当一个对象或一张幻灯片上有多个动画
效果时，在该对象左侧的数字"1，2，3……"标示了动画的先后顺序，如图 6-34 所示。

图 6-33 添加动画

图 6-34 动画顺序

当用户要更改这些动画顺序时，可以单击"高级动画"→"动画窗格"按钮，在幻灯片编辑窗格的右侧出现"动画窗格"面板，如图 6-35 所示。

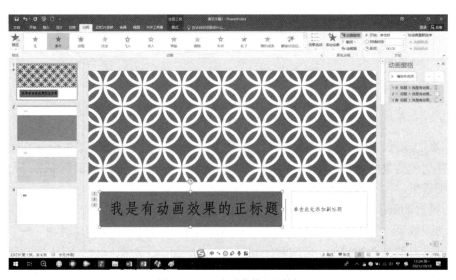

图 6-35 "动画窗格"面板

当前幻灯片上设置的动画都会在"动画窗格"面板里显示。选中动画窗格里由数字标示的动画行后，在该行右侧出现一个下拉按钮，单击该下拉按钮可以详细设置该动画，包括设置动画启动条件、效果选项、计时、删除、隐藏等。若选中动画窗格的某个动画，则该窗格右上方左右各有一个箭头按钮处于可用状态，单击向上箭头可把所选动画顺序向前调一级，即原来是第三顺序出现的动画，向上调整之后就变成了第二顺序的动画。

在 PowerPoint 2016 中，如果需要为其他对象设置相同的动画效果，那么可以在设置了一个对象动画后通过"动画刷"功能复制动画，具体操作步骤如下：选择已经设置好动画的对象，单击"高级动画"→"动画刷"按钮，切换到另一张幻灯片或在当前幻灯片上直接单击需要应用相同动画的对象即可。

（3）删除动画。删除幻灯片某对象的动画效果有以下两种方法。

1）选中对象，单击"动画"→"动画"→"无"按钮，如图 6-36 所示。

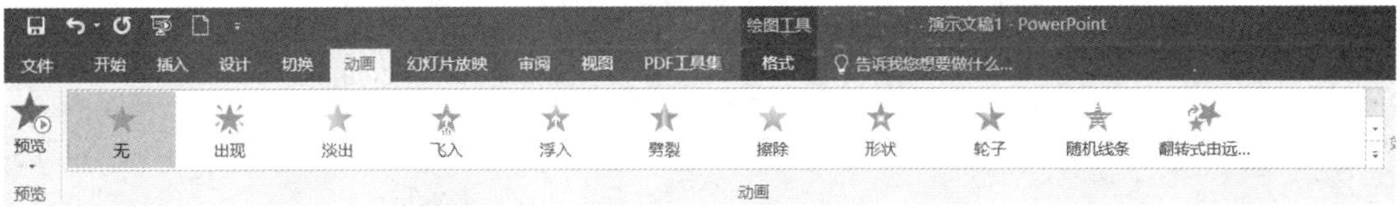

图 6-36 删除动画

2）选中对象，单击"动画窗格"中需要删除的动画行右侧的下拉按钮，在下拉选项里选择"删除"选项。

6. 设置超链接

在 PowerPoint 2016 中，可以设置将一个幻灯片链接到另一个幻灯片，还可以为幻灯片中的对象内容设置网页、文件等内容的链接。在放映幻灯片时，鼠标指针指向超链接，指针将变成手的形状，单击可以跳转到设置的链接位置。

在幻灯片中设置超链接的方法如下：选定需要设置超链接的对象，单击"插入"→"链接"→"超链接"按钮，弹出"插入超链接"对话框。在"链接到"区域选择链接地点类型，再在右侧选择具体文件或幻灯片的位置，单击"确定"按钮。

7. 添加动作按钮

在 PowerPoint 2016 中添加动作按钮可以链接各幻灯片，控制幻灯片和多媒体的播放过程。系统提供了一组预先定义好动作的常用动作按钮。用户也可以自己完成动作按钮的外观和动作设置。具体操作过程如下：选择需要添加动作按钮的幻灯片，单击"插入"→"插图"→"形状"按钮，在弹出的选择面板中选择"动作按钮"区域中的动作按钮，然后在当前幻灯片中左键拖动得到相应的按钮，同时自动弹出"操作设置"对话框，如图 6-37 所示，在其中设置好链接即可。

一张幻灯片可以同时添加多个动作按钮。这里采用的是系统提供的动作按钮，在放映幻灯片时，这些按钮是活动的。用户也可以自己设计一张图片作为按钮，选中此按钮并右击，在弹出的快捷菜单中选择"超链接"选项，在弹出的"插入超链接"对话框中设置好目标位置即可。

8. 设置幻灯片放映时间

PowerPoint 2016 可以实现各幻灯片的自动播放。由于每张幻灯片中的文本和对象的数量不相等，因此每张幻灯片的放映时间不同，此时可以使用"排练计时"功能。

图 6-37　"操作设置"对话框

　　手动设置：选中幻灯片，单击"切换"选项卡，在"计时"组的换片方式下设置自动换片，即可为幻灯片自动放映提供时间依据。

　　排练计时：使用此功能，用户可以根据每张幻灯片内容的不同，准确地记录下每张幻灯片的放映时间，做到详略得当、层次分明。设置方法如下：

　　单击"幻灯片放映"→"排练计时"按钮，系统切换到幻灯片放映视图并在屏幕左上角自动弹出"录制"工具栏，如图 6-38 所示。用户只需模拟正常放映演示文稿时的速度放映幻灯片。"录制"工具栏的"下一项"按钮可以人为控制每张幻灯片的放映时间；单击"重复"按钮可以重新排练当前幻灯片的放映时间；单击"关闭"按钮结束排练计时，系统会自动弹出一个对话框，询问是否保存时间，单击"是"按钮即可。制作完成演示文稿后，可以通过放映来预览整体效果。放映演示文稿时可以从第一张幻灯片开始放映，也可以选择从当前幻灯片开始放映，甚至可以选择演示文稿中的一部分幻灯片放映。

图 6-38　"录制"工具栏

9. 设置幻灯片放映方式

　　幻灯片放映分为实时手动放映和自动放映。默认情况下，PowerPoint 2016 放映幻灯片是按照预设的演讲者放映方式进行的。根据放映时的场合和放映需求不同,还可以设置其他放映方式。

单击"幻灯片放映"→"设置"→"设置幻灯片放映"按钮，打开"设置放映方式"对话框，如图 6-39 所示。在"放映类型"选项组中，用户可以设置放映的类型及各种效果，其中"演讲者放映"可以实现演讲者播放时的自主性操作，在播放中可以随时暂停、添加标记等；"观众自行浏览"是非全屏放映方式，通过窗口中的翻页按钮可以按顺序放映或者选择放映幻灯片；"在展台浏览"可以全屏循环放映幻灯片，在放映期间，只能用鼠标指针选择屏幕对象，其他功能均不可使用，终止时按 Esc 键。

图 6-39　"设置放映方式"对话框

10. 自定义放映方式

使用自定义放映方式，用户可以根据实际情况调整演示文稿中幻灯片的播放顺序。

打开演示文稿后，单击"幻灯片放映"→"开始放映幻灯片"→"自定义幻灯片放映"按钮，在下拉列表中选择"自定义放映"选项，弹出"自定义放映"对话框，如图 6-40 所示。单击"新建"按钮，弹出"定义自定义放映"对话框，如图 6-41 所示，可以自由选择演示文稿里的部分幻灯片组成新的"自定义放映"。左侧是演示文稿中的所有幻灯片，右侧的 5 张幻灯片是用户从左侧选出来重新组成的新的放映内容。单击"确定"按钮，创建了"自定义放映 1"，如图 6-42 所示。

图 6-40　"自定义放映"对话框

图 6-41　"定义自定义放映"对话框

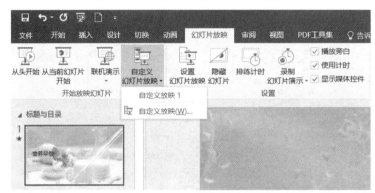

图 6-42　自定义放映 1

11．幻灯片放映中做标记

为了突出显示放映画面中的某内容，可以为它加上着重标记线。在放映屏幕上右击，在弹出的快捷菜单中选择"指针选项"→"笔"/"荧光笔"选项，即可在幻灯片放映时画出着重线，在"墨迹颜色"中可以选择自己喜欢的颜色，如图 6-43 所示。按 E 键可以清除着重线，选择"箭头"选项可返回鼠标指针状态。

图 6-43　"指针选项"菜单

12. 打印设置与导出

单击"文件"→"打印"命令，在右侧窗格中可以设置打印时每页打印幻灯片的数量、颜色、页眉页脚等。完成设置后，单击"打印"按钮即可按用户设置的内容打印演示文稿，如图 6-44 所示。

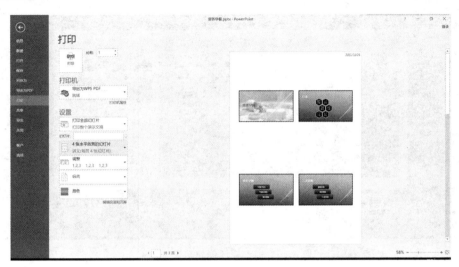

图 6-44　打印设置

单击"文件"→"导出"命令，可以导出演示文稿，创建成 PDF/XPS 文件、视频文件、讲义、打包成 CD 或者更改文件类型。

案例实施步骤

1. 新建演示文稿

（1）启动 PowerPoint 2016，出现图 6-45 所示的启动页面，在右侧窗格上方搜索框里默认显示"搜索联机模板和主题"，下面默认显示"特色"主题模板。

图 6-45　PowerPoint 2016 启动页面

（2）选择"切片"主题模板，弹出图 6-46 所示的对话框，可以选择图片和不同的颜色模式。

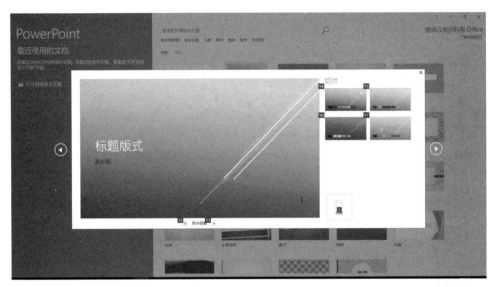

图 6-46　根据模板创建演示文稿

（3）单击"创建"按钮，创建新演示文稿，保存演示文稿，文件名为"营养早餐"，如图 6-47 所示。

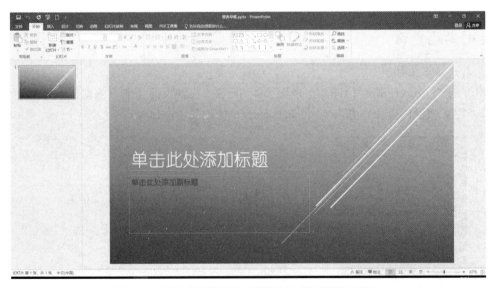

图 6-47　通过主题模板创建新演示文稿"营养早餐"

2. 通过母版编辑幻灯片格式

单击"视图"→"母版视图"→"幻灯片母版"按钮，切换到母版视图模式。单击窗口左侧幻灯片缩略图窗格的"标题幻灯片"，选择右侧编辑窗格幻灯片上的正标题文本框，设置文本框内的字体为"幼圆（标题），红色，54 号，加粗"，设置副标题文本框内的文字为"微软雅黑，红色，28 号"。单击窗口左侧幻灯片缩略图窗格的"标题和内容"版式，选择右侧编辑窗格幻灯片上的标题文本框，拖至幻灯片上方，将内容部分的文本框拖至幻灯片下方，实现两部分文本框位置互换。设置标题文本框内的文字为"幼圆（标题），白色，48 号，加粗"。设置内容部分文本框内的文字为"幼圆（正文），黑色，20 号"。关闭母版视图，返回幻灯片普通视图模式。

3．编辑标题与目录幻灯片

（1）单击"开始"→"幻灯片"→"节"→"新增节"命令，如图 6-48 所示，在幻灯片缩略图窗格第一张幻灯片上方出现"无标题节"。单击"开始"→"幻灯片"→"节"→"重命名节"按钮，弹出"重命名节"对话框，如图 6-49 所示。在该对话框的"节名称"文本框中输入第一节名称为"标题与目录"，单击"重命名"按钮，即完成第一节标题的设置。

（2）第一张幻灯片标题内容设置为"营养早餐"，副标题文本框的内容为"健康知识"。单击"设计"→"自定义"→"设置背景格式"按钮，窗口右侧出现"设置背景格式"面板。选择"填充"→"图片或纹理填充"单选项，单击"文件（F）…"按钮，选择提供的素材图片文件"早餐.jpg"，将面板上的"透明度"调整到 35%，即得到图 6-50 所示的第一张幻灯片效果。

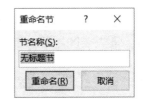

图 6-48　新增节　　　　　　　　　　　图 6-49　"重命名节"对话框

图 6-50　第一张幻灯片效果

（3）单击"开始"→"幻灯片"→"新建幻灯片"按钮，插入版式为"标题和内容"的第二张幻灯片。设置标题为"目录"。单击"插入"→"插图"→SmartArt 命令，选择"列表"→"交替六边形"选项，如图 6-51 所示。

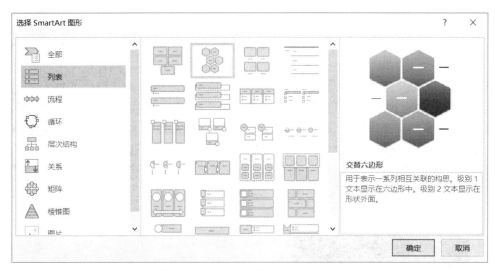

图 6-51　选择"交替六边形"选项

（4）设置每个六边形内的文字字号为 28 号字，字体和颜色采用默认值。适当调整"交替六边形"的位置，并依次为每个六边形添加内容：营养早餐、三大原则、早餐食物、适宜人群、三大不宜、五大误区，第二张幻灯片效果如图 6-52 所示。

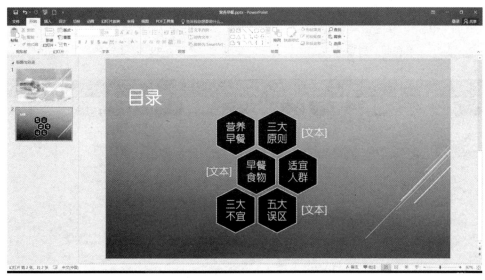

图 6-52　第二张幻灯片效果

4. 编辑演示文稿主要内容

（1）在幻灯片缩略图窗格第二张幻灯片下面空白处单击，再单击"开始"→"幻灯片"→"节"→"新增节"命令，在幻灯片缩略图窗格第二张幻灯片下方出现"无标题节"。单击"开始"→"幻灯片"→"节"→"重命名节"命令，在弹出的"重命名节"对话框的"节名称"文本框中输入第二节名称"主要内容"，单击"重命名"按钮，即完成第二节标题的设置。

（2）插入版式为"标题和内容"的第三张幻灯片，输入标题文本框内容为"营养早餐"。单击"插入"→"插图"→"形状"按钮，在下拉列表中选择"矩形"→"圆角矩形"选项，然后按住鼠标左键在幻灯片内容区拖动，画出一个圆角矩形。选中该圆角矩形，单击窗口上方"绘图工具"→"格式"→"大小"组的高度和宽度数值框，将高度设置为 2.5 厘米，将宽度设置为 10 厘米。单击"形状样式"→"其他"按钮，选择主题样式为"强烈效果-深蓝，强调颜色 1"。右击该圆角矩形，在弹出的快捷菜单中选择"编辑文字"选项，输入文本内容"个性化早餐"。选中该圆角矩形，设置文本格式为"字体为默认，大小为 28 号，白色"。复制该圆角矩形及其文本，粘贴两次。适当移动圆角矩形的位置，并将第二个和第三个圆角矩形上面的文字内容修改为"早餐重要性""营养搭配"，如图 6-53 所示。

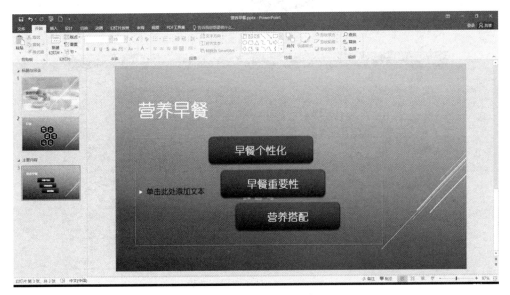

图 6-53　修改文字内容

（3）在右侧幻灯片缩略图窗格右击第三张幻灯片，弹出的快捷菜单如图 6-54 所示，选择"复制幻灯片"命令，即生成第四张幻灯片。将第四张幻灯片上的标题修改为"三大原则"，将主体部分圆角矩形内文本框的内容修改为"就餐时间""营养搭配""注意事项"。

（4）将第四张幻灯片复制成第五张幻灯片，并将第五张幻灯片上的标题修改为"早餐食物"，将主体部分圆角矩形内文本框的内容修改为"主食""搭配""举例"。增添一个圆角矩形，内容为"食谱推荐"。适当排列圆角矩形的位置，第五张幻灯片如图 6-55 所示。

（5）右击第四张幻灯片，在弹出的快捷菜单中选择"复制"命令。右击幻灯片缩略图窗格第五张幻灯片下面的空白处，在弹出的快捷菜单中选择"粘贴"→"使用目标主题"命令，即生成第六张幻灯片。将第六张幻灯片上的标题修改为"适宜人群"，将主体部分圆角矩形内文本框的内容修改为"儿童""青少年""中老年人"，第六张幻灯片如图 6-56 所示。

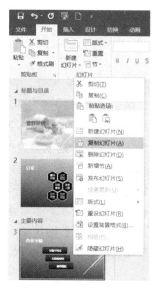

图 6-54　快捷菜单

图 6-55　第五张幻灯片效果

图 6-56　第六张幻灯片效果

（6）参照（5），将第六张幻灯片复制成第七张幻灯片。将第七张幻灯片上的标题修改为"三大不宜"，将主体部分的圆角矩形的内容修改为"宜足不宜过量""宜迟不宜早""宜软不宜硬"，第七张幻灯片效果如图 6-57 所示。

图 6-57　第七张幻灯片效果

（7）单击"开始"→"幻灯片"→"新建幻灯片"按钮，生成第八张幻灯片。选择第八张幻灯片，标题内容输入"五大误区"。单击内容部分图形占位符"插入表格"按钮，弹出"插入表格"对话框，设置"插入表格"对话框中列数为 1，行数为 5，如图 6-58 所示，单击"确定"按钮。

图 6-58　设置列数和行数

（8）选择表格，单击"表格工具"→"设计"→"表格样式"→"其他"→"中"→"中度样式 4-强调 4"选项。设置"布局"→"表格尺寸"→"高度"为 12 厘米，"宽度"为 15 厘米，单击"单元格大小"→"分布行"/"分布列"按钮，并设置单元格高度为 2.4 厘米，宽度为 15 厘米。单击"排列"→"对齐"→"水平居中"选项，将表格位置居中。单击"对齐方式"→"居中"/"垂直居中"命令，将表格中的文本居中对齐。选择整个表格，单击"开始"→"字体"按钮，设置表格内容字体为"幼圆（正文）"，字号为 28 号。表格的单元格内容从上到下依次输入"清早起床就吃早餐""早餐吃得过于营养""'纯牛奶'混淆'早餐奶'""'牛奶加鸡蛋'代替主食""'油条加豆浆'代替早餐"，第八张幻灯片效果如图 6-59 所示。

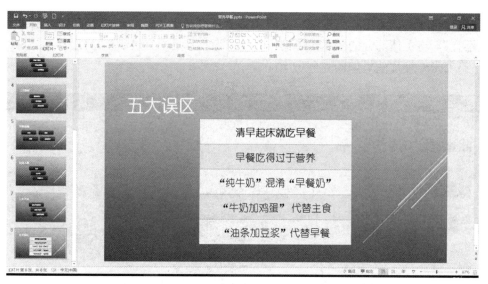

图 6-59　第八张幻灯片

5. 编辑演示文稿结束部分内容

单击"开始"→"幻灯片"→"新建幻灯片"按钮，生成版式为"两栏内容"的第九张幻灯片，删除标题部分文本框，将左、右两部分内容移动到幻灯片适当位置。单击"插入"→"文本"→"艺术字"命令，选择艺术字样式为"填充-深蓝，着色 1，阴影"，输入艺术字内容"感谢聆听！"。选中艺术字，设置字号为 72 字体移动到幻灯片右侧。幻灯片左侧内容部分插入提供的视频文件"媒体 1.wmv"。视频下面插入一个横排文本框，文本框的内容为"科学饮食，健康一生"，文本设置为宋体，24 号，白色。选择视频，单击"视频工具"→"格式"→"视频样式"→"其他"命令，选择"中等"→"圆形对角-白色"选项。设置"视频工具"→"播放"→"视频选项"→"开始"，设置条件为"自动"，勾选"循环播放，直到停止"和"播放完返回开头"复选框，第九张幻灯片效果如图 6-60 所示。

图 6-60　第九张幻灯片效果

6. 编辑演示文稿其他部分及效果

（1）为第一张幻灯片插入音频文件，作为整个演示文稿的背景音乐，并设置播放效果。操作方法为选择第一张幻灯片，单击"插入"→"媒体"→"音频"→"PC 上的音频"命令，如图 6-61 所示。

图 6-61　插入音频

在弹出的对话框里选择音频文件 a1.mp3 并单击"插入"按钮。单击幻灯片上的音频图标，单击窗口上方"音频工具"→"播放"按钮。在"音频选项"组中设置"开始"条件为"自动"，单击"音量"按钮选择"低"，勾选"跨幻灯片播放""循环播放，直到停止""放映时隐藏""播放完返回开头"复选框，在"音频样式"组中单击"在后台播放"按钮，如图 6-62 所示。单击"动画"→"动画"→"显示其他效果选项"按钮，在弹出的"播放音频"对话框中设置开始播放为"从头开始"，设置停止播放为在第九张幻灯片之后停止，如图 6-63 所示。

图 6-62　设置音频播放选项

（2）设置超链接。选择第九张幻灯片，单击"插入"→"插图"→"形状"按钮，在弹出的下拉列表里选择"基本形状"→"椭圆"选项，在幻灯片右下角按住左键并拖动画出一个椭圆。单击"绘图工具"→"格式"→"形状样式"→"其他"按钮，为椭圆选择"强烈效果-深蓝，强调颜色 1"样式。单击"插入"→"链接"→"超链接"按钮，在弹出的"插入超链接"对话框（图 6-64）中设置链接到"本文档中的位置"，选择文档中的位置为第一张幻灯片"1.营养早餐"。右击椭圆，在弹出的快捷菜单中选择"编辑文字"命令，输入"返回"，并将文字加粗。

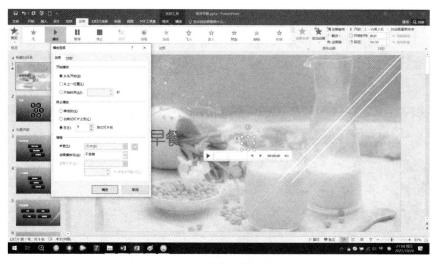

图 6-63   设置音频播放

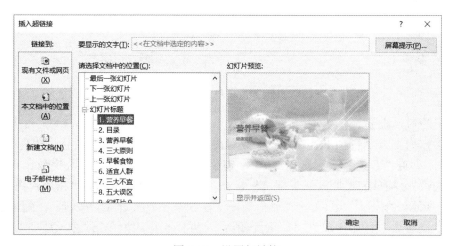

图 6-64   设置超链接

（3）设置幻灯片的切换效果。选择第一张幻灯片，单击 "切换"→"切换到此幻灯片"→"随机线条"选项，效果选项为"垂直"，换片方式默认为单击鼠标。用相同方式依次设置第 2～9 张幻灯片的切换效果为擦除、库、框、翻转、棋盘、立方体、涟漪、蜂巢，其他设置均为默认值。

（4）设置动画效果、放映效果。选择第一张幻灯片中的标题"营养早餐"，单击"动画"→"动画"→"其他"按钮，选择"进入"的动画效果为"飞入，自左侧"。同理，选中文本"健康知识"，设置进入的动画为"浮入"。动画开始条件均设置为"上一动画之后"。动画顺序按照设置先后进行，如图 6-65 所示。其余幻灯片暂不设置动画效果。

图 6-65   动画设置

　　知识拓展：若需要调整顺序，则选择已经设置动画的对象，在"动画"功能区"计时"组设置调整顺序"向前移动""向后移动"。

　　（5）设置幻灯片放映效果。单击"幻灯片放映"→"设置"→"排练计时"按钮，录制好幻灯片的整个放映过程。放映完成后保存排练计时，如图 6-66 所示。保存演示文稿为"营养早餐.pptx"。

图 6-66　"排练计时"

　　技巧：一旦排练计时保留了排练时间，就可以直接放映幻灯片，观看效果。

同步训练

　　1．打开素材文件（ex2.pptx），按下列要求完成对此文稿的修饰并保存。

　　（1）使用"离子会议室"主题修饰全文，全部幻灯片切换方案为"涡流"，效果选项为"自顶部"。

　　（2）第二张幻灯片的版式为"两栏内容"，标题为"'鹅防'，安防工作新亮点"，左侧内容区的文本设置为"黑体"，右侧内容区域插入素材图片 pptl.png。

　　（3）移动第一张幻灯片，使之成为第三张幻灯片，幻灯片版式改为"标题和竖排文字"，标题为"不用能源的雷达-大鹅的故事"。

　　（4）在第一张幻灯片前插入版式为"空白"的新幻灯片，并在位置（水平：0.9 厘米，自左上角，垂直：6.2 厘米，自左上角）插入样式为"填充-白色，轮廓-着色1，阴影"的艺术字"'鹅防'，安防工作新亮点"，艺术字高度为 7 厘米。艺术字文字效果为"转换-弯曲-倒 V形"。艺术字的动画设置为"强调""陀螺旋"，效果选项为"数量-旋转两周"。

　　（5）第一张幻灯片的背景设置为"花束"纹理，且隐藏背景图形。第三张幻灯片的版式改为"比较"，标题为"大鹅，安防的新帮手"，幻灯片上原来的文本放置在左侧内容区域，右侧内容区域插入素材图片 ppt2.png。备注区插入文本"一般一家居民养一条狗，入侵者可以丢药包子毒死狗，而鹅一养一群，其晚上视力不好，入侵者没法喂药，想要放倒很难"，效果如图 6-67 所示。

　　2．打开素材文件（ex3.pptx），按下列要求完成对此文稿的修饰并保存。

　　（1）使用"徽章"模板修饰全文，设置放映方式为"观众自行浏览"。

　　（2）在第三张幻灯片前插入一张版式为"空白"的新幻灯片，内容区插入 4 行 2 列的表格。第 1 列的第 1～4 行依次录入"项目""培训模式""教学管理"和"能力培养"。第 2 列的第 1 行录入"方法"，将第一张幻灯片的文本第 1～3 段依次移到表格第 2 列的第 2～4 行。

　　（3）第四张幻灯片的版式改为"内容与标题"，将第一张幻灯片的图片移到第四张幻灯片的内容区。将第二张幻灯片的第 1 段文本移到第四张幻灯片的文本区。

　　（4）删除第一张幻灯片。

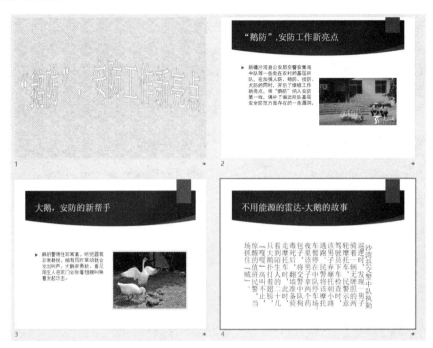

图 6-67　ex2.pptx 效果

（5）移动第三张幻灯片，使之成为第一张幻灯片。

（6）在第二张幻灯片"专升本教育实验班"上设置超链接，链接对象是第三张幻灯片。

（7）第一张幻灯片的图片和文本的动画均设置为"进入""上浮"。动画顺序为先文本后图片。效果如图 6-68 所示。

图 6-68　ex3.pptx 效果

第7章 网络应用

项目简介

使用 Internet Explorer 9.0 或 360 浏览器浏览网页，使用搜索引擎查询信息，收发电子邮件。

能力目标

本章以日常工作与生活中的应用为案例，要求学生学会使用浏览器浏览网页和保存网页资料；认识搜索引擎，学会在网上查询信息资源；学会使用工具收发电子邮件。

案例名称	案例设计	知识点
网页浏览与信息检索	网页浏览与信息检索，保存	Internet Explorer 浏览器界面组成、网站链接、信息或网站的保存、搜索引擎使用
收发电子邮件（E-mail）	收发电子邮件（E-mail）	电子邮件服务、电子邮件地址、申请免费的电子邮箱
下载软件	下载软件安装	常用软件介绍、下载软件的方法、安装常用软件

案例一 网页浏览与信息检索

案例描述

Internet 现在已成为人们获取信息的主要渠道，使用浏览器可以方便、快速地获取网上的信息资源、浏览 Web 网页、查看资料等。常用的浏览器有 Windows 7 自带的 Internet Explorer（简称 IE 浏览器）、360 浏览器、百度浏览器、遨游浏览器、搜狗浏览器、QQ 浏览器等。

小张是雅安职业技术学院智能制造与信息工程学院的一名新生，为了更好地了解学院的相关信息，辅导员让他进入学院网站查阅信息并保存一张自己感兴趣的网页和图片，下载《在校学生参军入伍保留学籍申请表》并填写，同时关注全国计算机等级考试和全国信息技术考试等信息。

案例分析

（1）使用 Internet Explorer 9.0 或 360 浏览器等浏览雅安职业技术学院网站，找到学院新闻的相关链接，查看内容。

（2）将学院网站第一条新闻网页以 HTML 文档形式保存在 D:盘中，并命名为"新闻一"。

（3）进入雅安职业技术学院智能制造与信息工程学院，将网页最上面的图片保存在计算机 D:盘中，并命名为"智信学院图片一"。

（4）进入雅安职业技术学院教务处网页，单击链接进入"常用模板下载"页面，下载"在校学生参军入伍保留学籍申请表"，并保存到计算机 D:盘上。

（5）使用百度搜索引擎搜索"全国计算机等级考试"和"全国医学信息技术考试"等信息。

知识点分析

1. 浏览器的界面（图 7-1）

浏览器界面主要有标题栏、菜单栏、工具栏、地址栏、主窗口等，如图 7-1 所示，可以在浏览器中的地址栏输入要浏览的网页地址。

（1）标题栏。标题栏显示了当前浏览的网页的名称或者显示的超文本文件的名称。右上方是常用的"最小化""还原""关闭"按钮。

（2）菜单栏。菜单栏有"文件""编辑""查看"等 6 个选项卡，包括了浏览器的所有命令。

（3）工具栏。工具栏包括了最常用的菜单项的快捷键，如"后退""前进""停止""刷新""主页""个人栏""搜索""收藏夹""历史"等 15 个按钮。

（4）地址栏。地址栏用于输入和显示当前浏览器正在浏览的网页地址。用户只要输入要访问的网页的地址即可访问网站。单击"链接"右边的">>"按钮，出现的链接栏中包含常用的站点，包括 Hotmail 站点和 Microsoft 站点，直接单击这些按钮即可访问相应网站。

（5）主窗口。主窗口是浏览器的主要部分，用来显示网页信息，包括文本信息、图像、链接等。

图 7-1　360 浏览器界面

2. 网站链接

在打开的 Web 网页中，常会有一些文字、图片、标题等，将鼠标放到其上面，一般情况下系统会默认将鼠标指针变成 形，表明此处有一个可以打开的链接，单击即可进入其指向的新的 Web 网页。在浏览 Web 网页过程中，若想回到上一个浏览过的 Web 网页，则可单击工具栏中的"后退"按钮 ；若想返回后退之前的网页，则可单击"前进"按钮 。

若想快速打开最近浏览过的某个 Web 站点，则可单击地址栏右侧的小三角，在其下拉列表中选择该 Web 站点地址。

3. 信息或网站的保存

如果要保存网站，则只需选择文件下面的"保存网页"命令即可，如图 7-2 所示。

图 7-2　选择"保存网页"命令

保存部分文字信息，可选择复制的方式完成（部分网页由于权限的限制无法复制），保存图片可右击对象，在弹出的快捷菜单中选择"图片另存为"命令。

Internet 上有很多优秀的搜索引擎，比较常用的有百度，直接在搜索引擎网站中输入相关信息即可搜索到相应的内容。

案例实施步骤

1. 浏览与保存网页

（1）单击快速启动栏中的 360 浏览器图标或双击桌面上的 360 浏览器快捷图标打开 360 浏览器。

（2）在浏览器地址栏输入 http://www.yazjy.com，打开图 7-3 所示界面。

图 7-3　网站界面

（3）单击"学院新闻"链接，即可打开学院新闻页面，如图 7-4 所示。

（4）单击第一条新闻，打开网页窗口进行阅读，如图 7-5 所示。

（5）阅读完成后，对于第一条新闻网页，单击"文件"→"保存网页"命令，弹出图 7-6 所示的"另存为"对话框。

图 7-4　学院新闻页面

图 7-5　网页窗口界面

图 7-6　"另存为"对话框

设置要保存的位置为 D:盘，保存类型为"网页，仅 HTML"，文件名为"新闻一"。设置完毕后，单击"保存"按钮。

2. 保存图片

（1）在网站主页面（图 7-7）上单击"教学医疗科研机构"→"智能制造与信息工程学院"选项，打开二级学院网页，如图 7-8 所示。

图 7-7　网站主页面

图 7-8　二级学院网页

（2）右击最上面的图片，在弹出的快捷菜单中选择"图片另存为"命令，如图 7-9 所示，在弹出的对话框中设置保存位置为 D:盘，文件名为"智信学院图片一"，单击"保存"按钮，保存图片完成，如图 7-10 所示。

3. 下载文件

通过网页回退按钮或者网站首页链接，回退到网站首页，单击"职能部门"→"教务处"链接，进入教务处网页，如图 7-11 所示。

图 7-9　保存网页菜单

图 7-10　保存图片

图 7-11　进入教务处网页

找到"常用模板下载"链接，如图 7-12 所示。

图 7-12 "常用模板下载"链接

在下载页面中单击《在校生学生参军入伍保留学籍申请表》，如图 7-13 所示，即可完成文件的下载。

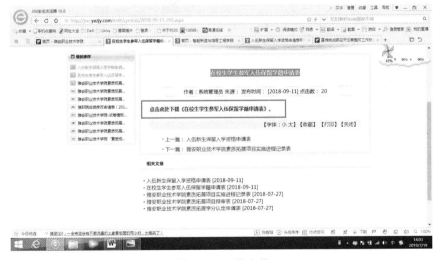

图 7-13 下载文件

搜索信息步骤如下。

（1）搜索"全国计算机等级考试"信息。

1）打开搜索引擎的主页，在浏览器地址栏中输入 www.baidu.com 并按 Enter 键，打开百度搜索引擎主页，如图 7-14 所示。

2）在页面中间的文本框中输入查询关键词"全国计算机等级考试"，单击"百度一下"按钮进行搜索，搜索结果如图 7-15 所示。

3）"搜索结果"页面列出了所有包含关键词"全国计算机等级考试"的网页链接，单击某网页链接即可转到相应的网页查看内容。

图 7-14　百度搜索引擎主页

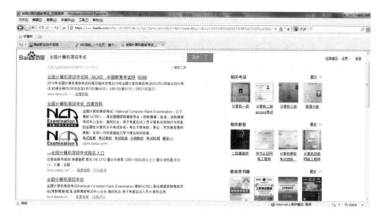

图 7-15　搜索结果

关键词文本框上方除了默认处于选中状态的"网页"外，还有"新闻""贴吧""知道""图片""视频""地图"等标签，搜索时选择不同的标签可以对目标进行分类搜索，从而大大提高搜索效率。

4）单击第一个链接"全国计算机等级考试-NCRE-中国教育考试网"，进入网页，如图 7-16 所示。

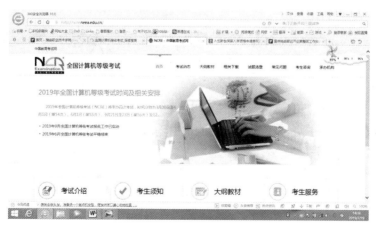

图 7-16　计算机等级考试网页

在页面中单击链接即可查询相关内容，如图 7-17 所示。

图 7-17　计算机等级考试内容介绍网页

（2）搜索"全国医学信息技术考试考试"信息。

1）在百度中输入"全国医学信息技术考试"，打开页面如图 7-18 所示。

图 7-18　打开页面

2）单击第一个链接，弹出图 7-19 所示页面。

同步训练

（1）打开新浪网站，查找当天的四川新闻网页，找出其中的第二条新闻信息，将页面保存在计算机中。

（2）在该网站中任意查找一张图片并保存在计算机中。

（3）将"新闻"第一条信息的文字部分复制到 Word 文档中，命名为"新闻 1.DOCX"。

（4）搜索"专升本"相关信息，并将其中一个网页以文本文件形式保存在计算机中。

图 7-19　医学信息技术考试搜索内容

案例二　收发电子邮件（E-mail）

案例描述

电子邮件是 Internet 提供的一项基本服务。电子邮件是通过 Internet 邮寄的电子信件，通过网络采用存储转发的方式传递信息。电子邮件具有方便、快速、不受地域或时间限制、费用低等优点，深受广大用户的欢迎，成为使用最广泛的 Internet 工具。

"计算机基础"课堂上，张老师让学生制作一篇自我介绍的 PPT，完成以后以邮件形式发送到王老师的电子邮箱。三天后在邮箱查收王老师的批改意见和王老师发过来的课程要求图片，并保存下来。

案例分析

1. 电子邮件地址

要使用电子邮件服务，首先要有一个电子邮箱，每个电子邮箱都有一个唯一的电子邮件地址。电子邮箱是由提供邮件服务的机构为用户建立的，用户可以在不同的网站上申请不同的电子邮箱地址，任何人都可以将电子邮件发送到这个电子邮箱中，但只有电子邮件的所有者输入了正确的用户名和密码才能打开邮箱，收发邮件。

2. 申请免费的电子邮箱

在利用电子邮箱收发电子信件之前，收/发件人双方均应有各自的电子邮箱地址，邮箱地址可以通过购买服务的方式（如 VIP 邮箱）获得，也可以通过一些网站申请免费邮箱。一般大型网站（如新浪、网易、搜狐等）都提供免费邮箱。下面以网易为例介绍申请免费邮箱的方法。

知识点分析

1. 电子邮件地址的格式

电子邮件地址的格式是固定的——<用户名>@<主机域名>，用户名是邮箱所有者的用户标识，是用户定义的，一般为姓名的拼音或缩写，中间的@符号读作"at"，后面的主机域名是用户申请邮箱的机构的主机域名。如 yazjy@163.com 就是一个电子邮件地址，它表示在 163.com 的邮件主机上有一个名为 yazjy 的电子邮件用户。

2. 邮件的组成

一封完整的电子邮件由两个部分构成——信头和信体。

（1）信头。

- 收件人：填写收件人的电子邮件地址。如有多个收件人，地址之间用分号（;）分隔。
- 抄送：填写同时可接收此信的其他相关人员的邮件地址，可填入多个地址，此项也可为空。
- 主题：本邮件的标题，一般是邮件内容的概括。

（2）信体。信体是指信件的内容，可以包含文字内容，也可以包含图片、音频、文档等文件，这些文件必须以附件形式发送。

案例实施步骤

申请免费邮箱，
发送信件

1. 申请邮箱（以 163 免费邮箱为例）

（1）启动浏览器，在地址栏中输入 www.163.com 并按 Enter 键，浏览器窗口中将打开网易主页，如图 7-20 所示。

图 7-20　网易主页

（2）在页面右下方单击"网易邮箱"→"免费邮"按钮，打开图 7-21 所示的注册界面。单击右下角的"去注册"按钮打开注册页面，如图 7-22 所示。

（3）在页面中按要求逐一填写各项信息，如邮件地址、密码、手机号码等，单击"下一步"按钮直至完成。注册成功后，即可在网站主页上的"免费邮箱"中用此账号登录邮箱并收发邮件。

2. 电子邮件发送

（1）登录免费邮页面，单击"写信"按钮，进入写信页面，如图 7-23 所示。

图 7-21　注册界面

图 7-22　注册页面

图 7-23　写信页面

（2）在该页面填写收件人张老师的邮箱地址、邮件的主题和邮件正文内容等。在编写正文时可以选择信纸，可以像 Word 文档一样编辑正文内容。

（3）如果用户要发送附件，可以在"主题"文本框下面单击"添加附件"按钮。在"选择文件"对话框中选择"自我介绍 PPT"文件，单击"打开"按钮，即可将附件添加到邮件中。多次单击"添加附件"按钮，可将多个文件添加到邮件中。

（4）完成正文和附件之后，单击下面的"发送"按钮即可发送邮件。

3．电子邮件阅读

（1）登录 163 免费邮主页，在右侧的登录区输入用户名、登录密码，然后单击"登录邮箱"按钮，即登录到 163 免费邮。在窗口左侧文件夹列表中单击"收件箱"按钮打开收件箱，收件箱后面括号里的数字表示现在邮箱中还未阅读的新邮件数量。

（2）在收件箱列表中选择要查看的邮件，在主题处单击即可打开邮件，阅读邮件内容，如图 7-24 所示。如果邮件带有附件，用户只需根据提示双击，即可打开查看或者保存在自己的计算机中。

图 7-24　阅读邮件内容

4．设置邮箱选项

邮箱提供了邮箱的个性设置，允许用户根据需要设置邮箱选项（如修改密码、设置自动回复、定时发信和反垃圾邮件设置等）。在 163 免费邮页面单击右上角的"设置"按钮，进入"邮箱选项"页面，选择要设置项进行相应设置，如图 7-25 所示。

图 7-25　邮件设置页面

同步训练

（1）申请一个自己的邮箱账号。

（2）给老师发送一封邮件，内容包括自我介绍和学习心得，同时用附件发送一张自拍照。

（3）接收并阅读老师发来的"作业要求"邮件，按要求完成作业后，将作业文件以附件形式用邮件发送给老师。

案例三　下载软件

案例描述

我们经常需要从网络上下载、安装一些软件到计算机上。例如要聊天，需要下载安装 QQ 软件；要听音乐，需要下载安装 QQ 音乐等文件；觉得输入法不好用了，可以下载其他输入法。下载已经是工作和生活中的一项常用技能。下面以观看视频需要安装暴风影音为例进行介绍。

案例分析

今天课堂教学需要用腾讯的 QQ 课堂，需要同学们先下载 QQ，完成 QQ 的安装和运行，进入课堂。在课堂中我们会让大家播放一段视频，需要同学们安装好暴风影音软件。

知识点分析

1. 下载的概念

所谓下载，就是将网络上其他计算机上的信息复制到自己计算机中的过程。

2. 常用的下载软件方法

（1）通过 IE 浏览器下载。

（2）用下载工具软件（如网际快车、迅雷等）进行下载。

下载暴风影音并安装

案例实施步骤

（1）启动 IE 浏览器，在地址栏中输入 http://www.baidu.com 并按 Enter 键，在浏览器窗口中打开百度主页，在文本框中输入"下载暴风影音"，即可看到百度搜索结果页面，如图 7-26 所示。

（2）在百度搜索结果页面中单击"暴风影音（MYMPC）官方站"链接即可打开"暴风影音播放器"下载页，如图 7-27 所示。

（3）选择相应操作系统版本，单击"高速下载"按钮，即可弹出"新下载任务"对话框，设置好下载地址后，单击"下载"按钮，就开始下载文件了。

（4）下载完毕后，可以单击"打开"按钮运行下载的文件，或单击"打开文件夹"按钮查看下载的文件，也可单击"取消"按钮关闭对话框，以后再运行。暴风影音安装界面如图 7-28 所示。

图 7-26　百度搜索结果页面

图 7-27　"暴风影音播放器"下载页

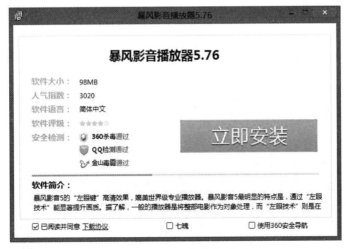

图 7-28　暴风影音安装界面

（5）根据安装向导一步一步操作，安装完成后的打开界面如图 7-29 所示。

图 7-29　暴风影音打开界面

（6）重复上述步骤，下载 QQ 并登录。

同步训练

（1）安装 QQ 音乐播放器。
（2）安装搜狗输入法。